工程伦理

ENGINEERING ETHICS

宫玉琳　刘云清　主　编
田成军　詹伟达　高　凯　颜　飞　副主编

北京理工大学出版社
BEIJING INSTITUTE OF TECHNOLOGY PRESS

内 容 简 介

当代工程伦理教育受到国内外高度关注，开展工程伦理教育有助于提升工程师的伦理意识、科学精神和社会责任，有利于提升工程师明辨是非、解决工程伦理困境的决策能力，有利于协调社会各群体间的利益关系，促进社会和谐与可持续发展。

本教材以职业伦理教育为重心，融合科技与伦理、结合实际案例，系统阐述了工程伦理和科技伦理的相关内容，有助于培养工程师和科研从业者的伦理意识和责任，使其掌握工程伦理的基本规范，提升其工程伦理的决策能力。本教材可作为工程领域相关专业本科生、研究生工程伦理教育的教材，也可供相关领域教学、科研人员，以及广大工程科技和工程管理人员参考。

图书在版编目（CIP）数据

工程伦理 / 宫玉琳，刘云清主编. -- 北京 ：北京理工大学出版社，2025.1.

ISBN 978-7-5763-4642-8

Ⅰ. B82-057

中国国家版本馆 CIP 数据核字第 20250KP985 号

责任编辑：徐艳君　　**文案编辑**：徐艳君

责任校对：周瑞红　　**责任印制**：李志强

出版发行 / 北京理工大学出版社有限责任公司

社　　址 / 北京市丰台区四合庄路 6 号

邮　　编 / 100070

电　　话 / (010) 68944439（学术售后服务热线）

网　　址 / http://www.bitpress.com.cn

版 印 次 / 2025 年 1 月第 1 版第 1 次印刷

印　　刷 / 三河市华骏印务包装有限公司

开　　本 / 787 mm × 1092 mm　1/16

印　　张 / 14.5

字　　数 / 323 千字

定　　价 / 49.00 元

前言

PREFACE

当前，中国正处在从工程大国向工程强国迈进的过程中，现代化大型工程的影响深度不断提升，工程决策和工程实践中的各种伦理冲突也日益凸显，工程活动中的风险控制、社会责任、环境保护及相关的科技伦理等问题，对社会的经济、政治和文化的发展具有直接的、显著的重大影响和作用。工程伦理教育对于工程教育具有重大意义，培养具有伦理意识、恪守科研道德、以和谐发展为理念的工程师，才能使其在面对工程伦理困境时做出正确的选择。

本书以职业伦理教育为重心，融合科技与伦理、结合实际案例，培养工程师和科研从业者的伦理意识和规范，以提升其工程伦理的决策能力。

全书共 8 章，第 1 章工程概论，介绍了工程的相关观念；第 2 章工程伦理概论，介绍了工程伦理学的相关知识，包括工程伦理问题的特点和应对思路；第 3 章工程伦理困境及其解决方法，介绍了工程伦理的困境及其解决方法；第 4 章工程中的风险及其伦理责任，介绍了工程风险的来源、风险控制和工程风险中的伦理责任；第 5 章工程中的利益相关者及其社会责任，介绍了工程与利益相关者及工程师的职业素质和伦理决策；第 6 章工程活动中的环境伦理，介绍了工程活动对环境的影响及工程师的环境伦理责任；第 7 章工程师的职业伦理规范，介绍了工程职业伦理、工程师的权利和责任及职业伦理规范；第 8 章科学研究中的伦理问题，介绍了科研伦理与科学道德及学术不端的表现及其危害。

本书由长春理工大学宫玉琳、刘云清担任主编，由长春理工大学田成军、詹伟达、高凯、颜飞担任副主编，研究生王心宁、胡命嘉、李子木参与了编辑和整理工作。本书的出版得到了长春理工大学教材建设项目的资助和支持，在此表示感谢！本书在编写过程中参考了国内外专家学者的著作和文献，在正文中未能列举，以参考文献附后，在此致以衷心的感谢。由于编者水平有限，本书内容难免有疏漏之处，希望同行专家和广大读者多提宝贵建议，以帮助编者再版时修改完善。

编者

目 录
CONTENTS

第1章
工 程 概 论

1.1 工程及工程活动

1.1.1 工程的历史发展

工程的一般含义就是“造物”，是一种将自然的物质或材料，通过创造性的思想和技术性的行为，形成具有独创和有用器具的活动。工程最早起源于人类生存和发展的需要，尤其是对工具的需要。石器工具的出现标志着人类开始进行真正的造物活动，可以视为工程起源的标志。随着人类文明的不断演变和发展，工程也相应地经历了几个不同的时期。

1. 原始工程时期

从人类诞生尤其是能够制造石器工具，到1万多年前农业社会的出现，这一时期通常被称为人类历史上的原始时代或史前时代，对应于技术史中的旧石器时代。从工程的造物活动来看，这个时期属于“器具的最初发现”时期，这个时期“人类开始收集和砸制石头并用于特殊的目的，这也成为后来工程的一个持续的特征”。

旧石器时代的早期，制作的石器粗厚笨重，器类简单，往往一器多用；到了中期，开始出现了骨器；到了晚期，石器趋于小型和多样化，种类也在增多，一些简单的组合工具如弓箭、投矛器等开始出现，并有了少量的磨制石器，图 1-1 便是其中的代表。随着人类逐步

图1-1 原始社会石器

缓慢地变成了工具的制造者，人们所采用的材料也就逐渐从石头扩展到了骨头和木头，甚至还包括少量牛角、鹿角和象牙。石材的选取导致了原始采矿工程活动的产生，通过燧石矿的发现，原始人类可以得到最合适的燧石，再通过敲打、撞击、截砍等其他工程操作，最终形成了有刃的斧头等工具。这一时期，人类已经学会了用火，这是石器时代一个划时代的成就。到了旧石器时代后期，在一些缺乏天然洞穴的地区，开始出现了简陋粗糙的人类居所，如帐篷和地下室等，并逐渐出现不同的风格。后来，房屋也变得普通，类型也随之发展，建筑的结构样式越来越多样化。这一时期，把石头加工成器具、工具及家用器皿的技术发展得相当缓慢，仅限于切割、砍柴、刮削等，技术还不够精致，也没有比较大的发展。

2. 古代工程时期

陶器的出现揭开了人类利用自然的新篇章。陶器制作是指使用黏土、纤维等原料，通过混合、成型、加热等工程活动，制成陶器、砖等人工物的过程。人类在制陶的过程中逐渐掌握了高温加工技术，并逐渐应用到了熔化铜、铁等金属的工程活动中，工程的形式和内容也变得更加复杂和丰富。以石头、金属、木头、黏土为自然原料，通过探矿、采矿、冶炼、铸造、锻造等工程活动，运用直觉、技艺、创造等工程思维活动，最后制成了工具、武器等人造物，并伴随产生了我国最早的技术人员——金属工匠。图 1－2 所示为中国古代青铜器，是中国文化的重要组成部分，有着重要的历史价值和观赏价值。

图 1－2　中国古代青铜器

随着铁器的普及，人类的工程技术水平有了很大的提高。一方面，铁器工具的使用使得精耕细作成为可能，社会生产力得以极大提高，导致粮食生产以外的大量剩余劳动力的出现；另一方面，大量的铁制工具还为大规模、复杂艰巨的施工提供了重要技术手段，大型水利工程开始出现。

伴随着生产力的发展，社会的需求也变得复杂多样，一些较为大型的、服务于宗教和政治的建筑物开始出现。从古巴比伦的金字形神塔到埃及的金字塔、从英格兰索尔斯堡大平原上的巨石阵到埃及的方尖碑，这些出于宗教性、纪念性、装饰性等目的兴建的大型结构工程，反映了当时的人类已经具有了比较高的生产力水平，并具备了较高的组织管理能力。

在古代工程时期，出于政治、经济和宗教等多方面的需要，多种工程开始融合，建筑设计也不断进化。设计、项目和组织等工程活动形式开始出现，在中世纪的欧洲，甚至出现了某些“专门”进行设计和监督工作的人员，类似于今天的咨询工程师和项目管理者。这一时期所形成的工程产物也扩展到了机械工具，拱、路、桥、水车，此外还有大教堂、城堡等，15 世纪的欧洲出现了现代钢铁业的雏形。这些发展标志着原始工程发展到古代工程时期后，工程的主要内容和活动方式已演变为在农业、建筑、市政等领域的工程活动。

3. 近代工程时期

这一时期，工程应用领域的扩大和工程技术的发展需要更为强大的动力，工程实践变得日益系统化。因而，文艺复兴时期的工程师成了更为崭新的、更加通用的动力源的建造者和使用者。在寻求这种动力的探索过程中，第一次工业革命发生了。蒸汽机（图1-3）的发明和广泛使用是这一时期的显著标志，并陆续导致了一系列工程的出现和发展。

图1-3　蒸汽机

（1）机械工程（1650年左右起）。机器的出现和使用标志着工业革命的开始，生产能力强、产品质量高的大机器逐步取代手工工具和简陋机械，蒸汽机和内燃机等无生命动力取代了人和牲畜的肌肉动力，大型的集中工厂生产取代了分散的手工作坊。动力机械、生产机械和机械工程的理论都取得了飞跃发展。

（2）采矿工程（1700年左右起）。机器抽水技术的应用，使矿井深度加深，采矿规模扩大，同时推动了岩石机械、隧道、通风、煤炭运输等工程的发展。

（3）纺织工程（1730年左右起）。纺织机械的出现引发了以蒸汽动力为基础的工厂出现，而蒸汽机的引入又使整个纺织工业发生了革命性的变化，导致了纺织工程的产生。

（4）结构工程（1770年左右起）。结构材料从史前和古代的木、石、砖发展到了现代的钢铁，使工程师设计新结构成为可能，如1799年建成的英国塞文河桥，是世界上第一座铸铁桥，至今仍在使用。

当然，蒸汽机的影响绝不仅仅表现在以上几个方面，蒸汽机还用于交通运输，出现了蒸汽机车、蒸汽轮船等。而后，汽轮机、内燃机和各种机床都相继出现，此外还在1830年左右兴起了海洋工程等。

与中世纪的古代工程相比，近代工程出现了一些新的特点，主要表现为：在设计和开发器具中的系统合作、工程活动中采用了科学技术和科学方法，工程师开始作为雇员出现，工程活动的负面环境影响开始被认识等。总而言之，在这个工程时代完成了第一次工业革命，使人类真正进入了工业社会。

4. 现代工程时期

到了 19 世纪，人类社会进入了现代工程时期。材料加工工程得到长足发展，钢铁冶炼技术的进步推动了铁路工业的发展，化学工程取得了长足进步，印染、橡胶、炸药的发明，油气的炼制，合成材料的应用促进了汽车工业的发展。许多新的专业和职业大量涌现，工程类型大幅增多，工程方法更加多样。人们对工程也有了新的理解，尤其是福特制和泰勒制的发明，零部件生产标准化和流水作业线相结合，生产效率空前提高，人类社会进入了一个新的历史阶段。

工程的迅速发展促进了科学技术的进步，而科学技术的进步又导致新的工程时代的出现。19 世纪末 20 世纪初，基于电学理论而引发的电力革命使人类迎来了“电气化时代”，成为第二次产业革命的基本标志。

在现代工程时期，工程的理论和实践都发生了重要变化，工程日益卷入到科学关注的焦点，特别是适应社会的需要和期待。工程的内容或领域在这个时期的突出表现是：① 1945—1955 年核能的释放和利用；② 1955—1965 年人造地球卫星的成功发射；③ 1965—1975 年重组脱氧核糖核酸实验的成功；④ 1975—1985 年微处理机的大量生产和广泛使用；⑤ 1985—1995 年软件开发和大规模产业化，纳米技术的研发等。由此形成了以高科技为支撑的核工程、航天工程（图 1–4）、生物工程、微电子工程、软件工程和新材料工程等。

图 1–4　航天工程

当代工程系统日益复杂，自然和资源的保护日益得到重视，工程正在成为“全球适应的进化系统”，“传统的工程建立在物质的、几何的和经济的考虑基础上，而当代的工程则还要牵涉心理学的、社会学的、意识形态的以及哲学的和人类学的考虑”，于是工程变得“跟更宽广的世界相联系”。而体现于其中最根本的特征也是整个当代社会的技术特征——信息化。它体现在工具形态上，就是自动机器乃至智能机器的出现，繁重的体力劳动被工具系统所取代，为工程的人性化提供了充分的技术保证。

1.1.2　工程的本质和特征

工程是创造和建构新人工物的社会实践活动。对工程的理解不能仅仅停留在工程本身，一个完整的工程应当包括工程活动的过程和工程活动的成果，过程和工程成果密不可分，最后的成果和产物是工程过程的重要组成部分。

在工程活动过程中，涉及技术要素和非技术要素。技术要素是指能源、材料、装备、工艺和控制等基本要素，是工业生产过程不可缺少的物质条件；而非技术要素则指资源、资本、土地、劳动力、市场、环境等外部条件。

技术要素与非技术要素构成了工程的基本结构，在这个结构中，技术要素和非技术要素在工程活动中呈现为一种互动的机制。一方面，当非技术要素发生变化时，技术要素的集成方式也会变化；另一方面，技术要素本身的状况和水平也影响和改变着与非技术要素的协调方式。比如，一个没有污染治理技术的系统，将会恶化非技术要素的存在状态；再比如，从有线电话发展到无线电话、网络电话时，这种通信技术水平的提高优化了非技术要素的配置效率。

因此，工程的本质可以理解为各种资源和要素的集成过程、集成方式和集成模式的统一。这可以从三个方面理解：首先，它是工程要素集成方式，工程科学主要研究的就是相关要素集成方式问题；其次，工程要素是技术要素和非技术要素的统一，这两类要素是相互作用、关联互动的；最后，工程的进步既取决于技术要素本身的状况和性质，也取决于非技术要素所表达的社会、经济、政治、文化等因素的状况。

工程活动有以下五个特征：

1. 工程的建构性和实践性

工程都是通过具体的决策、规划、设计、建设和制造等过程来实现的，任何一个工程过程，首先表现为一个建构过程。大型工程项目的建构性更为突出，很多工程如三峡大坝、航天飞机等，都是在建构一个原本不存在的新事物、新存在。

建构不仅体现在物质性结构的建设上，还包括工程理念、设计方法、管理制度、组织原则等多个层次，是一种综合的过程。这种建构过程既是主观概念的，又是物质形态的。主观概念的建构表现为工程理念的确立、工程全局的设计、工程蓝图的规划等主观过程；物质建构则表现为各种物质资源配置和加工、能量形式转化、信息传输变换等实践过程。

因此，工程活动具有鲜明的主体建构性和直接实践性，并且表现为建构性与实践性的高度统一。它是实施主体根据自己的意图，确定工程目标、进行工程设计，将现有的技术资源和物质资源进行重新整合、建构并实施建设的过程；同时也是通过物质、能量和信息的转化，产生物质结果，形成经济效益和社会效益的过程。工程的实践性，不仅体现在工程项目的物质建设过程中，更重要的是体现在工程项目建成后的工程运行中。工程运行效果最能反映工程建设的质量和水平，工程运行实践的状况取决于工程建设的状况，工程建设的质量取决于工程构建的水平。

工程建构、工程建设、工程运行是三位一体的工程整体，工程的建构性和实践性是辩证统一的。

2. 工程的科学性和经验性

工程活动，尤其是现代工程活动都必须建立在科学性的基础之上，但同时又离不开工程设计者和实施者的经验知识，这两者是辩证统一的。

工程是在一定约束条件下的技术集成与优化，必须正确应用和遵循科学规律，一个违背科学性的工程，注定是要失败的。随着科学技术的迅速发展，工程对于科学性的理解和应用不断增强，人类建造的工程无论在规模上还是技术复杂程度上，都不断地达到一个又一个新的高度。工程活动涉及的因素众多、关系复杂、规模宏大，工程设计与实施等各个环节所需要的知识都超出了个人的经验能力，都必须依据一定的科学理论，尤其是工程科学、系统科学的理论和方法，还要考虑到管理、组织等社会科学的要素，以及环境科学的制约。只有这样，才能把大量的不同性质的工程要素，集合成一个具有特定结构与功能的、实现特定目的的工程系统。但是，由于工程建设是一个直接的物质实践活动，具体参与工程活动主体的实践经验是工程活动的另一重要因素，它是工程活动中科学性原则的重要补充，在工程活动中不可或缺，起着重要的作用。

因此，工程活动中的科学性与经验性是相互依存、相互包含和相互转化的，随着工程活动过程中科学技术的进步，工程活动中个体经验所包含的科学因素不断丰富，工程经验的内涵不断深化，经验水平也不断提升。

3. 工程的复杂性和系统性

随着科学技术的迅速发展，人类的工程活动无论在规模上，还是在复杂程度上，都不断地达到新的高度。工程活动的复杂性与系统性是密切结合的，工程系统自身的特点决定了它的复杂性。工程是根据自然界的规律和人类的需求创造一个自然界原本并不存在的人工事物，因而工程的系统性不同于自然事物的系统性，它包含了自然、科学、技术、社会、政治、经济、文化等诸多因素，是一个远离平衡态的复杂系统。工程系统构成过程和发展变化的复杂程度远远超出了自然事物的复杂程度，是自然事物复杂性和社会、人文复杂性的叠加，是这三类复杂性的复合。

工程是由众多资源和要素集成的，具有复杂结构和功能的整体。每一个要素都是这个整体的一个维度，每个维度又有各自不同的运动轨迹和变化周期，不同维度之间还存在着复杂的非线性相互作用关系。在工程建设中将它们进行有机整合，就要科学权衡和恰当处理极其复杂的非线性作用关系。所以说，工程现象的系统性关联着复杂性，工程的复杂性依存于工程的系统性，体现了复杂性与系统性的统一性。

4. 工程的社会性和公众性

社会性是工程最重要的特征之一。工程因人类的需要而开展，没有人类的需要，没有社会赋予的意义，一切工程都是多余的。从工程的定义可以看出，工程活动是一个将技术要素和非技术要素集成起来的综合性过程，任何一个工程项目都是在一定的时期、一定的社会环境中存在和展开的，是社会主体进行的社会实践活动。工程的社会性首先表现为实施过程的社会性。工程的建设者和参与者往往不止一人，这些成员在一起协同工作，各尽其能，各司其职。尤其是大型工程项目的实施，会对一个国家、一个地区的社会生活产生极其深远的影响，因此就需要更强的组织性和计划性，与此同时，社会对工程的制约和控制也会变得更强。

工程的社会性还表现在公众参与的社会性。大型工程项目通常都会引发社会公众对工程的关心和议论，他们会关心工程项目的质量和安全，以及对自己生活环境的影响，他们也会议论项目对生态环境的影响效果、对能源利用的利弊，以及工程所涉及的社会伦理与环境伦理问题等。公众舆论会在一定程度上影响工程决策、实施及运营。因此，在工程建设过程中，应广泛宣传和普及工程知识，推动社会公众全面理解工程，同时争取社会公众对工程建设的参与、监督和支持，这也是现代工程活动的一个重要环节。

5. 工程的效益性和风险性

任何一项工程都有明确的效益目标，然而在工程实践中，效益和风险都是相伴随行的。工程效益主要表现为经济效益、社会效益和环境生态效益。对于经济效益而言，总是伴随着市场风险、资金风险、环境风险；对于社会效益而言，则伴随着就业风险、社区和谐风险、劳动安全风险；对于环境生态效益来说，又伴随着成本风险、能耗风险等。

工程风险是指在工程建设和运行过程中所产生的人身财产损失，以及这种损失存在的可能性。任何一项工程都是社会建构的产物，都不可能是理想和完美的。首先，工程活动作为一个包含了决策、规划、设计、建设、运行和维护等诸多环节的复杂过程，不同的环节由不同的社会群体来完成，任何一个环节的参与者不可能都对工程进行科学准确的考虑，各个环节也不可能完全做到科学、准确和无偏差的整合。其次，工程项目必然是政府部门、企业、工程专家、技术人员、工人、社会公众等多方面利益博弈和协调的结果，参与各方都代表着各自不同的利益诉求，这些内在的不一致、多环节和多方利益的妥协使得工程存在很多潜在的风险。再次，大型工程往往需要技术上的新突破和集成，由于当前的科技水平的限制，技术的新突破和集成有时可能无法同时判断它的负面效应，但这并不意味着工程就没有问题。这些风险和不安全因素从一开始就存在于工程之中，需要引起高度重视。

1.1.3　工程活动的过程

一个完整的工程活动过程包括工程理念与决策、工程规划与设计、工程组织与调控、工程实施与建设、工程运行与评估、工程更新与改造六个环节。

1. 工程理念与决策

工程理念是工程主体在实践中形成的对“新的人工建构物”的理性认识和目标向往，是工程与“自然—人—社会”三者关系的判断和追求，其中也渗透了人们对工程的价值取向。工程理念就是要回答工程建设所涉及的三个基本问题：为什么？做什么？怎么做？这三个问题的答案共同解决了工程的基本问题——我们究竟应该做成什么样的工程？这便引发了工程决策问题。

工程决策包含两个方面的内容，一是目标的确立，二是手段的选择。工程目标的确立常常需要经过周密的考虑和反复的权衡，需要综合考虑各个目标的意义、价值和权重，达到这些目标的必要性和可能性等因素。一般而言，在进行工程目标选择时，至少应考虑以下几点：目标是否适应工程主体的需要？目标实现的可能性有多大、难度有多高、时间有多长？在目标的实现过程中和实现后，能否获取各方最大限度的支持？能否给工程主体乃至社会带来真正的利益？目标是否可以分期实施？等等。

工程的目标一经确立，便要选取合适的实现目标的方式、手段和途径。一般而言，通往某一目标的途径是多种多样的，实现的方式和手段也会有多种选择。这就要求通过科学的决策分析，比较各种手段、方式与途径的有效性和合理性，以做出最佳选择。所谓最佳选择，就是选择投入最少、产出最大的方式、方法、渠道和途径。方法是极其重要的，最佳目标只有与最佳方法相结合，才能取得最佳效益。

2. 工程规划与设计

工程规划是谋划未来的工程任务、工程进程、工程效果，以及环境对工程活动的要求等，从而确定工程实施的程序和步骤的过程。工程规划的目的是合理有效地整合各种技术与非技术要素，对工程系统的组织环境和社会环境进行分析，制定工程战略设想及计划安排，并对每一步骤的时间、顺序和方向做出合理的安排。

工程规划首先要对技术进行分析，具体评估目标工程所需的技术资源与供应关系；然后要对资源进行分析，预测未来工程实施中对各种技术性资源、物质性资源、经济性资源、土地环境资源的需求与供应关系。工程规划必须全面而综合地考虑社会、经济、资源、环境、技术等各方面的因素，安排好各种要素供需关系的发展进程，更要统筹解决整体与局部、近期与远期等各种矛盾和关系。

工程设计是工程规划的延续和具体化，是从抽象到具体的过程。与工程规划对各种要素进行宏观考量相比，工程设计则是把整个工程分解为若干个子系统，并对各项指标进行具体的、定量的确定。工程规划和工程设计通常放在一起讨论，作为一个完整的过程，既要遵循工程规划的理念和目标，又要考虑工程设计是工程规划的具体化这一特点。工程设计还要遵循其特有的理论、方法、规范等确定性准则。

3. 工程组织与调控

工程活动是涉及人员、资金、物资、信息和环境等多种要素的综合性活动，组织与调控始终贯穿于工程活动的全过程。

工程组织主要体现在两个层面，一是从整体上对工程项目进行的运筹和策划，二是实施阶段中对工程进行施工组织与管理。工程活动的组织就是在认真分析和周密把握好边界条件的基础上，对各种工程要素及其关系进行有序的考虑和安排，预测可能出现的问题并制定应对方案。只要目标明确，运筹得当，即便在工程的实施过程中出现意外情况或困难，也能采取适当的措施使整个工程按既定的目标运作，不致造成工程的混乱。

组织过程中往往也伴随着调控，调控是指工程活动中的协调与控制。组织是总体性的，而调控是具体的、动态的，是对具体问题进行的调整和优化，在时间上着力于当下，在空间上着眼于既有条件，在方向上围绕总体目标。

组织与调控要注重工程各要素的整体搭配和组合，在总的目标指引下，确定具体目标的实施路径和方案选择。没有总体的运筹，调控的具体目标便会模糊，也就发挥不了决策的作用；另外，调控是对工程组织过程的展开和具体化，通过各种具体问题的调控措施，最终实现工程的目标。

4. 工程实施与建设

工程实施与建设是一个从抽象到具体的实践过程，是实现自然物向人工物转化的过程。

在工程实施的过程中，各参与方需要在彼此合作中相互协调，并形成工程制度、工程组织、工程规划等程序化和制度化的实施保障。工程实施的目的在于“改造世界”，进而改造人类自身，形成一个既能够造福于人类，又有利于自然界和社会的人工世界，最终实现人与自然的永续发展。工程实施与建设的过程，也是工程价值的呈现过程，更是个人自由的实现过程。因此，工程实施的具体化，应当体现自然与人文的交融，实现工程的质量、效率、效益和安全等综合因素的整体优化。

5. 工程运行与评估

工程运行环节是集中体现工程目标是否实现的关键环节，也是评价工程理念是否正确，工程决策是否得当，工程设计是否先进，工程建造是否优良的现实依据。工程运行效果的考核必须落实到各项具体的技术经济指标、环境负荷等。

工程评估包含着对工程的技术、质量、环境保护、投入产出、社会影响等多方面的综合评价，也可以说是对工程的再认识。从哲学价值论的角度来看，就是对工程活动进行价值审视。所谓价值审视，是指用价值论的眼光观察和分析工程活动及其结果，其核心是对工程活动的价值进行评判。在工程评估中坚持进行必要的价值审视，可凸显工程活动的方向性和目的性，从而强化工程活动的正面价值，批判其负面价值，为工程活动确立一个价值框架，起到良好的价值导向和调控作用。

工程系统是一个复杂系统，所涉及的变量与关系空前庞杂。因此，在工程评估中，应倡导整体性、和谐性、系统性的价值思维和生态价值观，自觉地把工程活动置于人—自然—经济—社会的大系统中，从多视角、多尺度、多维度进行综合考察与评估，力求对工程活动做出较为客观、公正、合理的评估。

6. 工程更新与改造

工程运行一段时间后往往不再满足工程主体或社会的需要，或由于其功能衰退，或由于外部环境的变化，这就涉及工程更新。工程更新有两种形式，即工程改造和工程重建，前者是对工程的局部性改造和调整，后者则是将原有工程废弃而代之以新的工程。无论是哪种形式，本质上都是一种再造的过程，原有的工程则成为新一次工程活动的“基础”。

从更新方式来看，工程更新既有在原有工程基础上的更新，也有以新换旧的方式；从时间进程来看，工程更新反映出渐进性和跃迁性的特点。工程更新也是一个从量变到质变的过程，量变表现为对工程的局部改造，这样的局部改造到一定程度后，当结果仍不能满足需要时，或者原有工程面目全非时，就会发生质变，表现为用新的工程代替旧的工程，这个过程是工程自身的否定之否定，其结果必然是一个更为先进的工程诞生。

案例：三门峡大坝

1957年，三门峡工程开始兴建，1960年首次蓄水，1961年大坝基本竣工。但是到1962年，水库中已经淤积泥沙15.3亿吨，远超预计方案。泥沙导致渭河下游两岸农田被淹，土地盐碱化。为此，1962年开始对原设计方案进行调整，由原来的“蓄水拦沙”运行方式改为“滞洪排沙”。但由于泄水孔位置较高，泥沙仍有 60%淤积在库内，上游的潼关高程并未降低；

同时，下泄的泥沙由于水量少，淤积到下游河床。虽经过后来不断的整改，但是潼关高程一直居高不下，导致2003年渭河流域发生了50多年来最为严重的洪灾。

案例：都江堰

都江堰（图1–5）在建造过程中遇到了很多困难。李冰父子邀集了许多有治水经验的农民，对地形和水情做了实地勘查，决心凿穿玉垒山引水。由于当时还未发明火药，李冰用火烧山，然后以水浇山，使岩石爆裂，终于在玉垒山凿出了一个宽20米、高40米、长80米的山口。因其形状酷似瓶口，故取名“宝瓶口”。在修建大坝主体时，需要稳固的地基，石子扔到湍急的水流中很容易被冲走，于是李冰从蜀地砍伐竹子，用竹子做成竹笼，在竹笼中放满石子沉入水底成功地解决了问题。都江堰是在没有任何大型机械的情况下，依靠劳动人民的双手开凿、修建起来的，体现了中国古代工程的伟大。

图1–5　都江堰

对比三峡水利枢纽工程，耗时17年，静态投资954亿元，建成后对长江流域，甚至整个中国都产生了巨大的影响。由此可见，随着时代的发展，建立在思维、技术、伦理观念上的工程也迅速发展起来，表现在工程由简单到复杂，由小工程到特大工程，技术水平逐渐提高，产生的影响越来越大等许多方面。正是因为现代工程的这些特性，要求在工程建设的过程中，所有工程参与人员必须抓好每一环节，包括工程的决策、规划、论证、实施、评估，以及其他工程细节。二门峡大坝工程的失败也从侧面说明，工程的决策和设计对于整个工程成败的重要性。

1.2　工程思维及决策

1.2.1　工程思维的性质和特征

工程过程是物质性的活动和过程，但它不是单纯的自然过程，而是渗透了人的目的、思想、情感、意识、知识、意志、价值观、审美观等思维要素和精神内涵的过程。工程活动是以人为主体的活动，活动的主体包括决策者、投资者、管理者、工程师、劳动者和其他利益相关者等多种不同群体，他们在工程过程中表现出了丰富多彩、思辨创新、正反错综、影响深远的思维活动。

工程思维最基本的性质就在于它是“造物思维”，造物活动的过程中包括了诸多要素和环节；同样地，工程思维也包括许多环节和内容。工程思维渗透和贯穿于工程活动的所有环节和全部过程，在工程理念、工程决策、工程设计、工程组织、工程实施、工程运行、工程维护中都反映和蕴含着一定的工程思维内容。同样，工程思维也有其自身特点。

1. 工程思维的科学性

人类的工程活动和工程思维从古至今有了很大的变化和发展，现代工程和古代工程虽有共通之处，但难以相提并论。虽然有些古代工程的规模和成就着实令后人惊叹不已，但那也只是经验的结晶。古代工程思维基本上只是“经验性”思维，而现代工程思维则是以现代科学为理论基础的思维，这是现代工程思维与古代工程思维方式的根本区别。

科学的工程思维为工程师提供了理论指导和方法论引领，这在现代工程中得到了最为充分的体现。科学规律为工程师的工程思维设置了不可能目标和不可能行为的严格限制。有了科学理论的思想武装，合格的工程师都清楚地知道工程活动的可能性边界在哪里，他们通常都不会有以违反或违背科学规律的方法进行工程设计的幻想。一旦工程师、决策者、投资者的思维陷入那样的幻想或陷阱，工程的失败就不可避免了。

现代工程思维的科学性，决定了科学教育成为现代工程教育的一个基本内容，任何没有受到合格的科学教育和具备完整的科学知识基础的人，都不可能成为合格的工程师。

2. 工程思维的艺术性

科学思维和工程思维都可以被看作问题求解的过程，而这两种问题的求解在性质上却有很大的不同，最根本的区别在于工程问题的答案通常不是唯一的，而科学问题的答案一般来说是唯一的，这个特点决定了工程思维具有一定的艺术性。以桥梁工程为例，不但桥梁选址问题的答案不是唯一的，而且桥梁的结构、所用的材料、架桥的技术、施工的工艺等都不可能只有唯一答案。

案例：花旗银行大厦

纽约有一座摩天大楼，以其独特的结构令人惊叹。这座59层的建筑仅由四根柱子支撑而成，仿佛在诠释着诗人王庭珪的诗句：“大厦元非一木支，欲将独力拄倾危。”

这座建筑之所以如此独特，是因为它坐落在圣彼得福音派路德教堂之上。教会允许建筑师进行建造，但要求不触及教堂本身。于是，勒曼歇尔运用他的创新思维，设计出了这个令人称奇的“悬空的花旗银行大厦”（图1-6）。

通过将大厦的支撑点放置于底部每条边的中点，而非顶点，勒曼歇尔创造性地打造了这座建筑，使其成为当时纽约的标志性建筑之一。

保罗·高德伯格，纽约建筑评论专家和帕森斯设计学校的校长，对这座建筑赞叹不已。

他认为，花旗银行大厦不仅因其引人注目的外观而备受瞩目，更因其与城市融为一体而成为20世纪70年代纽约最为重要的建筑之一。

勒曼歇尔凭借其专业知识和独特的创新思维，成功地建造了这座标志性建筑，为纽约城市风貌增添了一道独特的风景线。

在他发现大厦的问题“遇到16年一遇的大风有倒塌的危险”的时候，他没有去赌强风会不会出现，即使面临着如实公开计算结果会把他的公司的工程声誉和财务状况置于非常危险境地的情况下，他依然果断选择放下自己的声誉，并立刻采取了行动。他先拟定一份补救计划，对所需要的时间和花费做了预算，并且立即把他所知道的情况通知了花旗银行大厦的业主，业主们也果断选择了修复，避免灾难的发生。勒曼歇尔对工程和公众的高度负责，以及对事件审慎、冷静、正确、果敢的处理方式，使他毕生最杰出的作品“悬空的花旗银行大厦”至今仍屹立在纽约市，成为这座城市的地标性建筑之一。

图1-6　花旗集团中心大厦

在现代社会中，业主方之所以常常对工程项目采用非唯一性招标的办法，其前提和基础就是因为工程问题的求解具有非唯一性。当工程的业主为同一工程项目进行招标时，不同的设计者可能会提出完全不同的工程设计方案。在对不同投标者的工程图纸和设计方案进行对比时，不仅开展着技术先进性、经济合理性、安全可靠性、环境友好性等方面的对比，也在进行艺术性的对比。就像案例中的花旗银行大厦，设计师极富创造性地将整座大厦悬空于教堂之上，体现了工程思维的艺术性。工程思维中问题求解具有非唯一性这个特性对工程决策和工程设计都产生了极其深刻的影响。决策者和设计者能否在众多可能的方案中挑出最优方案，也是在考验其决策和设计水平的关键能力。

3. 工程思维的操作性和集成性

在工程活动中，活动的主体需要运用一定的工程设备、通过一定的工艺流程或一定的工程手段，才能实现工程活动的目标。就像手工业工人必须通过使用一定的工具来达到自己的目的一样，工程活动的主体也必须通过运用一定的工程设备来达到自己的目的。随着社会的发展和生产技术的进步，现代人也从以往的手工工具的制造者和使用者变成机器设备、基础设施的制造者和使用者。工程思维的一项基本内容就是考虑如何才能合理运用各种工具、机器、设备和其他手段并组成合理的工艺流程来实现工程的目的。

工程的目的必须要通过操作才能变成现实，离开了实际的作业和操作，工程过程就只能停留在图纸上，而不能把图纸变成现实。正是由于操作是工程活动的基本内容，工程思维必须要具有可操作性。承认工程思维具有可操作性就意味着承认在工程思维中工具理性具有关键性的重要意义。

工程活动是技术因素、经济因素、管理因素、社会因素、审美因素和伦理因素等多种要素的集成，工程思维也必然是以集成性为根本特点的思维方式，集成性的成功或失败往往成了决定工程思维成败的关键。

4. 工程思维的可靠性、可错性和容错性

任何工程都具有一定程度的风险性，世界上不存在没有任何风险的工程。工程活动的目的是获取成功，但在其中却有可能暗藏着很多失败的火苗。因此，在工程思维中必然要涉及可靠性、可错性和容错性问题。

由于客观上存在着诸多不确定性因素，主观上人的认识又存在一定的缺陷和盲区，工程中不可避免地存在风险和不确定性，对此我们必须有足够清醒的认识。工程思维活动中是有可能犯错的，工程风险或失败既有可能是外部条件导致的，也有可能是工程相关方的认识和思维不到位造成的。

通常来说，可错性是任何思维方式都不可避免的，工程思维具有可错性，科学思维也具有可错性，然而绝不能把这两种可错性等同视之。人们可以允许科学家的实验经历几次、几百次甚至上万次失败，却不允许工程在失败后重来一次。这样，工程项目在实践中不允许失败的要求和人的认识具有不可避免的可错性之间便产生了尖锐的矛盾。

工程思维必须面对可错性和可靠性之间的矛盾，如何将矛盾统一起来，就成了推动工程思维方式发展的一个内部动因。从根本上说，这个矛盾是永远也不可能得以完全解决的，但工程思维却执意地、坚持不懈地试图找出一条尽可能好的途径。工程思维已经取得了很多成功，今后还将取得更大的成功。但工程思维无论如何也不可能达到绝对的可靠性，工程思维应该永远把可靠性作为基本要求，又必须对工程思维的可错性保持清醒的认识。

为了提高工程思维和工程活动的可靠性，要加强对工程容错性问题的研究。所谓容错性，是指工程出现了某些错误的情况下，仍能继续正常工作或运行。比如，计算机系统都具有一定的容错性，不是一出现毛病就会发生系统功能瘫痪，而是能够在一定范围内和一定程度上可靠运行，这就是容错性在发挥作用了。可见，容错性正是工程师在研究可靠性和可错性的对立统一关系中提出的一个新概念，而容错性方法也是工程师为提高可靠性、对付可错性而经常采用的一个重要方法。

1.2.2　工程系统分析

工程系统分析是将整个工程看作一个系统，应用多种方法对其进行全面的定性和定量分析，并做出最优工程方案的过程。工程系统分析主要包括问题、目标、方案、模型、评价及决策者六个基本要素，需要对上述六个要素进行全面的分析与研究，才能确保决策的正确性。

工程系统分析的技术手段和方法主要包括预测、建模、优化、仿真、比较与评价等。分析的步骤主要有认识问题、确定目标、综合方案、构建模型、优化仿真、系统评价、做出决策，在分析的每个阶段，都要对上一环节进行反馈与修正，以确保整个分析过程的合理性、完整性、正确性。

工程系统分析方法主要有以下四种：

1. 系统规范分析方法

系统规范分析方法是一种定性分析与定量分析相结合的分析方法，通过构建模型来获取最佳方案，包括系统优化、系统仿真和系统评价三种方法。系统优化是指为了获取最优方案而提出的各种求解方法，主要用于最优设计、最优计划、最优管理和最优控制等领域；系统仿真又称系统模拟，通过建立模型进行仿真实验，模拟工程的实际过程，尤其适用于耗资巨大、危险较高等特殊工况；系统评价是以工程目标为导向，从技术、经济、社会、环境等多个层面对工程方案的优劣进行评价，以做出正确选择。

2. 系统设计方法

系统设计方法是根据系统分析的结果，运用系统科学的思维和方法，设计出能最大限度满足预定目标的新系统的过程。在系统设计时必须采用内部设计与外部设计相结合的原则，从总体系统的功能、输入、输出、环境、程序、人的因素、物的媒介各方面综合考虑，设计出整体最优的系统。整个设计阶段是一个综合性反馈过程。系统设计内容包括确定系统功能、设计方针和方法，产生理想系统并做出草案，对草案做出修正，产生可选设计方案，将系统分解为若干子系统，对子系统和总系统进行详细设计并进行评价，对系统方案进行论证并做出性能效果预测等。

3. 综合创造性方法

常用的综合创造性方法主要有列举法、检核表法、情景分析法及头脑风暴法等。列举法是一种借助对一具体事物的特定对象（如特点、优缺点等）从逻辑上进行分析，并将其本质内容全面一一罗列出来的手段，再针对列出的项目一一提出改进的方法。检核表法是由美国创造学家奥斯本率先提出的一种创造性方法，是根据需要解决的问题或需要创造发明的对象，列出有关的问题，然后一一核对讨论，以引发出新的创造性设想的方法。情景分析法又称脚本法或前景描述法，在假定某种现象或某种趋势将持续到未来的前提下，对预测对象可能出现的情况或引起的后果做出预测的方法，是一种直观的定性预测方法。头脑风暴法是由美国创造学家奥斯本首创的一种方法，是由价值工程工作小组人员在正常融洽和不受任何限制的气氛中，以会议形式进行讨论、座谈，打破常规，积极思考，畅所欲言，充分发表看法的方法。

4. 系统图表法

系统图表法是一种结构模型化方法，应用于工程规划及复杂问题的分析中，具有简洁明了、直观性强等优点。系统图表法主要包括问题分析图表法和活动规划图表法两种。问题分析图表法中应用最广的是关联树图和矩阵表，此外还有特征因素图、解释结构模型、成组因素综合关系图等；活动规划图表法中应用较多的是流程图，此外还有甘特表、工作分配表等。

1.2.3　工程决策

虽然在整个工程活动中，决策仅仅是其中的一个环节，但它对工程活动的影响却是整体性、全局性和决定性的。像都江堰水利工程那样的正确决策可以造福千秋，而某些工程的错误决策可能会贻害万年。在工程活动中，决策失误是最大的失误，因此必须对决策保持高度的敏感性。

1. 工程决策的概念和要素

工程决策是指工程决策主体在工程活动的各阶段所做出的所有决定行为及选择过程，从工程目标的提出，方案的构思与设计、比较与评价，到优化与实施，涵盖了工程活动的全过程。工程活动各个阶段的决策与选择都很重要，都有可能对工程的成败产生决定性影响。

工程决策既包括对工程活动的目标和方向的选择，也包括实现工程目标所采用的程序、途径和措施的选择；既包括从战略角度决定工程是否开始，也包括从战术角度决定采取何种途径开展，还包括评估方案优劣并选择最佳实施方案的抉择过程。

工程决策包括决策主体、决策目标、决策信息、备选方案和决策理论与方法等要素。

（1）决策主体。决策主体既可以是单个管理者，也可以是由多个管理者组成的集体。决策考量的是人的主观能力，其知识体系、社会背景、价值观、风险偏好等对决策结果都有至关重要的影响。科学化的工程决策要认真听取专家学者和工程技术人员的意见，像三峡大坝那样的大型工程往往还设有专家小组或咨询委员会。

（2）决策目标。决策目标是指决策活动所期望达到的成果和价值。工程决策要确立的目标是多种多样的，主要包括：① 功能目标，即项目建成后所达到的总体功能；② 技术目标，即对工程总体技术标准的要求或限定；③ 经济目标，如总投资、回收期、投资回报率等；④ 社会目标，如对国家或地区发展的影响、生产能力提升、民生福利改善等；⑤ 生态目标，如环境目标、对污染的治理程度等。

（3）决策信息。科学的决策取决于对现实环境的正确认识和对未来发展趋势的预测和把握，在工程决策过程中，要根据具体的工程目标和战略部署，广泛收集自然、技术、经济、社会等各方面的信息，并对这些信息进行加工整理，提出可能的工程实施方案。但也不能不计成本地收集信息，要进行成本—收益分析。

（4）备选方案。备选方案是指可供选择的各种工程实施的可行方案。

（5）决策理论与方法。决策是一个过程，而这一过程中每个步骤的进行都离不开科学的理论支撑和方法指导。

2. 工程决策中的理性、情感和意志

决策活动往往是很复杂的，它受到各个方面、多种因素的影响。帕金在《工程师的决策管理》一书中指出，先前的决策行为、特定信念、个人价值、社会和职业标准、认知偏好、个性与环境压力等诸多因素都会影响决策的最终结果。在影响决策的诸多因素中，理性、情感和意志因素都发挥了特别重要的作用与影响。

工程决策需要以理性为基石。对工程的初始条件和环境条件的调查与辨识、工程方案的运筹设计、方案比较与综合评价等，都是基于理性的行为。当代决策理论，包括运筹学、系统分析、最优化理论、理性选择理论等，都是理性在决策中具体作用的体现。

人们很难找到一种从各个角度而言都是最优的方案，这样的方案往往也是不存在的，人们只能根据实际需求和目标，选择一种相对而言较为满意的方案。因而，理性也是有局限性的。而理性的局限性意味着理性并不能解决所有问题。

工程决策必须要有理性，但非理性的因素，特别是情感和意志也会在工程决策中发挥重要作用。以我国的载人航天工程为例，工程的立项、论证、决策历经七年，很好地诠释了理性思考的方面；就情感因素而言，努力跻身世界航天大国的强烈愿望是我国航天人爱国情感的突出表现；就意志因素而言，排除万难、坚定不移地发展航空航天技术，走科技强国之路成为主导的方面。理性、情感、意志的统一集中体现在载人航天工程的决策和实践过程之中。

决策者都是有感情的，在许多情况下，决策者的感情因素、感情倾向都会对决策产生一定的影响，在某些情况和条件下甚至会产生关键性的影响。有些投资商在做投资决策时，会更倾向于在自己的家乡投资，这就是感情因素发挥作用的具体表现。有许多城市修建了美丽、气派的中心广场，这类决策过程除了理性因素，提升城市形象和增进城市自豪感的情感无疑也是一个重要因素。当然，由于受情感因素的影响而做出不当决策的情况也是屡见不鲜的。

总之，决策活动不但是一个理性活动过程，同时也是一个意志活动过程。一般地说，如果没有意志因素的介入，任何决策都是无法做出的。尤其是对于那些决定前途和命运的决策，决策者如果在意志品质方面有所欠缺，其后果往往是灾难性的。重大工程的决策要求决策者必须具有刚毅、坚定、果敢的意志品质，意志薄弱、优柔寡断通常会导致决策失误。但决策果断绝不等于轻率鲁莽、刚愎自用，果断决策需要以科学分析和审慎考虑为前提，否则便会走向盲目决策，酿成恶果。

3. 工程决策中的权衡、协调和优化

1980 年美国学者歇普在《工程师应知：经济决策分析》一书中指出："决策是在不同方案之间进行的一种选择。"之所以要进行选择，直接原因是我们的资源有限。如果我们有大量的金钱、大量的时间、大量的材料以及大量的智力，那么做决策是很容易的。但是，所有的社会组织，不论是家庭、公司还是政府，都面临着资源有限的问题。于是我们必须选择如何用最有效的方法来最好地分配我们有限的资源。

决策者在决策时，必然要面对各种不同的要求和备选方案。这些备选方案都具有或多或少的可接受性，且都会产生某种后果，这些后果有好也有坏。理性决策的目的就是将积极的后果最大化，并尽可能地减少消极的后果。在现实社会中，有各方利益一致的情形，但也时常出现利益不一致甚至利益冲突的情形。比如，对一部分人有利的方案很可能对另外一部分人产生不利的影响，对经济效益非常有利的方案可能会对自然环境产生较大的不利影响。如何认识和处理这些矛盾就成了决策中的主要难题。此外，决策者在面对各种不同要求和不同备选方案时，常常不是正确与错误势不两立，而是各有道理、各有利弊。因此，考验决策者的通常就不是如何舍弃，而是如何权衡、协调和优化的问题了。

决策者的决策能力、决策水平常常具体表现在如何进行权衡、协调和优化上。决策者不但需要在不同的技术要求和指标之间进行权衡、协调和优化，而且还要在技术要求、经济要求、安全要求、环保要求、不同群体的不同利益要求等方面进行权衡、协调和优化。人们都希望制定一种“有百利而无一害”的决策方案，然而现实情境难免都有利有弊，各种方案往往各有所长，极少存在一种从任何角度来看都是最优的理想方案。因此，无论我们选择哪种方案，都有可能舍弃其中某些合理的成分，都有可能伤害到某些利益群体的利益。从这个意义上而言，权衡、协调和优化是工程决策的核心。

在工程决策的协调权衡中，如何权衡和协调经济效益和社会效益的关系往往是最突出、最尖锐的问题。在很多情况下，工程建设的经济效益与社会效益往往是冲突的，强调工程建设的经济效益常常会损害到工程建设的社会效益；同样，如果坚持工程建设的社会效益，也可能会损害某些个人或群体的经济利益。从本质上看，经济效益和社会效益的关系问题也就是义和利的关系问题。必须坚决反对那种见利忘义、因利害义的行为，努力寻求最大限度上义利统一的决策路线和方案。

1.2.4 工程创新

工程作为现实的生产力，是创造物质财富和促进经济发展的重要活动。在每个具体工程项目的理念、规划、设计、建造、运行、管理等过程中总会发生或大或小的创新，因而，可以把发生在工程活动中的创新称为工程创新。而且工程应是创新活动的主战场，对社会经济发展具有重要的促进作用。

工程创新是多维度、多层次的，这是由工程具有多因素、多层次和多目标等特性决定的。工程创新还往往发生在不同的要素或不同的环节中，因而也就有了丰富多彩的表现形式，如工程理念创新、工程规划创新、工程设计创新、工程技术创新、工程管理创新、工程制度创新、工程运行创新、工程维护创新和工程“退出机制”创新等。此外，工程创新又是整体性的、集成性的，在要素集成中产生的创新，既体现在技术层次，还体现在技术和经济、社会、管理等要素在定边界条件下的优化集成层次。也正是由于这种集成创新，在工程的各个环节、各个要素的集成过程中或大或小、或全局或局部地创新，不同的工程才具有了不同的、不可完全复制的个性特点。

纵观世界各国的工程发展史，特别是工业化进程中的工程史，会得出这样一个结论：工程创新是一系列技术进步及其基础性创新的具体体现，直接决定着一个国家或地区的发展速度和进程。回顾中华人民共和国成立以来的工业化历程，所取得的成就也是工程不断创新的结果。20 世纪五六十年代的“156 项”工业建设工程、“两弹一星”工程和改革开放以后的各类工程建设都呈现出一波又一波的工程创新，既有自主创新，也有引进、消化、吸收再创新，但都从不同程度上推动了我国工业化快速、稳定、健康发展的进程。现今，我国各地大大小小的工程项目建设成千上万，为了提高这些工程的效益、效率和竞争力，必须在各项工程中突出工程创新，尤其是在一些大型和特大型的工程建设中更应如此。

工程创新具有如下特点：

1. 工程创新的集成性

工程既不同于科学，也不同于人文，而是在人文和科学的基础上形成的跨学科的知识与实践体系，是以科学为基础对各种技术因素、社会因素和环境因素的集成。因此工程创新者所面对的必然是一个跨学科、跨领域、跨组织的挑战。工程创新过程就是技术要素、人力要素、经济要素、管理要素、社会要素等多种要素的选择、综合和集成过程，是人与自然关系、社会关系的重构过程。因此，集成性是工程创新的基本特点。

工程创新的集成性突出地表现在两个方面：一是多种技术的集成，在科学领域中，科学家通常开展单一学科的科学研究，而在工程领域中，任何工程都必须对多种技术进行集成；二是工程的技术要素和经济、社会、管理等非技术要素的集成，这是一个范围更大、意义更为重要的集成。

2. 工程创新的社会性

工程创新是一个社会过程，工程创新不仅是“技术性”活动，更是“社会性”活动。单个工程技术人员是无法发挥作用的，必须组成团队才能充分发挥作用。工程创新还是一个价值导向的过程，工程活动不仅要充分考虑技术可行性和经济性，还要充分考虑环境效益和社会效益。不考虑环境效益和社会效益，不充分考虑工程所涉及各方的直接或间接利益，不仅工程本身不合理，而且还可能会遭遇各种阻力而导致工程失败。

3. 工程创新的建构性

如果说工程创新是一个异质要素的集成过程，那么这些被集成的要素对创新者来说并不是预先给定的、随意可用的，只有当这些要素被识别、认知、调动和应用后，才能最终发挥作用。要素的转移和应用在工程活动中发挥着至关重要的作用，这些应用和转移不是随意和单向的，而是双向的甚至多向和交互作用的。工程创新成功与否，关键在于创新者对各种要素的集成和建构能力。在这个异质要素集成的过程中，需要匹配各种要素，需要调和各类需求，需要权衡各种利弊。可以说工程的创新始终是一个利益冲突和相关利益团体彼此协调的过程。

4. 工程创新的可靠性

任何创新都是一个不确定的过程，工程创新也不例外。与通常的技术创新不同的是，工程创新总是要求最低限度的不确定性和最大限度的可靠性，力求稳健就成了工程创新的一个必然要求。工程创新的过程是一个形成新的生活常规、新的时空领域、新的语言环境和新的社会系统的过程，这种过程营造了一种新的生活方式，当然需要最大限度地确保创新的可靠性。

1.2.5 工程价值

工程思维中也渗透着人类的价值追求，这种价值目标更具综合性，往往是知识价值、经济价值、社会价值、环境价值与人文价值等的综合。

列宁说：“世界不会满足人，人决心以自己的行动来改变世界。”人类想要在自然界生存和发展下去，就必须解决人与自然界之间的矛盾问题，就必须向自然界谋取人类所必需的生活资料和生产资料。从这个意义上说，人类的生产实践是人类生存和发展的基础条件。纵观人类历史，尤其是近代科技革命、产业革命以来的历史，工程架起了科学发现、技术发明与产业发展之间的桥梁，成为产业革命、经济发展和社会进步的强大杠杆。工程是人类社会存在和发展的基础，是国家竞争实力的根本。因此，从宏观上讲，工程对人类具有巨大的正面价值，任何否定工程这种积极作用和正面价值的观点无疑都是错误的；从微观上讲，即从具体的工程实践来看，作为人们自觉主动地变革自然的实践活动，工程活动是具有强烈的价值导向的。中华人民共和国成立后，举全国之力开展“两弹一星”工程，就是为了增强国防实力，凝聚民族自豪感，提高新中国的国际地位。在市场经济体制下，大部分工程是由企业发起和进行的，以获取经济利益、追求企业的发展作为工程的出发点和驱动力。由工程的目标价值导向引出一个重要的伦理问题：工程为什么人服务，为什么目的服务？改革开放前的一段时期，我国主要强调政治标准，着重考察科技人员是不是爱国，是不是愿意为人民服务，为社会主义国家服务。在当今形势下，工程活动的价值导向性问题，特别是从社会伦理的角度思考工程活动的目的，确保工程符合公平公正等基本伦理原则，将公众的安全、健康和福祉放在首位，显得尤为重要。

实际上，工程可以服务于多个方面的目的，具有多个方面的价值。工程的价值主要体现在以下几个方面：

1. 工程的科学价值

工程制造的科学仪器、设备、基础设施是现代科学研究不可或缺的基本条件。比如，航天工程就具有重大的科学价值，宇宙起源、生命奥秘等基本科学问题的探索，都有赖于航天工程的发展。科学界在地面观测、实验室分析和理论研究的方法之外，越来越希望借助太空环境这样特殊的条件，验证各种理论假说，探索未知的科学问题。以生命科学为例，科学家希望利用地球上难以模拟的实验条件，在太空开展生命科学研究，从而创立太空生物学这一新的学科方向；通过在太空特别是太阳系各类天体上寻找氨基酸、核苷酸、嘌呤等复杂有机物和生命初始物质，甚至探寻地球以外可能的生命信息，将有助于回答地球生命起源的基本问题，这些都是工程的科学价值的体现。

2. 工程的政治价值

“人造物是否具有政治性？”这是美国技术哲学家兰登 • 温纳（Langdon Winner）在 1980 年提出的疑问。位于纽约长岛的琼斯沙滩是夏季休闲的度假胜地，公众前往海滩的最快路线就是由建筑师罗伯特 • 摩西设计的纽约旺托州立公园大道。公园大道于 1929 年通车，道路上有两百多座矮桥（图 1－7）。这些矮桥只有 9 英尺[①]高，由于高度受限，只有拥有小汽车的富人才能从矮桥下自由通行，享受琼斯沙滩的美景，而平时利用公交车出行的贫民和黑人则被排除在外，实现了政治意图。

图 1－7　摩西设计的矮桥

① 1 英尺=0.304 8 米。

据载，发明家爱迪生申请平生第一项专利是一个可以自动记录投票数的装置——电子投票记录仪。每个议员只需按一下座位上的电钮，他的表决就会立即被记录下来，并进行自动计数。爱迪生一心认为，这个发明会受到国会议员的欢迎。但是没有想到，少数党第一个表示反对，因为表决速度加快，将使少数党无法拖延时间，阻挠议案通过。这项发明被送进了政治坟墓，爱迪生决定再也不做人们不需要的东西。再比如，在我国封建社会，衣食住行按不同的等级有具体而严格的规定，不容僭越。西周时期，规定只有天子和诸侯才可以造城，并且规模按等级来决定：诸侯造的城，大的不得超过王都的三分之一，中等的不得超过五分之一，小的不得超过九分之一。城墙高度、道路宽度以及各种重要建筑物都必须按等级制造。在清朝的服饰颜色中，明黄色只准帝、后使用，其他人不得僭用。

工程的政治价值在军事运用上有一个极端表现。先进的工程技术往往率先被用于开发武器装备，比如电子计算机、原子弹等。而科学技术在工程化、产业化上的新进展，不断开辟了新的原料来源，摆脱了对原产地的依赖，这样就以和平方式改变了国与国之间的关系格局。比如，化学家改进合成氨工艺，可以用空气中的氮气生产硝酸盐，从而使第一次世界大战前夕有三分之二的国民收入依靠硝酸盐出口的智利经济元气大伤，智利依赖硝石占据原材料垄断地位的优势从此被打破。

3. 工程的社会价值

现代医药科学技术的进步大大提高了人们的健康水平和人均寿命，生产的机械化、自动化、智能化减小了工人的劳动强度，减少了劳动时间，信息通信技术增进了人与人之间沟通的频率和效率。现代科学技术尤其是其成果的工程化和产业化，极大地改善了人们的生活水平，提高了生活质量。

比如，信息媒介技术为社会动员和社会整合提供强有力的手段。20 世纪三四十年代，美国总统富兰克林 • 罗斯福利用刚刚兴起的广播媒介，借助《炉边谈话》节目，向美国人民宣传，对美国公众理解和支持政府新政及参加第二次世界大战的决策发挥了非常重要的作用。美国人亨利 • 福特发明的流水生产线，大大降低了汽车的制造成本，使得汽车成为普通家庭的消费品，极大地促进了汽车工业的发展和进步。

然而，工程的社会价值并不只有正向的、积极的一面，比如对社会分层的作用就具有正负双面性。著名经济学家熊彼特把技术创新看作一种“创造性破坏”：创造新产业新富翁，但也砸了旧职业的饭碗，原来产业的工人失业下岗。数字鸿沟是既有社会经济分层的反映，甚至会进一步加剧社会的不平等，比如打车软件的快速发展极大地方便了老百姓的生活，但也使部分不会操作智能手机的群体陷入“无车可打”的困境。

4. 工程的文化价值

印刷出版、广播电视等传统媒体能够迅速传播文化，提高大众的科学文化水平；而互联网、移动通信等数字新媒体，则进一步打破了时空界限，传播内容更丰富，传播速度更快，传播平台更多样，深刻影响和改变着人们的思维习惯和行为方式。文化活动、文化产业、文化事业需要先进的工程科学技术为之提供基础设施、物质装备和技术手段，而工程科学技术的发展又反过来促进了文化产业的发展。

所有工程都是科技、管理、艺术等要素的集成和结晶，好的工程活动及其产品能够给人以美的享受，具有文化艺术价值。标志性的工程还会成为所在地和所属民族的精神纽带，有助于增进民族和国家的自豪感和凝聚力。近年来，我们越来越重视工业遗产的保护和利用，反映出我们对工程的历史文化价值有了新的认识。

此外，工程实践及其职业所包含的造福人类、务实创新、追求质量、注重效率、团队协作、务实精进等工程精神，是工程内在的思维方式及行为准则，对社会其他亚文化具有积极的引导作用，这本身就属于文化范畴，具有文化价值属性。

5. 工程的生态价值

工程从自然界获取资源和能源来满足人类的生存和发展需要。过去相当长一段时间，由于不加节制地开发和利用自然资源，肆意向自然环境排放废弃物，结果造成了环境污染、生态系统功能退化等危及人类持续发展的严重危机。这样的工程，其生态价值是负的。随着这种危机的加剧，人们也逐渐开始意识到这些问题，工程也开始向节能、绿色、环保、低碳及环境友好型方向发展。所以，工程的生态价值的性质也在发生转变。特别是出现了专门研究和从事环境污染防治和环境生态改善的环境工程专业，我国开展了水污染、大气污染、土壤修复等一系列专项科技研发和工程实施，极大改善了生态环境，提升了工程的生态价值。

工程作为变革自然的造物实践，是一个综合集成了科学、技术、经济、管理、社会、伦理、生态等各方面要素的综合体，因此，一般来说，一项工程总是包含着多种价值的。而前述工程的经济、政治、社会、文化、科学、生态等各种价值，就是工程在这些方面的属性和功能与主体需要之间的一种效用关系，一定意义上也是主体分别从这些不同方面对工程的作用和功能所做出的评价。所谓某一领域的工程，是就其主导性价值而言的。实际上，即使是一项经济领域的工程，除了满足用户的使用需要，获得经济回报等经济价值，它还具有文化价值、政治价值、社会价值、生态价值等。实际上，我们更加关注的是一项工程的各方面价值的正负性质。我们一般都希望在预算、工期等约束条件下，工程各方面的价值都是正向的，这就需要我们在这些不同价值之间做出权衡取舍和协调优化。我们必当避免和防止极端地追求某方面的价值，而牺牲其他方面的价值，甚至造成其他价值变为负值的工程出现。

1.3 工程理念与工程观

1.3.1 工程理念

工程理念问题非常重要，影响十分深远，在好的工程理念指引下可以建成既能造福当代，又能泽被后世的伟大工程。而工程理念的缺陷和错误又必然导致各种贻害自然和社会的工程出现。因此，工程理念正引起人们越来越多的关注。

工程理念是工程哲学的核心，在工程活动中发挥着最根本性的、指导性的、贯穿始终的、影响全局的作用。我们应该努力准确、全面、完整地理解和把握工程理念的内涵、作用和意义，树立和弘扬新时代先进的工程理念，这对搞好各种工程活动，推动建立“自然—工程—社会”的和谐关系，具有十分重要的意义。

1. 理念与工程理念

理念是人们经过长期的理性思考和实践所形成的思想观念、精神向往、理想追求和哲学信仰的抽象概括。工程理念则是“理念”这个具有普遍性的哲学概念和工程实践经验相结合而形成的一个新概念、新观念、新范畴。工程理念是一个源于客观世界而表现在主观意识中的哲学概念，它是人们在长期、丰富的工程实践的基础上，经过长期、深入的理性思考而形成的对工程的发展规律、发展方向和有关的思想信念、理想追求的集中概括和高度升华。在工程活动中，工程理念发挥着根本性的作用。

工程活动的本质不是单纯地认识自然，而是要发挥人的主观能动性进行物质创造活动，如建造房屋、修筑铁路、载人航天等。工程活动不是自发的，而是有目的、有计划、有组织、有理想的造物活动。工程理念就是关于人类应该怎样进行造物活动的理念。任何工程活动都是在一定的工程理念指导下进行的，工程理念往往先于工程的构建和实施，甚至先于工程活动的计划和工程蓝图的设计。全部工程活动都是在一定的理念，包括自觉或不自觉的理念指导下进行的。

一般地说，工程理念应该从指导原则和基本方向上回答关于工程活动“是什么（造物的目标）”“为什么（造物的原因和根据）”“怎么样（造物的方法和计划）”和“好不好（对物的评估及其标准）”等几个方面的问题。由于人类社会是不断发展的，认识水平是不断提高的，需求层次是不断变化的，工程活动的经验、知识、方法、材料和技术手段也是不断提高的，工程师的知识结构、思维能力、设计方法、施工能力也是不断增长的，工程理念也就不可能是一成不变的，而是要随着时代、环境、条件的变化而不断变化、不断发展。

2. 新时代的工程理念

如前所述，工程理念不是僵化不变的，而是需要随着实践和时代的发展而不断发展的。新时代需要打破旧的工程理念，弘扬新的工程理念。目前，尽管那种盲目“征服自然”的工程理念的许多弊端已经暴露了，然而，从许多现实情况和具体表现来看，那种“征服自然”的工程理念在当前的现实生活中仍然不同程度地继续存在着。追求“人—自然—社会”之间和谐的工程理念虽然已得到人们的关注，但要把这种新的工程理念落到实处又谈何容易。工程理念不能变成空洞的口号或脱离实践的空谈，新时代的工程理念从工程实践中来，还必须落实到工程实践中去。如果不能把思想性、观念性的工程理念与行动结合起来，并落实到工程实践中，那么无论多么好的工程理念都将成为一片海市蜃楼。

新时代工程理念的核心是以人为本，要使人与自然、人与社会协调发展。一切工程都是为人而兴建的，越是重大的工程，越需要通盘考虑，看是否能够真正造福于人民，而且是否能够持久地造福于人民。人、自然与社会三者应在工程活动中达到“和谐”状态，一切工程的决策、规划、设计、建造、运行和管理，都要以此为出发点。

新的工程理念的提出、升华、创新、落实都要立足于人才，都要依靠人才。一方面，新的工程理念要求培养新型的工程人才；另一方面，要依靠新型的工程人才，升华、推进、落实新的工程理念。新的工程理念是我国新时期工程活动的灵魂，要以新的工程理念造就新的工程人才、工程大师和工程团队。新的工程人才需要有深厚的文化底蕴以及工程科技的素养，要有敢于突破、敢于大胆创新的能力和魄力，更关键的是必须树立起新的工程理念。

新时代的工程师不但要掌握业务知识，还必须有社会责任感，树立和深刻理解新时代的工程理念。新的工程理念不但是工程活动的灵魂，也是广大工程师个人成长的指南。缺少了工程理念的指导，工程师的培养和成长不但缺少了动力，而且会迷失前进的方向。在新时代、新形势、新条件下，工程师应该把新的工程理念作为推动自己成长的动力，应该努力弘扬和落实新时代的工程理念，努力在大力弘扬和落实新时代的工程理念的工程实践中成长为卓越的工程大师。

新时代工程理念的树立和弘扬绝不仅仅是工程界的事情，它必然深刻影响到全社会，包括哲学界。马克思说："任何真正的哲学都是时代精神的精华。"哲学是文明活着的灵魂，在工程理念中同样凝结着"时代精神的精华"。一方面，我国新时代工程理念的形成离不开马克思主义哲学思想的指导；另一方面，新时代工程理念的树立和弘扬又必将丰富马克思主义哲学，为哲学在新时代的新发展增添新的动力和活力。在树立和弘扬新时代工程理念的过程中，工程界和哲学界的联系必将得到进一步增强。

1.3.2　工程系统观

工程是一个复杂系统，它的构成要素包括人、物料、设备、能源、信息、技术、安全、土地、管理等。工程与它的外部环境（自然、经济、社会等）则是一个更大的系统。我们在进行工程活动时，不仅要考虑工程自身的系统，还要考虑工程与它外部环境构成的系统；在认识和分析工程时，不但要辨识其组成的各种要素，更要把工程看成一个系统，从系统的观点去认识、分析和把握工程。

1. 工程系统与系统论

系统是由两个或两个以上有机联系、相互作用的要素所组成，具有特定功能、结构和依赖于一定环境而存在的整体。以此类推，工程系统就是为了实现集成创新和建构等功能，由人、物料、设施、能源、信息、技术、资金、土地、管理等要素，按照特定目标及技术要求所形成的有机整体，并受到自然、经济、社会等环境因素影响和制约。

工程系统化是现代工程的本质特征之一，具有重大的现实意义。首先，现代工程活动越来越明显地具有系统化和复杂化特征，只有确立现代系统观，才能有效应对和解决好现代工程系统所面临的各种复杂问题；其次，各种专业工程之间及其与系统工程等学科之间的交叉、融合程度越来越高，综合集成创新功能日益增强，大工程观的形成和工程科学的创新发展需要以科学的系统观作为基础；最后，现代工程活动对工程技术人员的观察视野、知识范围、实践能力等不断提出新的更高要求，现代工程技术人员只有掌握了系统思维与分析方法，才能成为具有战略眼光、系统思想和综合素质的新型工程技术专家。

工程系统的产生和发展都有其目标，实现目标的过程即为工程化过程。工程系统的目标既有技术和经济目标，又有环境和社会目标，还有系统发展目标等，每个目标要求又可分解成若干个子目标，而各个目标之间通常存在相互消长的复杂关系，这给目标分析及系统设计带来了极大的困难。

任何具体工程都是作为功能单元存在并发挥其作用的。构成工程单元系统的要素有四类，即：① 物质要素，包括物料、设施、工具等；② 工程化的方法、技术等；③ 具有一定经验、知识、技能和创造力的人；④ 对系统中的物质流、能量流、信息流、人流及价值流进行组织、协调、评估、控制的管理活动。

为了实现工程系统的功能要求，应形成以工程过程分系统为核心，以工程战略、组织协调、工程过程分系统为主线，以工程技术、工程管理、评估控制分系统为支撑的有机整体；以工程战略分系统为第一层次，以工程技术、组织协调和评估控制分系统为第二层次，以工程过程和工程支持分系统为第三层次的递进结构。

2. 新时代的工程系统观

工程系统等任何系统的发展都必须考虑到经济社会的持续发展、协调发展和以人为本的发展，并为构建和谐社会做出贡献。工程与环境的和谐友好直接关系到可持续发展、工程与社会的和谐、全体公民的福祉，工程系统与自然系统、社会系统的协调发展是现代工程系统发展的必然要求，也是构建和谐社会的重要基石。因此，需要从传统的工程观转变成新时代的工程系统观。

长期以来，工程常常被视为人类征服自然、改造自然的活动，对工程活动可能产生的长期性的、潜在性的生态效应和风险估计不足，对社会结构、生活和文化等方面的影响及其反作用也考虑得不够，因而不能准确全面把握工程系统与自然系统、社会系统的交互关系。这种传统的工程观已经对工程实践、经济发展及社会生活产生了严重的负面影响，甚至影响了社会的安定与和谐。

新时代的工程系统观要求工程活动应建立在符合客观规律的基础上，遵循资源节约、环境友好及社会和谐的要求与准则，促进人与自然、社会协调发展，节约资源能源，保护生态环境，促进社会进步，提高综合效能。

工程决策者和实践者应增强社会责任感和工程系统意识，树立一切工程活动都应促进人与自然、社会和谐发展的理念，杜绝各类形象工程、政绩工程，乃至“豆腐渣”工程、扰民工程。工程战略、规划和决策要实现系统化、民主化、科学化，工程设计和实施要体现人性化、持续化、生态化，工程评价要符合经济效益、社会效益、环境效益和生态效益的多维系统准则，工程管理要认真对待和妥善解决工程活动中存在的多元价值冲突和复杂利益诉求问题，实现工程系统的全局最优化，要系统研究、大力倡导、积极推进、有效实施循环经济、清洁生产、绿色制造、绿色物流与绿色供应链等新模式新方法，并将其运用到现代工程系统的开发、运行、更新及管理中去，为建设资源节约型、环境友好型社会做出贡献。

1.3.3 工程社会观

工程是人类有目的、有计划、有组织的活动，工程活动是由投资者、管理者、工程师、工人等参与和进行的社会性活动。因此在工程活动中，不仅要有技术规范，而且要有法律、伦理、宗教、文化的规范。我们对工程的社会性、社会功能、公众理解等都要进行广泛、深入的研究。工程的社会观是完整工程观的重要组成部分，从社会的角度观察、认识工程，理解与工程相关的社会问题，对于促进工程与社会发展之间的和谐是非常重要的。

1. 工程的社会性

工程的社会性主要体现在以下几个方面：

（1）工程目标的社会性。工程目标的社会性在很多情况下表现为工程的社会效益。一方面，许多工程尤其是公共设施工程，其首要目标不是经济效益，而是增进社会福利，促进社会公平，改善生态环境等。比如，在许多城市，由政府主导建设的经济适用房，目标是改善工薪阶层的住房条件；国家公共卫生防疫体系的建设，目标是为民众提供公共卫生和健康方面的保障；城市地铁网络建设，目标是为城市提供便捷的交通条件；三峡工程、南水北调工程这类对国家具有战略意义的大型工程，其目标是长期的经济发展和社会安定，而不仅仅是短期的经济效益。另一方面，随着时代的进步和人们认识的提高，人们越来越深刻地认识到每个人、每个企业都应当承担社会责任。在实施商业化工程时，企业和个人虽然一定会考虑经济效益，但也要把赢利之外的社会目标包含进来，只有那些符合社会发展需求，符合可持续发展理念的工程，才是有生命力的工程。

（2）工程活动的社会性。工程活动是由投资者、管理者、工程师、工人等不同成员共同参与和进行的，他们一起构成了“工程共同体”。这些成员在工程活动中各司其职，相互配合，完成了大量的社会活动。这种合作关系集中体现了工程活动的社会性。另外，在工程活动中，人们不但需要解决各种技术性难题，还需要解决工程共同体成员之间的各种社会矛盾。技术性难题往往不是最大的难题，如何协调好不同工程参与者的多元目标诉求，协调各方的利益冲突，才是工程活动的最大难题，是工程顺利开展的关键。

（3）工程评价的社会性。现代工程的数量、规模和社会影响都是史无前例的。既然工程活动都是有明确目标和消耗大量资源的活动，那么工程的社会目标是否能够实现？工程对社会的影响又如何？这些都需要对工程进行社会评价。在工程的社会评价中，工程的社会效益通常是难以计量的，因此，如何恰当地建立科学的评价标准和指标体系是首先需要解决的问题。其次，在一个价值观多元化与利益分化的社会中，同一个工程在不同的社会群体中可能会得到不同的价值判断，这又涉及如何才能合理确定评价主体及评价程序的问题。

2. 工程的社会功能

（1）工程是社会存在和发展的物质基础。人类社会存在和发展的基础包括物质和精神两个方面。工程的社会功能，首先体现在工程要为社会存在和发展提供物质基础，满足人类生活的基本需求，并提高社会生活质量。工程在发展过程中成了直接的生产力，满足人类的衣食住行。其次，工程构成了社会发展的基本物质支撑。城市建设、道路桥梁的修建、能源开发与利用、环境保护、工业品与生活用品的生产等，都是通过各种各样的工程实现的。全国各地有无数的新建工程、改建工程和扩建工程在启动和实施，这些规模各异的工程构成了我国经济社会发展的基本物质支撑，其质量和成效直接关系到我国全面小康社会实现的大局。

（2）工程是社会结构的调控变量。工程存在于社会系统中，是社会系统中的变量之一。工程活动作为直接生产力，会影响并带来社会结构的变迁。科学技术在发展和进步过程中要通过实施一系列工程，才能对经济社会产生影响。在历史上，蒸汽机动力工程和电力工程等都有力地推进了人类社会经济结构的演进，快速推进的信息工程等新兴领域也正在不断改变当前的社会经济结构。在这个过程中，还需要工程作为宏观调控的手段，保持经济、社会、生态环境的协调发展，促进社会公平。比如，通过环境工程来治理环境，通过区域协调来调控经济发展等。在我国的西部大开发战略中，主要途径就是要通过启动一系列工程，为西部地区的经济社会发展奠定基础，进而实现缩小区域差距，实现共同富裕的目标。

（3）工程是社会变迁的文化载体。工程不仅具有创造物质财富的生产功能，还凝结着特定的社会文化价值。优秀的工程是科技、管理、艺术等多种要素的结晶，标志性的工程还会成为其所在地和所属民族的精神纽带，有助于增进民族和国家的自豪感和凝聚力。历史上有些工程，虽然失去了原本的生产功能，但其丰富而典型的社会文化底蕴却仍激励着一代又一代的中国人奋进。因此，在工程设计及对待历史工程方面，不能单纯考虑经济效益，还需要从工程是社会文化载体的角度进行全面思考，进行综合考量。

3. 公众理解工程

任何工程，无论是公共工程还是商业工程，公众都应享有知情权。在公共或公益工程中，公众既是投资者，也是利益相关者。在商业工程中，公众更是重要的利益相关者。尽管商业工程的投资与经济收益归公司所有，经济风险也主要由公司承担，但工程对自然和社会产生的影响却是公共的。倘若工程与公众个人利益直接相关，公众在享有知情权的同时，还应享有选择权，如在转基因食品对健康影响问题尚无定论的情况下，公众有权自主决定是否食用转基因食品。对于那些可能产生重大环境和社会影响的大型工程，公众在享有知情权的基础上，还享有表达意见的权利，甚至某种形式的决策参与权。

工程的公众参与，一方面有利于各方利益的平衡，另一方面也给工程提供了更广泛的智力支持。在很多工程活动中，公众“既是观众，又是演员”，多种价值观的交流有利于工程的健康发展。公众参与工程，还将有助于建立有效的监督约束机制，减少工程中的腐败行为。

公众理解工程的另一个问题是通过什么样的途径理解工程。获取必要的工程信息是公众理解工程的前提。因此，应该努力做好有关工程信息的发布、传播与普及工作，这些信息既包括有关的科技知识，也包括社会知识。工程师应善于把自己的专业知识普及给公众，以适当方法促进公众对各种经验和知识的相互交流，通过不同价值观的碰撞和相互对话增进公众对工程的理解。这一过程又被称为工程的“知识共享”和“社会学习”，通过不同主体的知识与价值观交流，消除工程信息的不对称，传播已有知识，创造新的知识，提高全社会的工程知识基础，使公众获得对工程更为全面的理解，并促进达成关于工程的社会共识。

总之，公众理解工程不仅体现了对公众的尊重和民主原则，有利于多种价值观的交流和促进，还可使工程决策获得更为广泛的智力支持。中国是一个工程大国，并奋力向一个工程强国迈进，努力促进公众对工程的理解，加强公众对工程的参与，对于提升工程决策水平、提高工程质量、消除社会冲突、构建和谐社会都是非常重要的。

1.3.4 工程生态观

马克思主义历来认为，在人类的一切活动中，自然界始终处在优先地位，“没有自然界，工人什么也不能创造。”据此，工程活动是人与自然界相互作用的中介，对自然、环境、生态都会产生直接的影响，因而工程的生态观就是要考虑生态规律的约束和生态环境的优化。

1. 工程生态的问题

自 18 世纪工业革命以来，人们一直把工程理解为对自然界的改造，是人类征服自然的产物。这种传统工程观对工程的技术功能和经济功能认识片面，对工程过程和生态环境缺乏足够的关注，对工程与自然的辩证关系也没有进行深刻的反思。

自然进化过程中，一种生物与另一种生物之间，以及所有生物与周围环境之间都存在有机的联系。一种动物的粪便成了土壤细菌的食粮，细菌的分泌物滋养了植物，植物又养育了动物，这是一种动态的循环。工程如果有悖于自然规律，破坏了正常的生态循环，便会出现“自然资源—产品—废弃物”的单向流动。传统的工程观强化了这种线性的、单向流动的逻辑：机器生产产品，产品使用后会被丢弃，成为垃圾与废物，不能进行正常循环。因此，作为传统工程观所支配的工业技术体系在内在逻辑上与自然界的循环相矛盾。

自然界的生物多样性是深层的秩序或自然生态平衡的反映。近代以来，人类以高度受控的工业方式，建造了大量对自然生态系统影响强烈的人工系统，大规模地向自然索取，大规模地消费，大规模地无序化废弃，缺乏自我调控和反馈机制，内在功能难以适应外在影响因素的变化，使得工程活动的产物变成了自然环境的对立物。这种片面的工程活动，造成了技术、社会与自然环境的割裂，对生物多样性造成了严重危害，直接威胁到人类的生存和可持续发展。

2. 工程生态观的思想

传统工程观片面强调工程对自然的改造和利用，工程的建造缺少生态规律的约束和对生态环境的优化，是一种脱离生态约束的工程观。在反思传统工程观局限性的基础上，人们开始探索如何才能树立一种新的工程生态观，一种能够正确认识和处理工程活动与生态循环辩证关系的新的工程生态观。

科学的工程生态观要求对人类工程活动的后果做多重分析，尤其要加强对工程潜在后果和负面影响的分析，并将其作为人类工程活动的约束性条件。应当将生态价值和工程价值协调起来，做到工程的社会经济功能与自然界的生态功能相互协调、相互促进。

任何工程活动都会干扰和影响自然生态的运行，但这种干扰和影响并非在任何情况下都具有破坏性或负面性。一方面，要在深入研究和分析生态系统运行规律和约束条件的基础上，进行符合生态循环规律的工程活动，将工程活动的负面性控制在自然生态系统可以吸收消化和自我调节的限度内，从而确保自然生态系统的良性循环。比如，依山而建的生态野生动物园，既满足了人们的观赏需求，又保证了动物的天性和环境的自然状态。另一方面，人类工程活动在与自然生态互动的过程中，可能破坏生态环境的同时，也会使人们积累生态知识并利用生态规律调整和保护自然生态环境的理念、方法和途径，不仅可以利用新的理念和技术去改善和消除人类工程活动已经造成的破坏，也可以通过工程活动对自然生态系统自身的盲目性、破坏性加以因势利导，为我所用，从而使工程活动在追求经济社会利益的同时能和自然生态系统良性循环之间保持恰当的协调，有目的地将工程活动融入自然生态循环中，以改善和优化生态环境。

技术作为解决工程问题的方法、程序和手段，在各种条件约束下有多种实现路径的选择，工程生态观要求在路径选择中考虑并吸纳生态环境要素，开发出能与生态环境相和谐的技术成果。人类的工程活动应该是各种绿色技术的集成，从要素上体现工程活动的生态性，真正实现工程活动是自然生态循环的一个环节。

工程活动是人类基本的实践活动，是人类的存在方式和生活的本质特征。人类的工程活动在导致自然环境被破坏的同时，也孕育着环境保护、生态再造的理念，这些新的理念和方式与人类的可持续发展要求密切联系在一起，当人类创造的对象威胁到人类的生存和进步时，人类的智慧一定会选择更好的方式。

1.3.5 工程伦理观

工程活动是人类一项最基本的社会实践活动，其中涉及很多复杂的伦理问题。工程活动在给人类带来巨大福祉的同时也让人类遭遇了很多风险和挑战，工程伦理便是其中最为重要的挑战之一。

1. 工程中的伦理问题

工程造物活动不但是科学技术性质的活动，而且是社会性质的活动，是一个汇聚了科学、技术、经济、政治、法律、文化、环境等要素在内的复杂系统，伦理在其中起到重要的定向和调节作用。

在工程活动中包含着一系列的选择，比如工程目标、实现方法和实施路径的选择等。应该选择什么？怎样进行选择？这些都是需要在价值原则指导下进行思考和解决的问题。工程师对工程目标、时间、地点、方法、途径等的选择起着决定性的作用。在选择过程中，除了科学、技术、经济的评价，还需要伦理评价。在伦理观中最根本的是工程师应该自觉地承担起对人类健康、安全和福祉的责任，将公众的安全、健康和福祉置于至高无上的地位。这条基本原则的具体表现则是：质量与安全、诚实与守信、公平与公正。

工程活动中有很多不同的利益主体和利益集团，诸如工程的投资方、实施方、设计方、施工方、管理方、运营方和最终用户等。如何公正合理地分配工程活动带来的利益、风险和代价，是当代工程伦理学所必须直接面对和着力解决的重要问题之一。

在讨论工程的伦理问题时，一些学者常常把产品的设计、制造与使用环节分开，并认为伦理问题只产生于产品的社会使用过程中。这种看法是片面的，事实上，伦理问题的考量和伦理关系的冲突在整个工程过程中都会出现。比如，在设计阶段会出现关于产品的合法性、是否侵犯专利权等问题，在签订合同阶段会出现关于“恶意压低标准和价格”的问题，在生产运行阶段会出现关于工作场所是否符合安全标准的问题，在产品销售阶段可能存在贿赂、广告内容失实等问题，在产品的使用阶段可能存在没有告诉用户有关风险的问题，在产品回收和拆解阶段可能存在是否对有价值的材料进行再利用和有毒废物进行正确处理的问题等。

2. 工程伦理的性质和范围

最常用的伦理学方法有目的论和义务论两种，这两种方法各有优缺点。

目的论又称后果论，其优点是关注效果和功利，使它能够顺应现实，要求对人的行为本身有正确的认识。常用的成本效益分析就是一种典型的目的论应用。目的论存在的问题是，往往缺乏可用来权衡一种结果胜于另一种结果的适当标准。此外，如何才能全面正确地发现并确定行为可能产生的结果，也是一个难以实现的任务。

义务论的优点是它的出发点清晰明确，它认为应当把每个人都作为一个相互平等的道德主体来尊重。义务论的主要问题是对于结果“不敏感”，这使它在分析许多现实问题时会显得有些不切实际。在实践中，目的论和义务论各有其适用的情境，在解决工程伦理问题时，往往需要把它们结合起来加以应用。

工程伦理是实践伦理，实践伦理始于现实问题，是在实践中提出的。实践的判断和推理不同于理论的判断和推理，它不是简单的逻辑演绎，而是包含着类推、选择、权衡、经验运用的复杂过程，其结果不是指向抽象的普遍性，而是丰富的具体的个性。“实践推理”是综合的、创造性的，它把普遍原则与当下的特殊情境与事实、价值和手段等结合起来，在诸多可能性中做出抉择，在冲突和对抗中做出明智的权衡与协调。

正如经济学领域既有微观经济学问题又有宏观经济学问题一样，在工程伦理学领域，既存在微观工程伦理问题又存在宏观工程伦理问题。马丁·辛津格认为，微观问题涉及个人和公司做出的各种决策，而宏观问题所涉及范围则更加广泛，比如技术发展的方向问题，是否应该批准有关法律以及工程师职业协会、产业协会和消费者团体的集体责任问题。在工程伦理学中微观问题和宏观问题都是重要的，并且它们常常还是交织在一起的。我们在研究和分析工程伦理时，不但要关注微观的工程伦理问题，更要关注宏观的工程伦理问题，特别是要关注和研究与集体决策、集体责任联系在一起的伦理问题。

1.3.6　工程文化观

工程是在一定的文化背景下进行的，因而工程活动、工程建构、工程建设必然反映它所处时代的文化。工程与文化具有密不可分的内在关联性。一方面，人们的工程活动离不开一定的文化背景；另一方面，工程活动又会直接影响到整个社会文化的面貌。可以说，工程活动已经形成了一种特殊的亚文化——工程文化。工程文化具有整体性和渗透性，可以突出工程中表现出来的民族精神、时代特征、地域风貌、审美情趣，工程文化对工程设计、工程实施、工程评价等都会产生重要的影响。

1. 工程文化的内容

以往，人们在谈文化的时候，通常强调其无形的精神内涵，而在谈工程的时候，则更强调其有形的物质层面。文化始终渗透在工程活动的过程中，又凝聚在工程活动的成果和产物里。工程活动也在不同程度上生成文化、塑造文化、传承文化。工程文化可以理解为“人们在从事工程活动时创造并形成的关于工程的思维、决策、设计、建造、生产、运行、知识、制度、管理的思想理念、行为规则、习俗习惯等。

广义文化包含着工程。文化既作为社会环境承载着工程，又像空气一样弥散在整个工程活动中；工程活动则作为一种“独立类型”的社会活动，在广义文化中拥有自己独特而重要的位置和作用。

工程文化包含理念层、知识层、制度层、规范层和习俗层五个层次。

工程文化的理念层涵盖了工程思维、工程精神、工程意志、工程价值观、工程审美和工程设计理念等内容，它决定了工程项目的目的、设计方案、施工管理水平、工程的后果和影响等。

工程文化的知识层内容非常丰富，既包括工程共同体积累的经验性技能、技巧，也包括经过系统研究和总结而形成的工程科学知识、工程技术知识、工程管理知识等。

工程文化的制度层涉及保障工程顺利进行的工程管理制度、工程建造标准、施工程序、劳动纪律、生产条例、产品标准、安全制度、工程建成后的检验标准、维护条例等。

工程文化的规范层主要包括工程技术性规范和伦理行为规范等，诸如工程设计规范、操作守则、业务培训计划、日常管理及服务规范，甚至特殊的行为规范（比如着装要求等）。工程文化的规范层与制度层内容存在着部分重叠，二者都是对工程共同体在工程活动中应具备的具体行为要求，只是制度层的内容往往具有"硬性"的特征，而规范层内容则更有"弹性"。

工程文化的习俗层既包括与地域文化、民俗文化相关联的约定俗成的一些行为方式，也包括工程共同体在工程活动过程中的行为习惯等。

2. 工程文化的作用和影响

工程文化是工程与文化的融合剂，是促进工程活动健康发展的重要因素和关键力量，在工程活动中所起的作用是广泛和深刻的，并且随着人类文明的进步而越来越重要、越来越突出。工程文化贯穿于工程活动的始终，对工程活动的各个环节乃至工程的发展都发挥着重要作用和影响。

（1）工程文化对工程设计的作用和影响。工程设计是工程师的作品，工程设计的质量如何，不但取决于工程师的技术能力和水平，而且取决于工程师的工程理念和文化底蕴。

工程师不仅需要掌握一般的基础科学知识、技术科学知识和工程科学知识，还需要拥有丰富的工程实践经验，掌握有关工程项目的地方性知识、民族习俗，准确把握时代特点，拥有较高的审美品位等，这些都是工程师的工程文化能力和素质的重要内容。此外，工程师个人的兴趣爱好、心理素质，甚至包括性别、民族、生活条件、宗教信仰及社会环境等，都构成了工程师文化底蕴的特殊要素。工程师在进行具体工程设计时，不仅展示工程知识，而且要把他对决策者思想的理解、对知识的把握、对特定条件的考虑，以及对工程的诸多特定需求加以集成后，在工程设计中综合呈现出来。工程文化的作用和影响首先会通过工程师的设计过程和设计成果得以表现。

（2）工程文化对工程实施的作用和影响。在工程实施过程中，工程文化会以建造标准、管理制度、施工程序、操作规程、劳动纪律、生产条例、安全措施、生活保障等制度化的成果，通过工程共同体内部不同群体的行为而得以表现。

投资者、决策者、领导者是否具有先进的工程理念，工程师是否制定了行之有效的建造标准和管理制度，工人是否遵循了操作规程、劳动纪律、生产条例，后勤人员是否提供了安全措施和生活保障，整个工程团队是否具有凝聚力和团队精神等，这一切都是工程共同体特有的工程文化体现。拥有了这些文化的工程共同体，必然能够做出精品工程。

从工程文化的角度来看，所谓施工过程、施工质量、施工安全等，不但具有技术和经济内涵，而且还具有工程文化内涵。在施工环节，事故频发的深层原因往往不是技术问题，也不是能力问题，而是文化素质和传统习惯问题。工程界和社会各界都应该高度重视工程文化素质和传统习惯方面的问题。

（3）工程文化对工程评价的作用和影响。工程文化对工程的作用和影响还渗透和表现在工程评价环节中。任何工程评价都是依据一定的标准进行的。工程活动是多要素的活动，工程的评价标准也不可能只针对"单一要素"，更需要有内容丰富、关系复杂的多要素的综合性评价要求和标准。在进行工程评价时，人们不但需要针对“个别要素”的工程评价，更需要立足工程文化和从工程文化视野进行的工程评价。人们应该站得更高，在更广的视野下看待工程评价问题。任何工程标准都体现或反映着特定的文化内涵，都是不同文化观念投射到工程标准上所形成的产物。立足于工程文化，在掌握工程评价的标准时应该综合考虑时代性、地方性、民族性、技术经济标准和审美标准的协调等问题。工程必须以人为本和为人服务。任何工程，无论规模大小，都应该体现功能与形式的完美统一。在工程评价时，片面强调使用功能而忽视外形美观，以及片面强调形式美观而忽视功能，都是不合理的。

（4）工程文化对工程未来发展的作用和影响。工程文化不仅影响着工程的建造过程，还决定着工程未来的发展。可以预言，未来的工程在展示人类力量的同时，会更多地注重人类自身的多方面需求，注重人类与环境的友好相处；未来的工程既应该体现全球经济一体化趋势，又应当体现文化的多元性特点。未来工程的发展方向、发展模式及发展水平在某种程度上都将由其所包含的工程文化特质所决定。只有充分认识工程文化的这种功能，才有可能使未来的工程设计充满人文关怀，使未来的工程施工尽可能减少对环境的不良干扰，使未来的工程更好地发挥其社会功能。

工程活动随着时代发展而不断演化，工程文化的具体内容和形式也必然会随之不断更新和变化。工程文化与工程活动息息相关，是工程活动的“精神内涵”“黏合剂”和“润滑剂”。在工程活动中，如果工程文化内涵深刻、形式生动，那么，工程活动必然生机盎然；反之，如果工程文化内容贫乏，甚至方向迷失、形式僵化，那么，这样的工程必定充满遗憾，难免会成为贻害人类和自然的工程。

雨果说“建筑是石头的史书”，歌德感慨“建筑是凝固的音乐”，这些大师从文化的视角看待建筑，看到了建筑的历史作用，看到了建筑的审美功能。其实，人类的其他工程也具有同样的作用和功能，只要我们能够立足于哲学的立场，从工程文化的高度重新审视工程，便会获得新的认识、新的体验、新的感悟，我们便会在工程活动中更好地进行“文化新”和“工程美”的新创造，使生活更美好，使世界更美好。

案例：青藏铁路

我国坚定不移修建进藏铁路的决心使青藏铁路工程能够得到各方面的大力支持并顺利推进。青藏铁路成为“离天堂最近的铁路”，是所有工程参与成员共同努力的结果（图 1–8）。

（1）在工程设计阶段，专家、学者对建设方案慎重评估和选择，明确了工程的目标和方向。我国工程师认真编制了青藏铁路全线环境影响报告书，提出了“像爱护眼睛一样保护高原生态”的生态文明理念，要求所有工程人员要爱护青藏高原的一草一木、一山一水，把青藏线建成天蓝、山绿、水清、人美的生态线。所有的设计、施工、运营方案，都是基于可持续发展理念提出的。

（2）在建造过程中，工程师利用自己的科学知识和工程观，成功解决了千年冻土和生态脆弱等一系列工程问题，使青藏铁路在取得经济效益的同时也取得了很大的社会效益、生态效益。

图 1–8 青藏铁路

（3）工程建设人员在强烈的高原反应下本着对工程负责的决心，丝毫不怠慢，铺好每一砖。青藏高原年平均气温 0 ℃以下，大部分地区空气含氧量只有内地的 50%～60%，高寒缺氧，风沙肆虐，紫外线强，自然疫源多等，都对工程建设人员的健康产生极大的威胁，但是在所有人员和相关部门的共同配合下，青藏铁路在关注建设者的生命健康方面也创造出了医学史上的奇迹。

思考与讨论

1. 都江堰水利工程案例体现了工程的哪些特点？
2. 花旗银行大厦的建设和优化改造过程中体现了工程思维和决策的哪些特点？
3. 青藏铁路的建设过程体现了哪些工程理念？

第 2 章 工程伦理概论

2.1 伦　　理

2.1.1 伦理与道德

英语中“伦理”(ethics)概念源于希腊语的 ethos,“道德”(moral)则源于拉丁文的 moralis,且古罗马人征服了古希腊之后，古罗马思想家西塞罗用拉丁文 moralis 作为希腊语 ethos 的对译。由此可见，这两个概念在起源上的确密切相关，都包含传统风俗、行为习惯之意。此后这两个概念的含义发生了一定的变化，“道德”（moral）一词更多包含了美德、德行和品行的含义。因此，尽管“伦理”一词经常与“道德”这个概念关联使用，甚至有时被同等地加以对待，但人们也注意到两者之间存在的差异。比如德国哲学家黑格尔就认为，道德与伦理“具有本质上不同的意义”。“道德的主要环节是我的见识、我的意图；在这里，主观的方面，我对于善的意见，是压倒一切的。”道德是个体性、主观性的，侧重个体的意识行为与准则、法则的关系，伦理则是社会性和客观性的，侧重社会“共体”中人和人的关系，尤其是个体与社会整体的关系。较之道德，伦理更多地展开于现实生活，其存在形态包括家庭、市民、社会、国家等。作为具体的存在形态，“伦理的东西不像善那样是抽象的，而是强烈的、现实的”。从精神、意识的角度考察，道德是个体性、主观性的精神，而伦理则是社会性、客观性的精神，是“社会意识”。

在中国文化中，“伦理”的“伦”既指“类”或“辈”，又指“条理”或“次序”，常常引申为人与人、人与社会、人与自然之间的关系。“理”即道理、规则。顾名思义，“伦理”就是处理人与人、人与自然的相互关系应遵循的规则。“道德”这个概念则可追溯到中国古代思想家老子的《道德经》。老子说：“道生之，德畜之，物形之，势成之。是以万物莫不尊道而贵德。道之尊，德之贵，夫莫之命而常自然。”其中，“道”可引申为自然的力量及其生成变化的规则与轨道，“德”则意味着遵循这种规则对自然的力量善加利用，唯此方可更好地在自然之中生存与发展。

把伦理与道德关联起来看，这两个概念的区别在于，道德更突出个人因为遵循规则而具有德行，伦理则突出依照规范来处理人与人、人与社会、人与自然之间的关系。两者的共同之处在于，伦理与道德都强调值得倡导和遵循的行为方式，都以善为追求的目标。就其表现形式而言，善既可以取得理想的形态，又展开于现实的社会生活。善的理想往往具体化为普遍的道德准则或伦理规范，以不同的方式规定了“应当如何—应当如何行动（应当做什么）—应当成就什么（应当具有何种德行）—应当如何生活”等。进而，善的理想通过人的实践进一步转化为善的现实。“应当”表现为人和人之间相互关系的要求和道德责任，从而引申出“应当如何”的观念和伦理规范。伦理规范“反映着人们之间，以及个人同个人所属的共同体之间的相互关系的要求，并通过在一定情况下确定行为的选择界限和责任来实现”，它既是行为的指导，又是行为的禁例，规定着什么是“应当”做的，什么是“不应当”做的，因而同时也就规定了责任的内涵。

伦理规范既包括具有广泛适用性的一些准则，也包括在特殊的领域或实践活动中被认为应该遵循的行为规范，或者那些仅适用于特定组织内成员的特殊行为的标准。后者往往与特殊领域的性质和行为特点密切相关，是结合所从事的工作的特点，把具有一定普遍性的伦理规范具体化，或者从特殊工作领域实践的要求出发，制定一些比较有针对性的行为规范。我们所讨论的工程伦理，就属于工程领域中的伦理规范。

根据伦理规范得到社会认可和被制度化的程度，我们可以把伦理规范分为两种情况。

一是制度性的伦理规范。在这种情况下，伦理规范往往得到了比较充分的探究和辩护，形成了被严格界定和明确表达的行为规范，对相关行动者的责任与权利有相对清晰的规定，对这些行动者有严格的约束并得到这些行动者的承诺。比如，对医生、教师或工程师等职业发布的各种形式的职业准则大体上属于这种情况。

二是描述性的伦理规范。在这种情况下，人们只是描述和解释应该如何行为，但并没有使之制度化。描述性的伦理规范往往没有明确规定行为者的责任和权利，因此可能在一些伦理问题上存在不同程度的争议。同时，描述性的伦理规范也比较复杂，其中既可能包括对以往行之有效的约定、习惯的信奉和维护，也可能包括对一些新的有意义的行为方式的提倡。因此，同制度性的伦理规范相比，描述性的伦理规范并不总是落后的或保守的，对其中在实践中形成的有价值的、合适的新的行为方式，在一定条件下经过进一步的探究和社会磋商，有可能成为新的制度性的伦理规范。

伦，即人与人之间的关系；理，即道理、规则。通常谈到伦理，就会与道德联系在一起。“伦理”与“道德”二词的英文对等词分别是“ethics”及“morality”。不过，“ethics”是个多义单词，除了指某种规范系统之外，亦指对于这类规范的研究；就前一意义而言，可译为“伦理”，就后一意义来说，则应译为“伦理学”。“morality”则较单纯，它仅指某种规范系统，相关的研究即称为“道德哲学”：philosophy of morality 或 moral philosophy。严格说来，伦理学包含的范围要比道德哲学广。伦理学根据不同的研究进路可分为三种：描述伦理学（descriptive ethics）、规范伦理学（normative ethics）及元伦理学（meta ethics）。描述伦理学主要对于某一社会或某一文化中实际运作的规范进行实然的陈述，通常为社会学家、人类学家、历史学家所关心。传统哲学界关心的是找出一套普遍有效的应然规范，指出什么是真正的善恶对错，这就是规范伦理学的研究重点。20 世纪的哲学家又发展出后设伦理学，承袭语言分析的学风，着重分析道德语词的意义及道德推理的逻辑。伦理的意义：人伦常理应该作为一种长期稳定的社会道德领域的一种价值观念而存在，维护已存在又合乎大众的伦常理范，与我国当下强调构建的和谐社会的理念是殊途同归的。一旦伦理意识有很大程度改变，那么最终就会对与之相存的社会环境进行相应的影响，这种影响可以向好的方向前进，也可能向坏的一面腐蚀。

现在一般认为，伦理学，又称道德哲学，是哲学的一个分支，是关于道德的。有人认为，伦理学研究什么是道德上的“善”与“恶”、“是”与“非”。它的任务是评论并发展规范的道德标准，以处理各种道德问题。还有人认为，伦理学是探讨善、义务、责任、美德、自由、合理、选择等实践理性问题的学问。通常，我们可以把义作为研究道德问题的学问。既然伦理学是研究道德的，那么，什么是道德呢？有一种倾向把道德等同于价值。按照这种理解，道德是关于对与错、好与坏、应当遵循规则等问题的。但是，这个定义是不确切的，因为这种说法除了含有道德方面的意思，还有非道德方面的含义。应当指出，伦理问题、道德问题，严格来说不完全等同于应当或不应当、对或错、好或坏的问题。只有在道德上，应当或不应当、好或坏、对或错的问题才是道德问题，才是伦理学问题。而道德的（或伦理的）价值只是价值中的一种；道德评价只是价值判断中的一种。

总之，道德判断是关于什么是在道德上正确的或错误的，或者道德上有价值的或有害的，以及道德上应该或不应该做的。按照一般伦理学的理解，一个行为属于道德（伦理）性质的行为，这个行为必须是具有自我意识的人的行为，是经过道德主体自主意识抉择并具有社会意义的行为。也就是说，判断一个行为是否具有道德性质，就是看它是否具有以下三个基本特征：一是道德行为是否是基于自觉意识而做出的行为。这里的自觉意识包含两种意义：其一是指对行为本身要有自觉意识；其二是指对行为的意义、价值有所意识。二是道德行为是否是自愿、自择的行为。所谓自愿、自择，就是意志自抉。这里也包含两方面的意义：一方面是要有意志自主、自愿；另一方面是依据一定的道德准则，出于对道德准则的“应当”的理解。三是道德行为不是孤立的个人意志的表现，而是与他人意志有着本质联系的行为。也就是说，是与他人和社会的利益相联系的行为，是具有社会意义的行为。如果我们用论证的理由来判断一个问题是否属于伦理性质，即用论证关于道德问题和道德理想判断的理由来规定道德问题和道德理想的属性，那么，这个问题就容易弄清楚了。道德理由明显不同于我们在论证其他类型的价值判断时的理由。如果仅仅因为一个工程设计满足了所有的规格就说它是好的，那么我们是就工程的技术价值而言的，而不是就其道德价值而言的，在这里是技术方面的理由而非道德方面的理由在起作用。当然，技术规格也可能含有道德内容，例如要求产品是安全的、可靠的、容易维修的，以及对环境友好等规格，就具有道德内容。

伦理学基本问题的观点主要包括：

（1）道德和利益的关系问题，包括经济利益与道德的关系问题；个人利益与社会利益的关系问题。

（2）善与恶的矛盾及其关系问题。

（3）道德与社会历史条件的关系问题。

（4）应有与实有的关系问题。

（5）伦理与利益的关系问题。

（6）道德规范与意志自由的关系问题。

（7）道德观的问题，包括道与德、义与利、群与己的关系问题。

（8）人的发展及个体对他人和社会应尽义务的问题。

伦理学基本问题的构成要件是：基本问题是本学科独有的问题；对此问题的回答决定对其他问题的回答；对此问题的回答体现了伦理学的基本立场，决定着诸流派的划分；基本问题具有永恒价值，对它的探讨不可穷尽。以此标准来回顾和批判以往有代表性的观点，可以发现，将道德与利益的关系定位成伦理学的基本问题，是对哲学基本问题的翻版，容易导致将利益物质化和将道德视为第二性的庸俗唯物主义，社会财富的高低和个人利益的多少不能决定道德水平的高低，将道德与利益铸在一起是经济学的观点；善与恶的关系问题只能算作一般问题，而不是基本问题。综上所述，义务与利益的关系问题是伦理学的基本问题，其中义务涉及群己关系，利益涉及个人发展。

2.1.2 不同的伦理立场

案例：电车难题

假设有一个疯子将五个无辜的人绑在电车轨道上（图 2-1），一辆失控的电车朝他们驶来，片刻后就要碾压到他们。幸运的是，你可以拉一个拉杆，让电车驶到另一条轨道上。然而问题在于，那个疯子在另一条电车轨道上也绑了一个人。考虑以上状况，你是否应该拉杆？

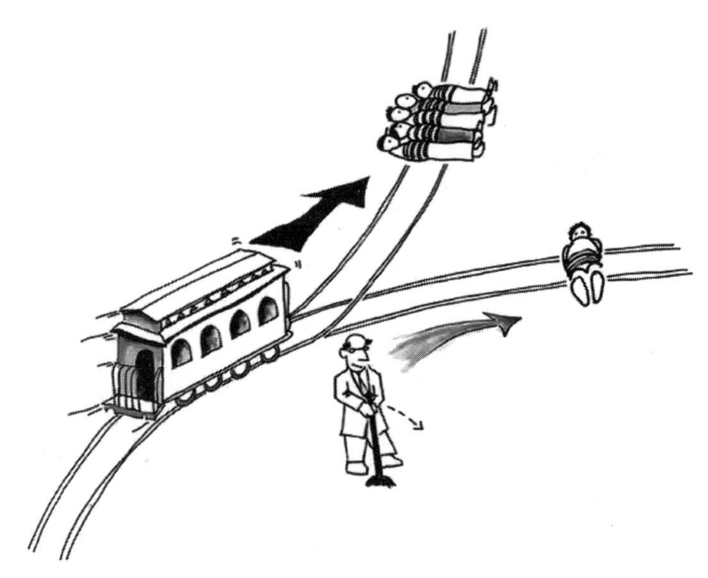

图 2-1　电车难题

1. 功利论

功利论，又称功利主义，是伦理学的一个重要理论思想，提倡追求“最大幸福”。功利主义来源于古希腊的快乐主义伦理学传统，最早可以追溯到古希腊亚里斯提卜所创立的昔勒尼学派。古希腊伊壁鸠鲁把正当的行为视为追求幸福和快乐的行为。中国战国时期思想家墨子以功利言善，是早期功利主义的重要代表。宋代思想家叶适和陈亮主张功利之学，注重实际功用和效果。

功利主义认为，人应该做出能“达到最大善”的行为。所谓最大善，就是计算某种行为所涉及的每个个体的苦乐感觉的总和，其中每个个体都被视为具有相同分量，且快乐和痛苦是能够换算的，痛苦是“负的快乐”。功利主义不考虑一个人行为的动机与手段，而是考虑一个人行为的结果对最大快乐值的影响。能增加最大快乐值的即是善，反之即为恶。功利主义正式成为哲学系统是在 18 世纪末和 19 世纪初期，由英国哲学家边沁和穆勒提出。其基本原则是：一种行为如有助于增进幸福，则是正确的；若导致产生和幸福相反的东西，则是错误的。幸福不仅涉及行为的当事人，也涉及受该行为影响的每一个人。边沁认为，人类的行为完全以快乐和痛苦为动机。功利不仅不是道德的沦丧，反而是道德的伸张。一个人是否是道德的，要看他的行为是否获得了大多数人的最大幸福。这在当时获得了强烈的反响，并对英国的政治产生了持久的影响。在政党选举中，民主选举就体现了功利主义，提倡国家利益（广大劳动人民的利益）也是一种功利主义。穆勒认为，人类行为的唯一目的是求得幸福，所以对幸福的促进就成为判断人的一切行为的标准。19 世纪末期的功利主义代表人物亨利·西奇威克认为，功利主义来自对常识的道德系统的反省，论证多数的常识道德被要求建立在功利主义基础上，并认为功利主义能解决常识学说的模糊和前后矛盾而产生的困难和困惑之处。

本节案例中提及的电车难题是伦理学著名的思想实验。功利主义者面临这样的困境做出的选择通常是用 1 个人的生命换取 5 个人的生命。那么这种选择是否是合乎道德呢？在功利主义者看来，5 个人的生命的价值大于 1 个人的生命的价值，所以用 1 个人的生命换取 5 个人的生命是正确的行为，因为这种行为达到了“最大善”。

功利主义一般有以下三个原则：第一，根据结果去判断行为的对错。无论最初是抱着怎样的动机去做某件事情，只要结果满足大多数人的最大利益，就值得肯定，这一原则体现了实用哲学；第二，判断是非的标准是大多数人的最大幸福，这一原则体现了博爱思想；第三，每个人只能当作一个个体来计算，而不能当作一个以上的个体来计算，这一原则体现了民主精神。

在工程活动中，功利主义最好的表述是：工程师在履行职业义务的时候应当把公众的安全、健康和福祉放在首位。这是大多数工程伦理准则中的核心原则。功利主义通常以实际功效或利益作为道德标准。

工程决策中成本效益分析是功利主义的重要方法。功利主义假定人们可以对某个决策或行为所产生的利弊后果做出权衡，从而可以对几种决策备选方案进行成本效益分析，然后选择能产生最大效益的行为方案。成本效益分析首先要把所有的价值因素转换成一种统一的价值标准，并假定幸福的数量和质量能够计算。边沁认为，在衡量幸福时应该考虑强烈度（幸福的程度大小）、持久性（幸福持续的时间长短）、确定性（产生幸福和痛苦的可能性大小）、范围（受影响人数的多少）、时间的远近（眼前的还是未来的）、延展力（这个行为是否会带来进一步的快乐）以及纯度（是纯粹的快乐还是夹杂痛苦的快乐）等特征。

成本效益分析使得功利主义在实际应用中显得十分有效和便捷，但也不可避免地存在很多问题。穆勒对功利主义做了一些补充，弥补了边沁的不足之处。他认为，我们在评价其他事物时，考虑数量的同时会考虑质量。因此我们在权衡快乐时，只关注数量的多少是荒谬的，还要考虑质量的高低。基于此，他将快乐分为高层次的快乐和低层次的快乐，高层次的快乐是指艺术、情感、道德等方面的快乐，低层次的快乐则是感官方面的快乐。

成本效益分析是重要决策方法之一。但是未来很难预测，某一行为的正确与否由最终结果确定，这意味着我们不得不观察未来并试图预测将要发生的事情，忽视预测会造成大量不必要的麻烦。通常很难预测一个商业决策带来的结果，尤其是在数据和经验很少的情况下，政策越复杂，执行起来就越难。要正确使用功利主义标准，必须能预测某一行为带来的所有结果。

效益最大化可能需要对一些人做出不公平的事情。一个决策产生的效益对某个利益相关者团体内不同成员是不均衡的。1 元钱就是 1 元钱，但 1 元钱对一个穷人的效益比对一个富人的效益大。问题是牺牲少数人的利益来获取多数人的利益是否是正当的。案例提及的电车难题中，功利主义者一般认为可以牺牲 1 个人的生命来换取 5 个人的生命，因为这样可以实现大多数人的最大幸福，但是不可避免地损害了少数人的利益。用 1 个人的生命换取 5 个人的生命和用 5 个人的生命换取 1 个人的生命相比，看似前者获得了更大的效益，但是这样做真的是合理的吗？为了多数人的利益，就可以侵犯少数人的利益吗？“大多数人的最大利益”是否是侵犯个人利益的借口？

功利主义只有在一定条件、一定范围内才是正确的。这就需要进行普遍化，而不能只看特定行为的后果。由此勃兰特引入了“规则功利主义”这个概念。规则功利主义主张，在任何特殊的道德选择境况中，都必须遵循道德规则去行动，而后做出行为选择。即使在某些特殊的情况下，遵循普遍规则会导致不好的结果，这一规则也是应当遵循的，因为这样做维护了道德规则。如果允许在特殊情况下背离道德规则，就会鼓励人们在对其不利的情况下背离原则，从而导致社会道德结构的破坏。规则功利主义把义和利结合起来，认为道德规则不能脱离功利，强调道德规则的普遍性和严肃性，主张在遵循道德规则的前提下谋取功利。

功利主义的另一个分支是行为功利主义。行为功利主义也称行动功利主义，是一种主张直接以行为效果来确定行为正当与否的伦理学理论。行为功利主义主要代表人物为澳大利亚的斯马特和弗莱切尔。行为功利主义否认道德规则的意义，认为所有的人及其处境都不相同，不可能为行为制定统一的道德规则。人在选择行为时，必须估量自己的处境，直接根据功利原则行动，即选择一种不仅为自己，而且能为所有与此相关的人带来最大的好的结果，并能把坏的结果减小到最低限度的行为。如果在某一特殊情况下不说实话将符合最大的普遍利益，那么按照说实话的道德准则行事就是恶的行为。

行为功利主义考察某一行为的直接后果，而规则功利主义注重一系列行为的总体后果，因此，可以把行为功利主义看作从短期角度来判断，而规则功利主义是从长期角度来判断。规则功利主义下发展出的准则成为一种道德规范，它指导决策者在做出一系列决策时为大多数人实现最大利益。当规范中两条或更多的准则导致某一决策产生冲突或对立的行为时，就会产生一些困难。因此应建立一个优先准则体系来处理规范中各准则之间出现冲突的情形。行为功利主义显然允许我们基于其他理由进行明显不道德的行为，而规则功利主义则通过表明工程师应该遵循“做雇主的忠实代理人或委托人”这一规则来表达道德意识。

功利主义作为伦理学的一个重要理论思想，蕴含了边沁和穆勒的思想结晶。总体来说，功利主义倡导人们追求大多数人的最大利益，这一点无可非议。但是在追求这个最大利益的同时如果触及少数人的利益，就值得商榷了。少数人的利益同样也是利益，同样需要被保护。随着工程活动规模的不断扩大，功利主义的思想逐渐渗透在工程活动的每个环节，作为工程师，在维护多数人利益的同时，切不可忽视少数人的利益。

2. 义务论

“义务”一词有情愿、志愿、应该的意思，与“权利”一词相对。义务又被称为“社会责任”“直接社会义务”，是社会普遍认可的。为了满足一定的社会关系，参加者享有直接社会权利，其他人应做出的一定作为或不作为，是客观的社会规律，一般为习惯、道德等社会规范所确认。简单来说，义务就是个人对他人、集体和社会应尽的道德责任。

义务论也可以称为“道义论”“本务论”或“非结果论”。在西方现代伦理学中，义务论是指人的行为必须遵照某种道德原则或按照某种正当性去行动的道德理论，与“目的论”“功利主义”相对。义务论强调道德义务和责任的神圣性、履行义务和责任的重要性，以及道德动机和义务心在道德评价中的地位和作用。义务论认为，判断人的行为是否符合道德，不是看行为产生的结果，而是看行为本身是否符合道德规则，动机是否善良，是否出于义务心等。

义务论思想的源头可以追溯到古代。中国春秋时期的儒家伦理思想倡导“取义成仁”，不能“趋利忘义”，认为“君子喻于义，小人喻于利”。西塞罗在《论义务》一书中，以父母和子女的天然情感为基础，认为公民对祖国的爱是崇高的，并主张将仁爱与公正推广到一切民族。到了 18 和 19 世纪，经过霍布斯、康德等人的发展，义务论的思想不断丰富，逐渐形成了比较系统的伦理学思想。

义务论认为，正确的行为是那些尊重个体的自由或自主义务所要求的原则。美国当代义务论哲学家伯纳德·格特提出了如下重要的义务原则：① 不要杀人；② 不要引起痛苦；③ 不要丧失能力；④ 不要剥夺自由；⑤ 不要剥夺快乐；⑥ 不要行骗；⑦ 信守诺言；⑧ 不要欺骗；⑨ 服从法律；⑩ 承担责任。这些原则表述十分简单，一目了然。

最早提出义务论的是德国哲学家康德，他认为所有这类明确的义务都来自一种基本的尊重人的义务。这是一种来自排除任何例外的绝对命令的召唤，只需要遵循这种命令去完成，不用考虑任何后果。康德认为，义务论是一种尊重人的伦理理论，其道德标准是：我们所遵守的行为或规则应当把每个人都作为一个互相平等的道德主体来尊重。康德的观点可以从三个方面来阐述：

（1）道德是自主、自律行为。康德认为，自由不是想干什么就干什么，而是不想干什么就不干什么。功利主义认为增加快乐和减少痛苦是道德的，但康德认为痛苦和快乐不应该是我们至高无上的追求。自然本性要受到因果法则等的支配。康德认为意愿被自然刺激决定是“他律”行为而不是“自主”行为，因为每个个体都是自身本性的奴隶，所以不可能是自由的。贪官在受贿之前无论在财产还是道德上都是自由的，一旦受贿他就失去了自由。贪官与动物的区别在于，动物在面临诱惑的时候无法选择，唯一的选择是按照本能做出行为；而贪官有选择，他可以选择按照本能行事，也可以给自己制定一个行为标准。当一个个体给自己制定的行为标准，不是根据身体的自然法则或因果法则，而是根据这种标准行动时，这种行为就是自由的。

根据康德的理论，当个体的意愿能够由自己决定时，那么他就达到了真正的自由。人类是理性存在物，因而有行动和自由选择能力的存在。这意味着根据自己赋予自身的行为标准，我们必须有能力，如果我们有自主自由的能力，我们必须有能力不根据自然法则行动，不根据强加于我们的法则行动。按照道德标准行事、超越动物的本能和倾向，这是人类的本能，同时也是人类的义务。

（2）道德是动机。道德价值不是由结果决定的，也不是由行为引发的后果决定的。行为的道德价值取决于行为的动机，为了正确的动机去做正确的事情，这是道德的最高原则。任何行为要成为道德上的善就要符合道德标准，这就是动机赋予行动的道德价值，而且唯一能够赋予行动道德价值的是责任动机。与责任动机相对的是和我们爱好有关的动机，包含所有那些偶然产生的欲望、偏好、冲动和喜好。

康德认为，如果我们讲究道德是因为这样做有好处，那么我们并不拥有严格意义的伦理关怀。他认为，功利主义观点之所以是错误的，是因为他们把道德准则建立在利益之上。比如有人为了避税而进行慈善捐款，其捐款的动机就并非出于善，那么这样的行为就不是真正的善。因此，如果一个人不是出于义务而采取某种行动，那么他就不是出于伦理关怀在行动。按照道德动机采取行动是一种义务，是绝对命令，要求我们去做某件事时没有任何附加条件或托词。

（3）道德是一种可普遍化的绝对命令。康德认为，道德是一种可普遍化的绝对命令。正如孔子所说的“己所不欲，勿施于人”，这也是一种可普遍化的绝对命令。如果我们在借钱的时候承诺准时还钱，但后来却没有信守诺言，如果把这种行为普遍化，那么就会演变成对自我不利。这种绝对命令遵循的是“普适性”原则，“普适性”就是普遍适用于任何人。我们绝大多数人承认，如果自己以一种道德上值得称赞的方式来行动，那么我们就会认为，其他人在与此相似情形下做出的类似举动也是可以接受的。功利主义也采纳了普适性原则，但是其根本目的不同。功利主义把总体利益的最大化作为目的，而义务论把对人的平等尊重作为目的。

可普遍化的道德命令有两种：一种是假言命令，另一种是绝对命令。假言命令的目的是实现自己的利益，是有条件的，利用的是工具理性。只有通过 A，才能实现 B。只有不欺骗顾客，才有良好的商业信誉，有良好的商业信誉才能有利润。这里就存在一连串的假言命令。绝对命令是为了履行责任，是不受条件限制的义务。根据准则行动，据此就能同时将意愿变成普遍的法则。

康德认为，绝对命令是我们应该把自己或者其他人当作目的而不是手段。为了促进社会的进步而利用和剥削一部分人，这种行为是不正当的。欺骗客户是一种利用他们的信任使我们推销成功并获利的方式，伪造账本以获得银行贷款是一种欺骗行为，违背诺言利用他人是一种违约行为，维护雇员、客户和其他股东的权利的论点都基于这种考虑。企业无权为了利润而利用股东，企业必须尊重客户、雇员和其他相关者的权利和自主性。

康德认为，道德的普遍法则不可避免地要引入感性经验，否则就没有客观有效性，于是人必然发生幸福和德行的“二律背反”，两者只能在“至善”中得到解决。正因为存在大量“二律背反”问题，工程伦理学可以训练我们的批判性思维。康德的义务论为我们提供了一个很好的道德规范反思的框架。

义务论可以分为两种类型：行为义务论和规则义务论。

行为义务论是现代西方伦理学中的一种理论，它反对传统的规范伦理学，否认有任何普遍的道德规则可以作为人们道德行为的指导。行为义务论认为，行为者必须认清行为选择的具体境况，根据自己的感觉或直觉决定做自己认为是正确的、正当的事情，而不必关心行为的结果。行为义务论具有非理性主义的特点，它否认道德关系和道德境况具有某些共同性，片面强调特殊性，把共性与个性、普遍与特殊割裂开来，否认社会道德原则和规范的普遍意义和作用。

规则义务论是现代西方伦理学中的另外一种义务理论。规则义务论认为存在着具有普遍性的、绝对正确的道德规则，人们的行为只要服从这些规则，就是道德的和正当的，而不必考虑行为的效果。康德的义务论观点就属于规则义务论的一种。根据人们的先验，理性具有普遍性的道德绝对命令，人们只要服从绝对命令，按照善良意志或义务去行动，就是道德的。20 世纪西方义务论的代表人物罗斯是规则义务论的典型代表。

为了强调大部分义务都有些合理的例外，罗斯又引入了显见义务的观点，即大部分义务都是显见义务——它们有时允许或必须存在例外。他列出了七种显见义务：忠诚、补偿、感恩、正义、慈善、自我改善、不伤害别人。事实上，大部分权利和其他道德原则也都是这样。因此，显见义务通常也被应用于权利和规则中。罗斯认为，显见义务是直觉上明显的，但是他又强调，为了完成我们的实际义务——在一种情境中，考虑到所有事情，如何能够最好地平衡冲突义务并不总是明显的。对于如何区分哪种义务高于与其相冲突的其他义务，罗斯认为，不杀人和保护无辜者的生命显然是比其他原则更为紧迫的尊重人的义务。但是，通常并不能建立起一般的义务选择的优先次序。相反，他认为我们必须谨慎地反思特定的情境，根据所有事实来权衡所有相关义务，并且努力去达到一种合理的判断或直觉上的合理。

案例提及的电车难题中，如果我们扳动拉杆将电车引导至另外一条轨道上，显然我们是在“杀人”，因为这样的行为导致的直接后果是另一条轨道上的 1 个人丧生，而我们的义务显然是“不杀人”。但是，如果我们不去扳动拉杆，不做出任何行为，任凭电车行驶，将导致 5 个人的丧生，这样我们就没有履行救人的义务。“不杀人”是道德义务，“救人”也是道德义务，在这种情形下，义务论似乎无法指导我们应该做出怎样的行为。我们具有各种各样不同的义务，但在履行义务时应该遵循什么样的优先次序却没有一般性的规定。

总之，义务论关注人们行为的动机，强调行为的出发点要遵循道德的规范，要体现人的义务和责任。义务论是工程伦理中非常重要的一种思想理论，可以从义务论的观点出发探讨工程师在工程中做出选择的动机是不是合乎道德要求。

3. 契约论

契约是指双方或多方共同协议订立的有关买卖、抵押、租赁等关系的文书。按照《现代汉语词典》的解释，契约是指依照法律订立的正式的证明出卖、抵押、租赁等关系的文书。美国律师学会在《合同法重述》中对契约的定义是：契约是一种承诺或一系列承诺，法律对违背这种承诺给予救济，或者在某种情况下，认为履行这种承诺是一种义务。从法理上看，契约是指个人可以通过自由订立协定而为自己创设权利、义务和社会地位的一种协议形式。

契约论以订立契约为核心，通过一个规则性的框架体系，把个人行为的动机和规范伦理看作一种社会协议。契约论的观念最早产生于古罗马时期，罗马法最早概括和反映了契约自由的原则。古希腊思想家伊壁鸠鲁视国家和法律为人们相互约定的产物。在17—18世纪，英国哲学家霍布斯、洛克、法国思想家卢梭等人进一步发展了契约论的思想并提出了社会契约论。20世纪契约论的主要代表人物是美国学者罗尔斯，他主张契约或原始协议不是为了参加一种特殊的社会，或为了创立一种特殊的统治形式而订立的，订立契约的目的是确立一种指导社会基本结构设计的根本道德原则，即正义。罗尔斯围绕正义这一核心范畴提出了正义伦理学的两个基本原则：个人自由和人人平等的“自由原则”，以及机会均等和惠顾最少数不利者的“差异原则”。

（1）自由原则。自由是指一个人自由地（或不自由地）免除某种限制而这样做（或不这样做）。罗尔斯认为自由可以分为很多不同的种类，其中公民的基本自由有以下几种：政治自由（选举和被选举担任公职的权利）及言论和集会自由；良心的自由和思想的自由；依法不受任意逮捕和剥夺财产的自由。所有这些基本自由必须被看作一个整体或一个体系，各种自由互相依存又相互制约。罗尔斯强调，以上各种基本自由作为权利对每一个公民来说都应该是平等的。人的自然特性即人的道德人格决定了这种自由。这种道德人格具有两个特点：一是有能力获得善的观念，二是有能力获得正义感。

（2）差异原则。如果说自由原则是支配社会中基本权利和义务分配的原则，那么差异原则就是支配社会和经济利益分配的原则。第一种分配是人人平等的，但第二种分配由于无法做到完全平等，所以只能保证机会的公平平等。机会的公平平等是针对保守主义的机会平等原则而言的，这种平等是以平等的自由权利和自由的市场经济为前提条件的。罗尔斯认为，这只是一种形式上的机会平等，因为它除了承认平等的自由权利，没有保证一种平等的或相近的社会条件，结果资源的最终分配总是受到自然和社会偶然因素的强烈影响，如人的才能、天赋、社会地位、家庭、环境、运气等，都会造成个人努力与报酬的不匹配。罗尔斯认为这种分配方式是不合乎正义要求的，他主张各种机会不仅要在形式意义上实现开放，而且应使所有人都有平等的机会获取这种机会，以尽量减少社会因素和偶然运气的影响。为了实现这一点，他强调自由市场不应该是放任的，不能听任毫无限制的自由竞争导致的不公平，必须用以公正为目标的政治和法律制度来调节市场趋势，保障机会公平平等所必需的社会条件。

事实上，原始的传统风俗和行为习惯正是经过不同形式的社会契约，才得以发展为伦理规范的。工程伦理最初是作为工程师职业道德行为守则而出现的，通过建立在经验基础之上的、理想化的、原始状态达成理性共识的工程职业行为准则，将其制度化为具体行业的行为规范。这个制度框架既允许理性的多元性存在，又能够从多元理性中获得重叠共识的价值支持。这样，当具有理性能力的工程师从事具体的职业活动时，个人自由权利就能在现实工程中得以实现，而且这些规范为他们提供了相应的评估行为优先次序的指导。

总之，契约论作为伦理学领域的一个重要理论思想，旨在通过订立某种契约将个人的行为动机或者行为规范限定在某种伦理框架中，使人的行为正确与否的判断变得有理可循。工程师伦理规范就是通过订立某种契约来约束工程师在工程活动中的价值判断与行为取向的。

利己主义是个人主义的表现形式之一，其基本特点是以自我为中心，以个人利益作为思想、行为的原则和道德评价的标准。利己主义源于拉丁语“ego”一词，意为“自我”。利己主义思想产生于私有制社会，有些学者认为中国先秦时期思想家杨朱“拔毛而利天下不为也”的主张，是古代利己主义思想的典型代表。近代西方资产阶级革命时期，利己主义被发展成为一种系统完整的伦理学说。资产阶级思想家霍布斯、孟德维尔、爱尔维修等人，从抽象的人性论出发，把几千年以来剥削阶级信奉的“人不为己，天诛地灭”的道德观念，看作人的利己本性，并将其作为一种普遍的道德原则。孟德维尔认为人的本性是自私的，这一思想成为市场经济和资本主义发展的基本信条。人们能够联合起来完全是由于个人的需求和对这种需求的意识，只有让别人从为自己提供的服务中得到利益和好处，才能使别人为自己的服务和帮助更加自觉自愿地持续下去。爱尔维修认为人类不过有五种感官，其唯一的动机就是追求快乐，所有人类的行为都可以由此解释。霍布斯认为，一个真正的利己主义者应该关切自身的长期利益，并且应该理性地选择自我福祉的最大化。

利己主义是一种公开形式的个人主义，它曾被资产阶级作为反对封建道德和宗教禁欲主义的思想武器，在资本主义上升时期起过积极的作用，其主要目的是使资产阶级损人利己的剥削本性合理化，使资产阶级个人主义合法化。在资产阶级成为统治阶级后，尤其是在现代资本主义社会，利己主义的主要作用是为资本主义剥削制度辩护。伦理学家通常在两个层面上界定利己主义。一是心理利己主义，这是一种经验假说，其认为利己主义是关于人性的事实，即人们总有利己的动机，人们在行动时往往只顾自己的利益，总是做那些最符合他们自己利益的事情。不过这种解释存在一些问题，不能自圆其说，因而不能称作严格的伦理学理论。二是伦理利己主义，也称“规范利己主义”或“理性利己主义”，认为对自己某种欲望的满足应该是自我行动的必要而又充分条件。这种理论在自我与他人的关系中，把自我放在道德生活的中心位置。根据这个论点，人们会很自然地做一些不公正的事情，并且拒绝基本的道德原则——前提是这样做对自己不会产生消极的后果。这也意味着，我们对于公共利益并没有出于对本性的尊重，一个有理性的人的行为是为了最大限度地达到自我满足。

利己主义在工程伦理上的应用可以描述为：工程师可以为了自身利益，尽可能促进自身福祉的最大化。但利己主义的问题在于，当工程师面对上级或者同事压力的时候，有时可能为了自身利益而忽略公司利益甚至公众利益和社会利益。大多数工程师团体的伦理规范都明确提出，工程师应该忠诚于雇主，重视维护公司利益，并且关切公众利益。显然，利己主义并不符合工程伦理发展的潮流和趋势，工程师在面对伦理困境时，切不可过分关注自身利益，这与工程师的美德相悖。

案例中的电车难题，看似与我们自身的利益不太相关，好像无论是 5 个人的生命还是 1 个人的生命都与我们没有太大的关系。但是如果在另一条轨道上躺着的是与你有着利益关系的人，其丧生会导致你的利益受损，这样你就会毫不犹豫地选择扳动拉杆。这样做维护了你自身的利益，但同时也间接损害了另外 5 个人的利益，利己主义只有基于不损害其他人利益的时候才具有正当性，因为人具有趋利避害的天性。

总之，利己主义是个人主义的一种体现，虽然能够在理论层面为我们的决策提供一些指导，但如果仅仅利用利己主义来指导行为显然是不合理的。工程师在面对伦理困境时，可以将利己主义作为一种参考，而不是全部。

相对主义认为，任何观点或者行为没有绝对的对与错，只有因立场不同、条件差异而相互对立。相对主义主要应用于涉及道德准则的场合，因为在相对的思维模式下，价值观和伦理学只能发挥有限的作用。相对主义有多种不同的形式，取决于争议的程度。相对主义的实质是：一个概念具有确定的形象概念，但不具有确定的抽象概念，那么这个概念就是相对概念。这样的概念没有绝对的对与错，只能根据抽象概念的大小来相对地判断对与错。值得注意的是，相对主义基于绝对适用于所有事物，否定普遍有效真理的存在。

相对主义强调道德的非绝对性，认为由于不同国家具有不同的文化背景，不存在普遍适用的道德规范可以解决任何伦理问题，道德规范由于不同的情境会产生不同的结果。波依曼认为，道德规范由于不同的社会文化差异而有所不同，不存在普遍适用的道德规范，判断一个人行为的对与错基于其所处的社会环境，不存在对任何人都绝对或者客观的道德规范。

相对主义伦理规范认为，不同的个体在不同的情境下所面临的伦理问题不尽相同，因此我们应该给予伦理建议而不是制定道德规范。本节案例中的电车难题，基于不同的情境，不同的人会做出不同的选择。对于案例中的两种情形，我们不会面临太大的伦理困境就能轻松做出选择，但是我们的选择是否正确不是绝对的。在不同的文化背景和道德规范下，有时被认为是正确的，有时被认为是错误的。因此，当我们在面临伦理困境的时候，相对主义能够给予我们更多更自由的选择，指导我们做出相对正确的行为。

4. 美德论

美德即高尚美好的品德。“美德”一词来源于拉丁文中的 virtus，意思是力量或能力，在希腊语中是卓越的意思。在人格心理学中，美德是指一切能够给人带来积极力量的东西，比如勇气、自信等。在积极心理学中，美德是性格优势的上位概念，不同的性格优势可以汇聚形成不同的美德。美德是人的一贯做法体现出的行为特征，而且这种行为特征可以由低到高进行评价。美德的等级可以分为很多个，但至少应该有两个，即善与恶。美德论强调品德胜过权利、义务和规则。他认为“权利、义务和规则”是协调利益关系，而不是道德评价。美德论要讨论的并不是一个人应该做什么，而是一个人是什么或应该成为什么。比如一个人应该培养什么样的品德，应该怎样做才能成为一个好的工程师等。美德是值得期待的行为、承诺、习惯、动机、态度、情绪、思维方式或趋势。在工程活动中，胜任、诚实、勇敢、公正、忠诚和谦虚都是用来形容美德的词汇。美德是在行为、许诺、动机、态度、情绪、推理方式和与他人关系的方式中合意的习惯或倾向。美德在工程活动和日常生活中十分常见，比如能力、诚实、勇气、公正、忠诚和谦逊等。

古希腊哲学家亚里士多德把美德定义成在行为、情绪、期望及态度方面的两个极端之间的平衡，是针对我们生活的特定方面在过多与过少之间取得平衡的一种倾向。最重要的美德是实践智慧，即道德上好的判断。他认为向善的人生、美好的人生是当一个人所做的事情与他的卓越才能相一致的人生，即所谓的“人尽其才、物尽其用”，一个人在他有限的一生应该尽可能发挥他的潜能。人应该具有一定的目标和志向，当实现这种目标和志向时，他们就具备了某种美德。大多数职业的目标就是为全人类造福，工程师职业就是通过具有一定风险性的社会创造为人类造福。因此，工程师需要正直、诚实、团队协作和自我管理等优秀品德。品德的最低限度是不故意伤害他人。

麦金太尔将亚里士多德强调的共同体和公共善应用于职业，他将职业构想为有价值的社会活动，并称之为社会实践。他认为，一种社会实践是指任何融贯的、复杂的并且是社会地确立起来的、协作性的人类活动形式，通过社会实践，在试图获得那些既适合于这种活动形式，又在一定程度上限定这种活动形式的卓越标准的过程中，内在于那种活动的利益就得以实现，结果是人们获取优秀能力以及人们对于所涉及的目的与利益的观念都得到了系统的扩展。

既然职业是社会分工，就可以通过为他人创造福祉的多寡来衡量其价值的大小。因此，任何职业都有其内在的善，比如患者的健康是医生内在的善，司法公正是法律内在的善，提供安全和有效的技术产品是工程内在的善。职业除了内在的善，还产生外在的善，即通过从事各种实践能够获得的善，比如金钱、权力、自尊和威望等。外在的善对个人和组织都是极其重要的，但是，如果过分关注外在的善，就会威胁到内在的善。那么，怎样才能实现内在的善呢？卓越的职业标准使内在的善得以实现。对工程师这样的职业而言，各个学会组织制定的职业伦理规范中都明文规定了各种“应为”的准则，从而从正面促进内在的善的实现；也明确了各种“应不为”的情形，并对不诚实、有害的利益冲突及其他非职业行为进行处罚。人们对工程师最全面的美德愿望是负责任的专业精神，它暗示了四种美德类型：公众福利、职业能力、合作实践和个人正直。这些美德共同促进了工程师和全人类的全面进步。

美德使工程师能够达到卓越标准从而实现内在善，尤其是公共善或共同体的善，而不允许外在善干扰他们的公共义务。因此，通过把个人的工作生活与更广泛的社会联系起来，美德增进了工程师在他们工作中发现的个人意义。美德在工程师对公众的安全、健康和福祉的义务中发挥着重要作用，通过社会实践使进步成为可能。这一点在职业中最为明显，因为职业系统地扩展了我们的理解力并且实现了公共善和共同体的善。在过去的一个世纪里，工程师通过开发内燃机、计算机、互联网，以及一系列消费产品，极大地改善了人类生活。

美德的意义和要求需要以详细指导原则或规则的形式予以明确，以免美德不能提供合适的道德指南。比如，诚实要求是出于特定动机的特定行动，暗示不能说谎等特性，因为说谎这种行为不尊重人且可能引发其他伤害。所以美德论不是一个独立伦理标准，更多的是对人的评价系统。美德论评价一个工程师是不是一个好的工程师，然而什么样的工程师才能称为好的工程师呢？另外，美德也存在一些冲突，比如正直和忠诚。对雇主忠诚和对公众忠诚，同样都是忠诚，什么样的忠诚才是真正的美德呢？这是一个值得反思的问题。

美德论的中心问题是“我应该是什么样的人”或者“我应该成为什么样的人”。美德论是以品德、美德和行为者为中心的伦理学。美德论强调品德更重于权利和规则。人们对具备专业知识的工程师个人品质方面寄予一定的期望，而多数工程师的心中也存在着对美德的崇高追求。

在案例提及的电车难题中，如果我们不扳动拉杆，即不作为，那我们就无法拯救 5 个人的生命，等于是丧失了救人的美德；但是，如果我们选择扳动拉杆，这种情况下我们的确具备了救人的美德，但同时也背负了间接杀人的罪责，美德论指导我们不应该杀人。因此，我们会陷入不杀人和救人的两难困境，美德论似乎不能指导我们应该做出怎样的选择和行为。

总之，美德论关注的是行为人本身的品德，而不是行为的动机或者行为产生的结果。工程师不但应该具备专业知识和技能，同时应该具备相应的美德，这些美德包括诚信、负责、专业等。

2.2 工程伦理

2.2.1 工程伦理的兴起与意义

1. 工程伦理兴起的历史背景

20 世纪 70 年代，工程伦理学开始作为一门独立的课程在美国高等工科院校开设，并成为必修课，工程伦理学学科逐渐实现建制化，注册工程师法案也开始作为一项法规在全美实施。工程伦理学之所以在 20 世纪 70 年代兴起，与当时人们对环境破坏、核威胁等问题，以及一些重大的工程事故，如福特平托汽车油箱爆炸和 DC－10 飞机坠毁事件的严重关切紧密相关。作为工程学科教育体系的一个重要组成部分，工程伦理学正以不同的形式在国内外工科教育中逐渐普及。

工程伦理学的发展主要包括以下四个方面的内容：

（1）职业注册制度的确立。职业注册制度是工程伦理制度化建设的重要保障。1907 年，美国怀俄明州通过了美国历史上第一部工程师职业资格申请要求的专门法案，随后美国各州都陆续颁布了类似法律，并由各州注册委员会负责管理法案的实施。各州注册委员会同时又是国家工程与测量考试理事会（NCEES）的成员，NCEES 由美国 50 个州和 5 个特区注册委员会的代表组成，每个成员都享有投票权。各州注册委员会依靠州政府拨款和收取注册费来运行，因此在一定程度上可以避免商业利益的影响。各州注册委员会具有执法权，可以对违反法规的工程师做出吊销执照处理甚至提起诉讼。另外，各州注册委员会通常设有一个内部机构，用来调查对非职业行为的投诉。因此，各州注册委员会能较好地保障职业注册制度的实施。

（2）工程教育认证的兴起。美国的工程伦理教育始于 20 世纪 70 年代后期，原因主要有以下两点：一是工程事故的频繁发生迫使人们必须重视工程活动的社会影响，提高工程师的道德素质和伦理意识，对工程师的伦理责任及工程活动对社会影响的研究迫在眉睫；二是外在的社会推动力，美国工程与技术认证委员会（ABET）在其中起到了积极的推动作用。

高等学校的工程专业认证工作由 ABET 的工程认证委员会（EAC）负责，高等学校的技术专业认证工作由 ABET 的技术认证委员会（TAC）负责。ABET 的主要工作是为全国的工程教育制定专业认证的政策、准则和程序，统管认证工作，并负责授予专业认证资格。工程师要想获得工程师的注册资格，必须通过由 ABET 认证的工程院校开设的课程并获得相应的学位。1985 年起，ABET 要求申请认证的工程院校必须开设工程伦理学或相关课程，认为工科学生应该有“对工程职业和实践的伦理特征的理解”，要求工科专业的毕业生不仅要对与工程实践相关的伦理和职业问题有所了解，而且也要了解工程对社会问题的影响。

（3）工程师团体伦理规范的发展和完善。工程师团体伦理规范处于不断发展和完善之中。早期的工程师对工程师这一职业缺乏自我理解：一方面，工程师有时并不承认工程师是其终身职业，而只是当作一种达到某种目标的方式；另一方面，工程师通常不认为自己的工作是直接服务于公众，而是为他们的雇主工作。工程师团体规范一开始受到非议就是因为规范过多地强调工程师对雇主的忠诚，而很少涉及工程师对公众的责任。然而，现今几乎所有的工程师团体都把公众的安全、健康和福祉放在了至关重要的位置。

当今时代，在经济全球化不可逆转的趋势下，越来越多的工程师去海外工作，而东道国一般存在与本国不同的价值观，由此便会引发工程与文化之间冲突的问题。因此，未来的工程师伦理规范应该讨论在不同的文化背景下，工程活动是否具有相同的伦理规范，或者是否应当制定超越不同文化的国际工程伦理规范，以便在国际工程实践中面临伦理冲突时有一个合适的抉择标准。

（4）工程伦理学的形成与发展。虽然伦理问题一直存在于工程学这门古老的学科中，但作为一门独立的学科，工程伦理学只有 40 多年的历史。20 世纪 70 年代后期，美国出现了各种不同形式的，并非完全由哲学家开设的工程伦理学课程，这标志着工程伦理学作为一个新的学科领域开始出现。

最初的工程伦理学研究集中在伦塞勒理工学院和伊利诺依理工学院两所美国高校。虽然工程伦理学作为一门学科已经开始出现，但并不属于哲学领域，并且发表的文章数量不多，也未被哲学索引所收录，这种情况直到 1986 年才开始有所改观。

作为一个学科领域，工程伦理研究的另一个主要推动力来自工程教育的需求和国家基金的支持。为了促进工程伦理这一新兴学科领域的发展，并为教学提供素材，从 20 世纪 70 年代后期开始，美国国家人文基金会（NEH）和国家科学基金会（NSF）陆续资助了一系列的项目来研究工程伦理学问题，并为那些想将工程伦理学介绍给工科学生的教师提供教学素材和案例。1978—1980 年，美国学者鲍姆承担了由 NSF 和 NEH 资助的“哲学与工程伦理”国家项目，由此开始奠定了工程伦理学作为涉及哲学、工程学、社会学、法学和管理学的跨学科地位的基础。1990 年，美国学者霍兰德和斯迪奈克对 1976—1987 年 NSF 资助的与工程伦理相关的研究课题情况进行了分析，发现这些课题涵盖了科学与工程的道德、科学家与工程师的社会化、科学与技术新发展的伦理学意义、社会如何影响科学与工程的实施，以及与技术的社会应用等各个方面的问题。1992 年，NSF 曾资助过两项工程伦理研究，分别是“将伦理案例研究引入大学工程必修课程中”和“讲授工程伦理：案例研究方法”。政府基金对工程伦理学研究的支持从制度上肯定了工程伦理学研究的意义，对推动工程伦理的教学与研究工作起到了重要的作用。更为重要的是，它带动了其他社会力量对工程伦理研究的重视和投入。

2. 工程伦理在中国的发展及意义

（1）中国工程伦理学发展情况。我国开展工程伦理学研究和教育明显晚于发达国家，尤其在大陆，工程伦理研究发展较慢。由于我国工程伦理学者的努力，台湾地区的部分高校于 20 世纪下半叶陆续开设了工程伦理学课程。20 世纪末，大陆在建筑设计和土木工程领域首先实行注册建筑师、注册土木工程师、注册建造师等制度。1999 年，北京科技大学最早开设“工程伦理学”课程。紧接着，西南交通大学于 2000 年开设了“工程伦理学”选修课。随后，福州大学、清华大学、浙江大学和东南大学等也开展了工程伦理的研究与教学。同济大学也于

2015年在全校开设工程伦理通识课程。

当代中国的工程伦理研究是从对具体学科的工程伦理问题探讨开始起步的。20世纪90年代后期，随着西方职业工程伦理专著和文献传入我国，工程师伦理与工程伦理教育研究日益增多，形成了目前我国工程伦理研究的主要基础。工程伦理研究涉及的范围非常广泛，从时间维度看，它包含一项工程从概念提出到设计、制造、完成、运行、结束的全过程；从利益相关者维度看，包括工人、投资者、决策者、管理者、使用者等；从时间和利益相关者覆盖面的维度看，又可分为微观、中观、宏观三个层面。

当代中国工程伦理研究已经初步形成了基本的学术范式和具有一定特色的学术共同体，并呈现出蓬勃发展的态势。然而，目前从事工程伦理学研究的多为哲学或工程伦理教育方面的专家，缺乏工程技术领域专业人士的协同参与。工程生产一线研究者的严重缺位与工程伦理研究的跨学科特质是不匹配的，这也是未来工程伦理发展需要重点关注的问题，工程伦理学研究应该注重理论与实践的结合，提高工程伦理研究的实践性，某种意义上可以说这也是进一步发展我国工程伦理的必由之路。

我国进行工程伦理学建设时，和发达国家早期有共性，它们曾在工程活动里因生态破坏、不可持续发展等走了弯路，我国也可能面临这类挑战。但我国作为后发国家，资源、环境、世界格局条件与发达资本主义国家早期大不一样，我国可凭借后发优势，在工程建设中重点关注环保、节能与可持续发展，尽力降低对生态环境和未来的负面影响，坚持以人为本，以工程宏观伦理为目标。如此一来，我国既能规避发达国家曾犯的错误，又能开辟出符合当下而且具有创新性的工程伦理学建设新路径，为全球相关领域发展提供中国经验。

在宏观工程伦理的建设过程中也需要关注微观工程伦理。就现实而言，工程中的微观伦理是调节社会关系的重要手段之一。当前阻碍和谐社会建设的众多问题，在很大程度上与工程师和工程管理者对客户、公众是否负责，以及在多大程度上负责直接相关。从长远来看，工程中的宏观伦理意味着更开阔的视野和更深远的思考，比如关注可持续发展、环境保护，以及各种对现实和未来友好的设计理念等。我国的工程伦理建设以宏观伦理为目标，意味着在发展中国工程伦理的理念上能够主动适应工程伦理的方向，聚焦工程伦理的实践主体、关注对象、行动的理念和方法等方面，把对社会的关注、对未来的关注、可持续发展的理念等贯穿于工程教育和工程活动之中。随着人们越来越重视专业认证对于国际工程教育相互承认的重要作用，人们普遍把专业认证制度作为建立国际性的工程教育相互认可协议的基础，工程伦理的教育工作和工程专业的认证工作有机结合是今后工作的重要方向。

（2）工程伦理教育的意义。

① 工程的属性需要具备工程伦理素养的工程人才。工程是人们为了经济社会发展所进行的各类物质改造与创造的活动，“造物性”“社会性”“风险性”“公众性”等是工程的重要属性。随着工程对人类社会、自然环境的影响日趋加深，工程实践中的伦理问题越来越突出。西奥多·冯·卡门曾说过，科学家需要去研究这个世界到底是什么，而工程师则需要去创造一个全新的世界。这个创造出的全新世界，以及工程所造之物，与自然、社会、公众的关系和可能带来的风险既决定了所造之物中蕴含着工程伦理，也决定了造物的人，即工程师必须具有高度的社会责任感和对所造之物进行价值伦理的判断能力。这不仅关系到工程师的个人

道德素养和社会责任的提高，还直接影响到经济、社会与自然的和谐发展。因此从工程的属性来看，工程师必须具备相应的工程伦理素养，而工程伦理素养的提高就需要开展工程伦理教育。

② 工程师伦理素养的提高需要加强工程伦理教育。作为一项职业，职业道德是工程师必须具备的一种核心胜任素质。因此工程伦理教育在工程人才培养实践中具有非常重要的地位与作用，是工程专业学生全面成长的必然要求。但工程伦理观并非与生俱来，要提高工程师的工程伦理意识和社会责任感，就必须开展工程伦理教育。

工程教育对于工程师的培养具有长期性、综合性与前瞻性的作用。工程师通常需要接受系统的工程教育、严格的实践训练、长期的工程实践和团队协作，才有可能成长为卓越的工程人才。然而，纵观目前我国的工科教育，无论是宏观层面的学位管理规定，还是各院校微观层面的培养方案和现实的教学培养工作，工程伦理的教育内容和实际课程都比较薄弱甚至短缺。教育培养体系的基础不牢，将导致未来工程人才培养质量与工程实践方面的问题。

③ 工程教育强国的战略目标要求加强工程伦理教育。作为工程教育的大国，工科教育是我国高等教育中规模最大的专业教育。目前，我国开设工科专业的普通高校有 2 000 多所，占高校总数的 90%以上；工程教育在校学生达 1 000 多万，占普通高校在校学生总数的 40%左右。我国工程硕士专业学位研究生教育有 400 多家培养单位，到目前为止已为我国培养输送了 100 多万工程专业学位研究生。

充足的工程师数量对国家经济的增长具有明显的正向作用，工程师质量也对工程项目的产出与经济发展具有直接影响。我国工程师数量庞大，但质量仍有待提高。只有不断加强工程伦理教育，提高工程师的道德素养，才能真正实现工程教育大国向工程教育强国的转变。工程伦理教育是工程教育的重要组成部分，直接关系到未来工程师的价值取向。工程伦理教育可以培养工程师的社会责任感，提高其道德意识，增强其遵循伦理规范的自觉性，提升其应对工程伦理问题的能力与水平，从而使工程更好地造福人类社会和自然。

④ 社会经济发展呼唤开展工程伦理教育。随着社会经济的发展，工程建设的规模和数量都显著增加。当今的工程师在工程实践中时刻要面临经济利益和社会利益、企业利益和公众利益、个人利益和集体利益的冲突。工程师在面对这些工程实践领域的具体伦理困境时，往往会难以抉择，进而导致工程问题频发。其根源在于工程师普遍缺乏工程伦理教育，当其面对工程中出现的伦理困境时显得无能为力。在经济全球化的今天，一些企业将经济效益放在首位而忽视了公众的健康和安全。“豆腐渣”工程所导致的人员伤亡与经济损失，尤其是目前突出的环境污染问题，给人类社会的可持续发展带来了极大的挑战和威胁，因此社会经济发展正在呼唤我国加强工程伦理教育。

⑤ 开展工程伦理教育是使工程伦理区别于其他职业伦理的必然要求。与医生、律师等职业所涉及的职业伦理问题不同，工程实施过程中的社会化、综合化和整体化特征使得工程伦理具有属于自己的独特问题。一是工程项目的实施过程中涉及的受影响群体、利益相关者众多，一旦处理不当，往往会造成重大的社会问题。特别是大型工程项目一旦发生技术事故，其后果极为严重。二是工程实施的最终产品具有过渡性的特点，最终消费和使用工程产品的

用户往往和具体实施项目的工程师之间并没有直接的关系，加之工程师盲目追求自身利益最大化，导致工程师将从事工程工作作为升迁的踏板，从而有可能出现责任意识淡漠的道德风险。三是工程项目的决策除了要求工程师考虑项目自身在技术、经济等方面的优劣，还必须考虑雇主、公众、社会和国家的利益，甚至全人类的可持续发展等多种因素，因此，工程师的决策过程往往是一个复杂的伦理选择过程。由于工程伦理所具有的特殊性，必须提高在校大学生的工程伦理道德修养，以便其在未来的工程实践中做出正确的选择。

⑥ 开展工程伦理教育是工程活动的复杂性提出的客观要求。工程活动是一种改造自然和为人类谋福利的实践活动，在工程项目的设计、实施和运行管理中会涉及社会、政治、法律、文化及生态环境等诸多因素。这就要求工程师对自然、社会、公众、客户和雇主都要切实地负起责任，在完成其专业任务时，应将公众安全、健康和福祉放在首位。科技的高速发展给工程活动带来了许多新的工程伦理问题和挑战。作为工程活动主体的工程师，必须认真应对这些问题，遵照人道主义、生态主义、安全无害和无私利性的原则，既尊重自然、敬畏自然，也尊重后代人的生存权和发展权。

⑦ 开展工程伦理教育是工程专业可持续性发展的必然要求。任何专业和职业都具有其严格的伦理规范。长期以来，由于我国对工程伦理规范的重要性认识不足，没有将其提高到应有的高度，没有建立相应的工程伦理规范，在很大程度上导致工程专业地位较低。因此，加强工程专业伦理建设，并在此基础上对理工科大学生进行工程伦理教育，应该成为理工科院校工程专业可持续性发展的一项重要的基础工作。

2.2.2 工程伦理的研究对象

1. 工程伦理的含义

工程伦理学的内涵主要包括两个方面，正如美国著名伦理学家 Mike W. Martin 从规范和描述意义上界定了工程伦理学。从规范意义上看，工程伦理学包括两层含义：一是伦理等同于道德，工程伦理学包括从事工程的人员所必须认同的责任与权利，也包括在工程中所渴望的理想与个人义务；二是伦理学是研究道德的学问，是研究工程实践中道德上的决策、政策和价值。从描述意义上看，工程伦理学也包括两层含义：一是指工程师伦理学，研究具体个体或团体相信什么并且如何开展行动；二是指社会学家研究伦理学，包括调查民意、观察行为、审查职业协会制定的文件，并且揭示形成工程伦理学的社会动力。从工程伦理学的概念界定来看，规范意义上的工程伦理学强调从伦理角度审视工程，促进工程与伦理的结合，而描述意义上的工程伦理学则注重强调工程活动的伦理价值。无论是描述意义还是规范意义，都强调从伦理学角度来探讨工程中的伦理问题，研究工程主体的道德价值，探讨工程决策、政策、活动的道德正当性。

中国知名哲学家李伯聪认为,工程伦理学可分为狭义的工程伦理学与广义的工程伦理学。大致来说，由于人们对工程的性质、对象和范围存在着广义和狭义两种不同的理解，从而也就出现了广义的工程伦理学和狭义的工程伦理学两种定义。

（1）狭义的工程伦理学。

工程师作为工程活动的主体，往往在工程活动中发挥着非常关键的作用。就像有人把科学解释为科学家所从事的活动一样，也有人把工程解释为工程师所从事的活动。推而广之，可以把工程伦理学定义为工程师的职业伦理学，这种工程伦理学称为狭义的工程伦理学。有人认为工程伦理作为一种职业伦理，必须把个人伦理和其他社会角色的伦理责任区分开。

应该承认和必须强调的是，这种狭义的工程伦理学不仅在历史上对工程伦理学的开创和发展发挥了非常重要的作用，而且在现实中还将继续对工程伦理学的发展起到重要的推动作用。

从理论方面看，狭义工程伦理学的研究已经取得了许多重要的成果，尤其是促进了工程伦理学作为一门单独学科的诞生；从实践方面看，狭义工程伦理学的研究有力地促进了职业工程师和工程师共同体的伦理自觉和伦理水平；从教育方面看，这种定义强有力地推进了对工科大学生的职业伦理教育。美国工程界和工程教育界在工程伦理学教育必须是工程教育的一个不可缺少的组成部分方面已经取得了基本的共识。

工程师的职业伦理原则在最初阶段没有遇到大的困难和挑战。随着工程活动的规模和职业工程师的作用越来越大，许多工程师越来越深刻地认识到他们必须重新认识工程师的社会作用和职业伦理准则。在 19 世纪末 20 世纪初，许多工程师热情满怀地要求重新认识和定位工程师的社会作用和伦理责任，他们明确提出，工程师不应该仅仅忠诚于雇主的利益，更应该服务于全人类和全社会的利益。1906 年在康奈尔举办的土木工程协会年会上，有人豪情满怀地声称工程师将指引人类，一项从未召唤人类去面对的责任落在工程师的肩上。在这种豪情的鼓舞和支配下，一些工程师要求为工程师这个职业重新进行社会定位，他们不但希望和要求工程师掌握经济性工程活动的领导权和代表权，而且还雄心勃勃地要求掌握政治性工程活动的领导权和代表权，“工程师的反叛”和“专家治国运动”应运而生。其典型代表是美国的库克，他认为忠诚于大众和忠诚于雇主是对立的，工程有着伟大的未来，但是工程被商业支配却是对社会的可怕威胁。在“工程师的反叛”运动中，工程师只是在向资本家争取经济领导权，而在“专家治国运动”中，工程师则是在向政治家争取政治领导权。

工程师的职业性质和特征决定了要正确认识和真正确立工程师的职业责任和职业伦理原则必然要经历一个长期、困难而曲折的过程。关于工程师究竟应该在社会进步中发挥什么样的作用、怎样才能把忠诚于其雇主的要求与对大众的责任统一起来等问题目前都尚未解决。但并不妨碍我们肯定，自 20 世纪初期以来，在工程师的社会责任和伦理自觉方面，无论在认识上还是在制度上取得的重大进步和发展。

与其他许多职业如工人、科学家、医生等相比，工程师这一职业是具有某种特殊自身困境的职业。美国学者爱德温・莱顿在《工程师的反叛》一书中提出，工程师既是科学家又是商人，科学和商业有时要把工程师拉向对立的两面。这就使工程师在自身定位和职业伦理准则确立时难免会陷于某种难以定位的困境。美国学者查尔斯・哈里斯认为工程行为规范要求工程师作为雇主的忠诚代理人，又要求他们将公众的安全、健康和福祉放在首位。这两种职业责任有时是相互冲突的，使得工程师经常陷入道德和职业的困境之中。澳大利亚学者莎朗・博德尔在《新工程师》一书中提出，工程职业到了一个转折点，它正在从一个向雇主和客户提供专业技术建议的职业，演变为一种以既对社会负责又对环境负责的方式为整个社群服务的职业。工程师本身和他们的职业协会都更加渴望使工程师成为基础更广泛的职业，雇主也正在要求从他们的工程师雇员那里得到比熟练技术更多的东西。法国著名伦理学家爱米尔·涂尔干认为:“任何职业活动必须有自己的伦理，倘若没有相应的道德纪律，任何社会活动形式都不会存在。”但是工程师和其他职业不同，工程师服务的项目发生意外造成的损失比其他职业的更大。还应该强调指出的是，发达国家的许多著名的工程师职业团体，如美国机械工程师协会（ASME）、美国化学工程师协会（AIChE）等都制定了自己的工程师伦理规范。从这些工程师职业伦理规范的制定和多次修订中，人们不但看到了作为职业伦理学的工程伦理学的理论成就和理论力量，而且看到了工程伦理学的现实影响和现实力量。

（2）广义的工程伦理学。

如果仅仅或完全把工程伦理学定义为工程师的职业伦理学，就会严重束缚工程伦理学的发展范围和发展空间，因此工程伦理学还有一个广义的学科定位和学科发展空间——广义的工程伦理学。

美国学者小布卢姆于 1990 年提出这样一个尖锐的问题:美国的工程伦理学在经历了初期的迅速发展阶段之后，工程伦理学的教学和研究是否开始停滞了？怎样才能摆脱这种停滞呢？小布卢姆认为对于工程的性质和范围，如果没有一种比当前工程伦理学界流行的观点要广泛得多的理解，工程伦理学的学术就不可能继续繁荣发展。可以认为，小布卢姆等人在这个问题上的立场和观点实际上就是在呼吁工程界必须对工程活动的对象和范围做广义的理解和定位，从而大大拓展工程伦理学的研究范围和空间。也就是说，必须在一个更大的对象范围和更广泛的问题域中开展和进行广义工程伦理学的研究。

马丁和辛津格认为，工程活动的基本单位是项目，一个工程项目的全部过程应该包括以下几个阶段：提出任务（理念、市场需求），设计（初步设计和分析、详细分析、样机、详细图纸），制造（购买原材料、零件制造、装配、质量控制、检验），实现（广告、营销、运输和安装、产品使用、维修、控制社会效果和环境效果），结束（衰退期服务、再循环、废物处理）。按照这种对工程活动内容的广义理解，可以得出以下两个推论：第一，由于从事工程活动的人员不仅包括工程师，还包括工人、维修人员、销售人员、投资者、决策者、管理者、使用者等许多其他人员，因此仅仅把工程伦理学理解为工程师的职业伦理学的观点就不再成立了；第二，从以上关于工程活动的五个阶段的定义可以看出，工程活动中最重要的问题不再是职业问题，而是决策和政策问题。因此，工程伦理学的最重要、最基本的内容也就从工程师的职业伦理问题转变为关于决策和政策的伦理问题。马丁和辛津格认为工程伦理学是对决策、政策和价值的研究，而这些决策、政策和价值在工程实践和工程研究中在道德上是被期望的。容易看出，马丁和辛津格之所以对工程伦理学的基本主题和基本内容有这样的认识和阐述，其根本原因就在于他们对工程活动的基本内容有着广义的理解和定义。

广义的工程伦理学关注的不仅仅是工程师的职业伦理，还关注工程活动全过程的相关人员的道德决策和行为，以及这些道德决策对工程活动产生的影响。

2. 工程伦理的任务

首先，从“研究人的行为是否正确”的角度看，伦理学是理解道德价值、解决道德问题和论证道德判断的活动，以及由这种活动形成的研究学科或领域。与之相应，工程伦理学则是理解工程实践中的道德价值、解决工程中道德问题，以及论证与工程有关的道德判断的活动和学科。具体来说，工程伦理是应当被从事工程的人员认可的经过论证的关于义务、权利和责任的一套道德规范，工程伦理学学科的核心目标是制定相应的规范并将其应用于具体的实践。美国学者阿尔伯特·弗洛雷斯认为，工程伦理学是从事工程专业的人员的权利和责任。

其次，从“伦理”一词被用于指一个人、一个团体或社会对道德所表现出的特定的信念、态度和习惯这个角度看，它是在指人们在道德问题上的实际观点。与伦理的这种含义相对应，工程伦理便是指被当下接受的、各个工程师组织和工程学会所制定的工程师的行为准则和道德标准。美国哲学家拉德认为追求专业伦理准则是一种理论上和道德上的混淆，他主张把工程学会所制定的伦理准则排除在工程伦理学的研究范围之外。美国工程师及哲学家佛罗曼将伦理学等同于个人的道德观念、个人的良心，他认为工程师个人的道德良心没有普遍的共同点，不如法律和工程标准那样具有客观性和可操作性。唐·威尔逊认为工程伦理是被工程师这一职业接受的与工程实践有关的道德原则。

工程伦理学的研究任务包括以下两个层次的道德现象：工程师个人的道德观念、道德良心和道德行为，以及工程组织的伦理准则。工程伦理学一方面要对其进行描述性研究，弄清其现实状况和具体内涵；另一方面，还要诉诸各种基本伦理理论对上述道德概念、道德行为和标准、制度进行分析、论证或批判。如果把工程与伦理道德看作两个相对独立的自成体系的系统，它们之间实际上也是相互作用的。工程伦理学研究不能只拿既定的道德范畴、规范、原则一成不变地去套用于工程活动，在工程发展的过程中，伦理观念、行为规范也要随之发展。因此，在工程伦理学研究中要保持一种相互呼应的“双向螺旋”。首先，从伦理到工程，用伦理道德分析约束工程实践的发展，使之更好地为人类造福。其次，从工程到伦理，要研究工程发展对伦理道德的影响，相应改变陈旧的伦理观念。尽管还没有人在理论上对工程伦理学内容进行这样的概括，但是，在已有的工程尤其是工程与伦理问题的研究中，实际上这样两种“螺旋”都已经存在。德国和美国学者对伦理学中“责任”概念随着科技发展的不同阶段而相应变化的情况进行了研究。另外，美国的大多数工程伦理学教材则按照美国工程教育机构对工程课程的要求，侧重向工程学生传授工程专业的伦理准则及其具体应用。这种研究范式往往以“工程中的伦理问题”的名义进行，以特定的伦理理论、伦理标准来分析和解决工程专业活动过程中所发生的伦理现象及涉及的伦理问题。

工程伦理学一方面指出工程发展中突显的责任问题及其在伦理学中的重要意义，另一方面也探讨工程师具体要承担什么责任等问题。从逻辑上讲，工程伦理学问题研究的思路大致可以这样表述：以工程实践作为逻辑起点，在工程的发展中出现了新的情况、产生了新的问题，要求伦理道德需要做出相应的变化和调整，这些新的伦理会反过来对工程实践的主体及其活动进行引导、控制、约束和调整，这样便形成了一个完整的循环。由此看来，工程伦理学的研究对象主要是工程师，但又不限于工程师。工程伦理学的范围要比工程师伦理学广泛，工程伦理学还适用于由其他从事工程相关领域工作的人员，包括科学家、管理者、生产工人、技术人员、销售人员、政府官员、律师，以及一般公众做出的决策，旨在解决工程活动中的伦理问题和工程师在从事专业活动以及作为公民因其特殊专业技术知识而履行社会角色时产生的伦理问题。

3. 工程伦理与其他学科的关系

工程伦理学是自然学科与人文学科两大领域交叉融合的新学科，已经成为跨学科协作研究的范例。工程伦理学以工程活动所涉及的社会伦理关系与工程主体的行为规范为对象，关注工程价值与社会综合价值的关系，以及这些价值如何实现的问题。中国工程院张寿荣院士认为工程伦理学的基本问题应该是告诉人们“什么能做”“什么不能做”“应该怎样做”和“由谁来做”。当前我国工程人员在工程上出现的一些问题，不是技术问题，而是不敢求真务实，实质是价值观的问题，反映出他们对国家发展和国民幸福缺乏足够的社会责任与道德义务。

清华大学蓝棣之教授经常劝诫学生不要只做工匠。中国工程院院长徐匡迪提出新一代工程师必须要有高度的社会责任心和使命感，有新的工程理念和新的工程观。工程需要有哲学支撑，工程师需要有哲学思维。

自 20 世纪 70 年代工程伦理学在美国产生时起便充分运用于跨学科研究和教学，从 20 世纪 80 年代以来产生了多学科的研究团队，并且许多资金也用来支持工程伦理研究项目。1978—1980 年关于哲学和工程伦理学的国家项目由罗伯特·鲍姆领导，由国家人文基金会和国家科学基金会支持，18 位工程师和哲学家组成的团队参与了这一项目，其中每个人都探讨了工程中被忽视的伦理问题。20 世纪 80 年代，在各大工程社团资金的资助下，许多学者对于诸如美国电子电气工程师协会（IEEE）、美国机械工程师协会、美国化学工程师协会等工程社团的历史进行了专题研究。同时，哲学家和工程师也联合起来编写工程伦理问题专著，如由哲学家马丁和工程师辛津格所出版的《工程中的伦理学》（*Ethics in Engineering*），以及由两位工程师哈里斯与雷宾斯和哲学家普里查德出版的《工程伦理学》（*Engineering Ethics*）等，都是合作发展的典范。

著名工程伦理学家戴维斯认为工程伦理应该加强研究技术的社会政策与社会境域等问题，指出应该从组织的文化、政治环境、法律环境、角色四个方面进行探讨，在工程伦理学的教学过程中应该也从历史学、社会学和法律等方面阐述工程决策的境域。哈里斯认为，在跨学科研究中应该把科学、技术与社会（STS）和技术哲学融入工程伦理学研究中，更需要关注技术的社会政策和民主商议，从更宏观的角度来研究工程伦理学。

1985 年，ABET 要求美国的工科院校必须把培养学生对“工程职业和实践的伦理特征的认识”作为接受认证的一个条件。2000 年，ABET 制定了更为具体的细则。美国正在大力推进工程伦理学的跨学科研究和教学工作，有力地推动了工程专业类学生对工程的理解和认识，进一步明确了工程专业的责任，从而提高了工程师的道德敏感性和工程职业素养。正如美国国家科学院、工程院在《2020 年的工程师：新世纪工程学发展的远景》中指出，工程师应该成为受全面教育的人，有全球公民意识的人，在商业和公众事务中有领导能力的人和有伦理道德的人。

总之，工程伦理学作为学科交叉的典范，兼具了人文学、工程学、伦理学、管理学、法学等学科的特征，并加以融合，形成了具有自身特色的学科体系，为工程活动中出现的伦理困境问题的解决提供了一些可能。

2.3　工程中的伦理问题

如前所述，工程实践过程是非常复杂的。从工程与科学技术的关系角度来看，工程实践是为了实现特定目标，调动社会力量，将相关科学技术高度集成后建造人工产品的过程。正是在此种意义上说，工程实践既是应用科学和技术改造物质世界的自然实践，更是改进社会生活和调整利益关系的社会实践。这就意味着工程实践过程面临着多重风险：一是多种技术集成后应用于自然界所带来的环境风险；二是利用技术建造人工物的质量和安全风险；三是工程应用于社会所导致的部分群体利益冲突和受损的风险。作为工程的主要设计者和建造者，工程师不仅需要具备专业的知识和技能，更要具备“正当地行事”的伦理意识，以及规避技术、社会风险和协调利益冲突的能力。

近代以来，随着工业化进程的不断推进，工程师和相关社会组织开始关注工程中的伦理问题。美国电气工程师学会（IEEE 的前身）、美国土木工程师学会（ASCE）分别在 1912 年和 1914 年制定了相关工程领域的伦理准则。然而，对工程实践中的伦理问题真正引起广泛关注是在第二次世界大战之后，工程所发挥的强大建设力和破坏力引起工程师对环境问题和自身伦理责任的反思和重视，《美国科学家通信》《美国科学家联盟》等专门刊物和机构相继出现。至 20 世纪 70 年代末期，工程伦理学作为一门学科得以确立，它“由那些从事工程的人们赞同的责任和权利以及在工程中值得期望的理想和个人承诺组成”；西方各工程社团的职业伦理规范构成了工程伦理的主要内容。

物质的实践是工程的基本特性，人是实践的主体，人与自然之间、人与人之间必然发生的多样化的可选择的关系是伦理问题产生的重要前提。因此，对于工程实践中的伦理问题的探讨，应该以分析人这个实践主体作为出发点，具体地说，应把对工程活动中的行动者网络的探讨作为起点。

2.3.1　工程中的伦理问题

工程不是单纯的科学技术在自然界中的运用，而是工程师、科学家、管理者乃至使用者等群体围绕工程这一内核所展开的集成性与建构性的活动。可以说，工程活动集成了多种要素，包括技术要素、经济要素、社会要素、自然要素和伦理要素等。其中，伦理要素关注的是工程师等行为主体在工程实践中如何“正当地行事”，其对于工程实践的顺利开展是必需的。“而且工程中的伦理要素常常和其他要素‘纠缠’在一起，使问题复杂化。”将伦理维度运用到其他要素，就形成了工程伦理所关注的四个方面的问题，即工程的技术伦理问题、工程的利益伦理问题、工程的责任伦理问题和工程的环境伦理问题。

1. 工程的技术伦理问题

工程活动是一种技术活动，工程技术伦理即工程技术活动所涉及的伦理问题。由于长久以来一直存在技术中立的相关学术主张，对于工程中的技术活动是否涉及道德评价和道德干预也存在较大争议。例如，技术工具论者认为，技术是一种手段，本身并无善恶。技术自主论者则认为，技术具有自主性。技术活动必须遵从自然规律，并不以人的主观意识为转移。

与此相对，科学知识社会学等相关领域的学者则认为，不仅技术，就连我们作为客观评价标准的科学知识也是社会建构的产物，与人的主观判断和利益纷争紧密相连。工程中的技术活动本身具有人的参与性，是技术系统通过人与自然、社会等外界因素发生相互作用的过程。同样的技术，因建造者和组织者的不同，建造的工程千差万别，这说明人在应用技术的过程中在如何应用技术方面具有自主权。同时，人还具有选择运用何种技术、将技术运用于何种环境的自由。以上种种都是工程的技术活动中不可或缺的环节。

因此，在工程的技术活动中必须要考虑到技术运用的主体，而人是道德主体，人有进行道德选择的自由。可见，工程技术活动牵涉到伦理问题，工程中技术的运用和发展离不开道德评判和干预，道德评价标准应该成为工程技术活动的基本标准之一。

2. 工程的利益伦理问题

从建造方法上来看，工程是一种技术活动；从建造目标和应用价值方面来说，工程则是一种经济活动，其通过将科学技术的集成，实现特定的经济价值和社会价值。因此，在工程的建造过程中，涉及各种利益协调和再分配问题。随着科技的进步，工程建造进入大工程时代，工程牵涉的利益集团更为复杂，如工程的投资人和所有者、工程实施的组织者、工程方案的设计者、工程的建造者、工程的使用者以及受到工程影响的其他群体。能够尽量公平地协调不同利益群体的相关诉求，同时争取实现利益最大化，是工程伦理的重要议题，也是工程活动所要解决的基本问题之一。

概括来说，工程活动中的利益关系可以从工程内部和工程外部两个方面来进行分析。其中，工程内部的利益关系主要发生在工程活动各主体之间，例如工程计划环节中不同出资人之间的利益关系，工程的建造阶段工程师与管理人员、工人之间的利益关系，工程建成之后建造者与监督人、使用者的利益关系等。工程外部的利益关系主要是指工程与外部社会环境、自然环境之间的利益关系，例如工程在给一部分地区和一部分人带来特定利益的同时，也会对另一部分地区和另一部分人产生不良影响，其中包括经济利益、文化利益、环境利益等，这些利益又可分为短期利益和长期利益、直接利益和间接利益、局部利益和全局利益等。工程的基本责任是为人类的生存和发展创造福祉，因此，如何通过工程活动平衡好各方利益，在争取实现效益最大化的同时，协调好各方利益，兼顾效益与公平两个方面，就成为工程中的利益伦理问题着力解决的核心问题，同时也是衡量工程实践活动好坏的重要标准。

3. 工程的责任伦理问题

工程责任不但包括事后责任和追究性责任，还包括事前责任和决策责任。工程师是工程责任伦理的重要主体，工程伦理研究首先从研究工程师的职业规范和工程师责任开始。随着工程哲学和工程伦理学的逐步兴起和发展，工程活动内部和外部的相关群体逐渐进入研究者视线，包括投资人、决策者、企业法人、管理者以及公众都成为工程责任的主体，他们也需要考虑工程的责任伦理问题。

不仅工程的责任伦理主体发生着改变，责任伦理的内容也随着时代的变迁而改变。最初工程伦理准则主要是对工程师职责进行规范，由于早期的工程源于军事，因此准则中尤其强调工程师对上级的服从、忠诚和职业良知，即“忠诚责任”。随着工程逐步民用化，加之环境、资源、污染等问题日益凸显，工程师通过工程建造，在经济、政治甚至文化领域发挥着积极作用，工程伦理开始强调工程师不仅需要忠于雇主，同时他们对整个社会负有普遍责任，人类福祉成为工程师伦理责任新的关注点，工程师责任从之前的“忠诚责任”逐步转变为“社会责任”。之后，随着工业化进程的加快，各国相继出现生态危机。工程师伦理责任也开始从“社会责任”进一步延伸为“自然责任”。自此，工程的环境伦理问题成为工程伦理关注的另一焦点。

4. 工程的环境伦理问题

环境污染问题的严重性是与近代工程技术的迅速发展、工业化程度的不断提高、人类对自然的开发力度逐渐加大直接相关的。工程造成的环境问题，使得可持续发展成为必由之路。工程的环境伦理也由此受到普遍关注，其不仅涉及工程设计和工程建造的安全与效率等基本准则，还涉及工程原料的利用和工程从建造到使用过程中对环境的影响，即在工程实践活动的各个环节都要力争减少对环境的负面影响，实现工程的可持续发展。

现阶段，我国的环境问题尤为突出，如何协调保护环境与促进经济发展之间的关系，逐步形成节约能源的产业结构，实现经济的可持续发展是亟待解决的基本问题。现在的经济发展模式和企业经营方式大多数是以牺牲能源、消耗环境资源为代价，换取某种经济增长和经济效益，所以，关注环境、保护环境就成为现实而迫切的挑战。

2.3.2 工程伦理问题的特点

工程伦理问题的特点可以概括为历史性、社会性和复杂性三个方面，其中历史性是从时间的维度，社会性和复杂性则分别是从参与者和涉及因素的维度来看工程伦理问题。

1. 历史性——与发展阶段相关

在工程由最初的军事工程逐步民用化的过程中，工程伦理的价值取向、研究对象和关注的焦点问题都随之改变。其中，工程伦理的价值取向经历了“忠诚责任—社会责任—自然责任”的转变，工程伦理的研究对象从工程师共同体逐步扩展为包括官员共同体、企业家共同体、工人共同体和公众共同体在内的多个群体，相应地，工程伦理关注的焦点问题也从工程师面临的道德困境和职业规范转为同时关注其他工程共同体的道德选择和困境。

同时，随着技术发展和工程应用范围的扩大，工程与技术、社会、环境的结合和相互影响更为紧密，工程伦理学的关注领域也有了新的发展，开始将网络伦理、环境伦理、健康伦理、生命伦理等关系到人类未来生存和发展的全球性问题纳入研究范畴。例如，计算机普遍应用所带来的技术胁迫、网络的言论自由及产生的权力关系，以及大型工程技术的应用所导致的世界性贫困等问题。

2. 社会性——多利益主体相关

工程伦理问题的第二个特点是社会性，这是由工程自身的社会性所决定的。与古代工程不同，现代工程具有产业化、集成化和规模化的特性，工程与科技、经济、社会以及环境之间都建立了极为紧密的联系。如前所述，现代工程牵涉到多种利益群体，其中的一部分作为工程的参与者构成了独特的社会网络，另一部分没有直接参与的利益群体，如日本核辐射受害者等，他们没有参与工程的决策和建造，却是工程的直接受益或受损者。鉴于此，如何平衡围绕工程组成的社会网络中各群体之间的利益，实现公平与效率的统一；如何公正地处理各种利益关系，特别是注重公众的安全、健康和福祉，是工程伦理着力解决的主要问题。

3. 复杂性——多影响因素交织

除了历史性和社会性，工程伦理问题的第三个特点是复杂性。这种复杂性体现在行动者的多元化以及多因素交织两个方面。

案例：厦门PX项目

厦门市海沧PX项目，是2006年厦门市引进的一项对二甲苯化工项目，该项目号称厦门“有史以来最大工业项目”。2005年7月，项目通过国家环保总局的环评报告审查；2006年7月，获得国家发改委核准；2006年11月正式开工，计划2008年12月完工投产。然而，该项目自立项以来，遭到了越来越多人士的质疑。因为厦门PX项目中心地区距离国家级风景名胜区鼓浪屿只有7公里，距离拥有5 000名学生（大部分为寄宿生）的厦门外国语学校和北师大厦门海沧附属学校仅4公里。不仅如此，项目5公里半径范围内的海沧区人口超过10万，居民区与厂区最近处不足1.5公里。而10公里半径范围内，覆盖了大部分九龙江河口区，整个厦门西海域及厦门本岛的1/5。而项目的专用码头，就在厦门海洋珍稀物种国家级自然保护区，该保护区的珍稀物种包括中华白海豚、白鹭、文昌鱼。

2007年5月下旬，随着工程的推进，更多的信息通过媒体、网络等渠道被披露，PX这个陌生的字眼在短时间内成为街头巷尾热议的话题。一些市民准备以多种方式表达对在厦门上马PX项目的抵制。2007年6月1日至2日，“PX风波”不期而至。为抵制PX项目落户厦门海沧区，部分厦门市民以“散步”的形式，集体在厦门市政府门前表达反对意见。2007年12月16日，福建省政府针对厦门PX项目问题召开专项会议，决定迁建PX项目。最终，该项目落户漳州漳浦的古雷港开发区。

工程活动是一项集体性活动，同时也是经济的基础单元，一些国家级的项目在规模和影响力方面都达到了史无前例的程度，一项工程往往承担着科技、军事、民生、经济等多种功能。也正因为如此，以工程为核心形成的行动者网络日趋多元化。以厦门PX项目中的决策环节为例，由于我国PX制造能力严重不足，导致这种基础性的化工原料长期依赖进口，PX项目属于国家的战略型工程，因此，投资者中不仅有企业，还包括国家和地方政府，他们分别有着不同的利益出发点。同时，由于PX项目属于化工项目，存在危险性和污染环境的风险，PX项目选址周边的居民也成为利益相关人，随着公共参与决策民主化进程的推进，他们在一些时候也成为决策主体，厦门PX项目就是因为公众的公开抗议而被迫叫停。可以看出，仅决策者这一角色的多元化就给工程带来了巨大的不确定性，而在现阶段的大型工程中，工程师、工人、企业家、管理者和组织者皆呈现出多主体跨地区、跨领域、跨文化合作的趋势，不仅在价值取向上千差万别，在群体文化、生产习惯等方面也存在难以消除的差异，这无疑为工程实践带来了巨大的复杂性和不确定性。

此外，技术的高度集成也使得技术系统对自然的影响产生不确定性，技术系统的构成要素和结构越复杂，失效的可能性就越大。加上工程本身就与科学实验不同，它是技术在现实环境中的创造性应用，过程本身就带有更高的不确定性，据此马丁等学者指出“甚至看起来用心良好的项目也可能伴随着严重的风险”，这表达了工程的复杂性导致工程结果存在不可控风险。

2.4　工程伦理问题的应对

对每一位工程行为者而言，处理好工程实践中的诸多伦理问题并不仅仅表现为一个形式化的遵循伦理规范的过程。工程伦理规范作用的对象——工程行为者及其行动总是展开于具体的工程实践场景中，而具体情境对规范、原则的制约，又往往表现为行为者在实践过程中经由反思、认识后的调整和变通。在一般的意义上，处理好工程实践中的诸多伦理问题，行为者首要的是需辨识工程实践场景中的伦理问题，然后通过对当下工程实践及其生活的反思和对规范的再认识，将伦理规范所蕴含的“应当”现实地转化为自愿、积极的“正确行动”。

2.4.1　工程实践中伦理问题的辨识

在具体的工程实践中，工程伦理问题常常与社会问题、法律问题等其他问题交织在一起，在区分时需要注意以下问题：

1. 何者面临工程伦理问题

工程伦理学科体系的建立，除了对工程伦理的理论问题和相关伦理困境提供分析的思想和方法，更是要从伦理道德角度对工程实践中存在的问题与风险、已发生的事故、可能的严重后果等给予价值关切，寻求现实的解决方法。因而，以规范工程活动各主体行为和行动为目标的工程伦理具有了应用伦理学特征。有西方学者将应用伦理学问题按照来源归为三类，“一类来自各个专业，一类来自公共政策领域，一类来自个人决定”。按照以上三种来源，应用伦理学的研究对象包括两类，“一是在公共领域引起道德争论的特定个人或群体的行为，二是特定时期的制度和公共政策的伦理维度”。相应地，在工程实践活动中面临伦理问题的对象范围非常广泛，不仅包括工程师，还包括科学家等其他设计和建造者，以及投资人、决策人、管理者甚至使用者等工程实践主体。同时，不仅是个体，工程组织的伦理规范和伦理准则等也面临伦理问题。工程的社会实践性决定其与所处的时代和社会制度等具体情境存在密切关联，不同时期的同一类工程实践也会呈现出不同的特点和道德价值取向。例如，“9·11”之后，大部分美国公民一度支持针对个人信息的监控工程，但随着利用网络技术可能大范围地侵犯公民的隐私权，大部分的美国公民则对此类的信息监控工程持怀疑或反对态度。因此，伦理规范和伦理准则具有时代性和局限性。同时，其自身在形成之初也并不完备，同样会面临伦理问题，需要不断地修正和完善。

2. 何时出现工程伦理问题

根据工程伦理问题的对象，可将工程伦理问题大体分为以下几种情况：

（1）因伦理意识缺失或者对行为后果估计不足导致的问题，如在工程设计、决策过程中，未考虑到某些环节会对环境或其他人群造成不良影响。

（2）因工程相关的各方利益冲突所造成的伦理困境，如经济效益与环境保护之间、数据共享与个人隐私之间的冲突等，特别是工程的投资方的利益诉求与公众的安全、健康和福祉存在严重冲突。

（3）工程共同体内部意见不合，或者工程共同体的伦理准则与规范等与其他伦理原则之间不一致导致的问题，如棱镜门事件中斯诺登、美国联邦政府对侵犯公众隐私权的伦理判断存在很大冲突，或者工程管理者对成本和时间的要求明显超出了安全施工的界限，就会造成工程师及其他实践主体的伦理问题。

由此可见，工程伦理问题的对象和表现形式具有多样性和复杂性，尤其是伦理问题往往伴随着伦理困境和利益冲突，因此，处理工程实践中的伦理问题首先需要借助一些基本伦理原则。

2.4.2 处理工程伦理问题的基本原则

伦理原则指的是处理人与人、人与社会、社会与社会利益关系的伦理准则。从不同的伦理学思想出发，人们对什么是合乎道德的行为有不同的认识，对应该遵循的伦理原则也有不同的态度。但总体上看，工程伦理要“将公众的安全、健康和福祉放在首位”。由此出发，从处理工程与人、社会和自然的关系三个层面看，处理工程中伦理问题要坚持以下三个基本原则：

1. 人道主义——处理工程与人关系的基本原则

人道主义提倡关怀和尊重，主张人格平等，以人为本。它包括两条主要的基本原则，即自主原则和不伤害原则。其中，自主原则指的是所有的人享有平等的价值和普遍尊严，人应该有权决定自己的最佳利益。实现自主原则的必要条件有两点：一是保护隐私，这一点是与互联网、信息相关的工程需遵从的基本原则；二是知情同意，这点在医学工程和计算机工程中被广泛运用。此外，不伤害原则指的是人人具有生存权，工程应该尊重生命，尽可能避免给他人造成伤害。这是道德标准的底线原则，无论何种工程都强调“安全第一”，即必须保证人的健康与人身安全。

2. 社会公正——处理工程与社会关系的基本原则

社会公正原则用以协调和处理工程与社会各个群体之间的关系，其建立在社会正义的基础之上，是一种群体的人道主义，即要尽可能公正与平等，尊重和保障每一个人的生存权、发展权、财产权和隐私权等。这里的平等既包括财富的平等，也包括权利和机会的平等。具体到工程领域，社会公正体现为在工程的设计与建造过程中需兼顾强势群体与弱势群体、主流文化与边缘文化、受益者与利益受损者、直接利益相关者与间接利益相关者等各方利益。同时，不仅要注重不同群体间资源与经济利益分配上的公平公正，还要兼顾工程对不同群体的身心健康、未来发展、个人隐私等其他方面所产生的影响。

3. 人与自然和谐发展——处理工程与自然关系的基本原则

自然是人类赖以生存的物质基础，人与自然的和谐发展是处理工程伦理问题的重要原则，这种和谐发展不仅意味着在具体的工程实践中注重环保、尽量减少对环境的破坏，同时还意味着对待自然方式的转变，即自然不再是机械自然观视域下的被支配客体与对象，而是具有自身发展规律和利益诉求。人类的工程实践必须遵从规律。这种规律又包含两大类：一类是自然规律，例如物理定律、化学定律等。这些规律具有相对确定的因果性，例如建筑不符合力学原理就会坍塌，化工厂排污处理不得当就会污染环境。另一类是自然的生态规律。相比自然规律，生态规律具有长期性和复杂性，例如大型水利工程、垃圾填埋场对水系生态系统和土壤生态系统的影响和可能破坏，往往需要多年才得以显现；与此同时，对自然环境和生态系统的破坏影响更为深远，后果也更难以挽回。因此，人与自然和谐发展需要工程的决策者、设计者、实施者以及使用者都要了解和尊重自然的内在发展规律，不仅要重视自然规律，更要重视生态规律。

以上三点是在作为整体的工程实践活动中处理工程伦理问题的基本原则。为规范人们的工程行为，结合不同种类的工程实践活动，如水利、能源、信息、医疗等工程领域的实践活动形成了相对独立的行为伦理准则。这些行为准则建立在工程伦理基本原则的基础上，兼顾了不同伦理思想和其他社会伦理原则的合理之处，结合具体实践的情境和要求制定。

2.4.3 应对工程伦理问题的基本思路

不论哪种伦理学思想或伦理原则，都不能够完全解决我们在实践中面对的伦理问题。如前所述，当利益冲突、责任冲突和价值冲突导致工程实践的伦理困境时，行为者的实践智慧一方面要诉诸遵循社会伦理和公序良俗，另一方面要将工程行业的伦理规范与个人美德结合——通过自我反思而达到对伦理规范的更新认识，并以现实的行动实践这种认识。这样，才能在复杂的、充满风险的工程伦理困境中寻求应对之法，进而真正实现工程实践“最大善”的伦理追求。

在不同工程领域以及不同地区的工程共同体，都在实践中不断探索应对工程伦理问题的方法。一般来说，在面对具体的工程伦理问题时，可通过图 2–2 所述步骤应对和解决所面临的工程伦理问题。

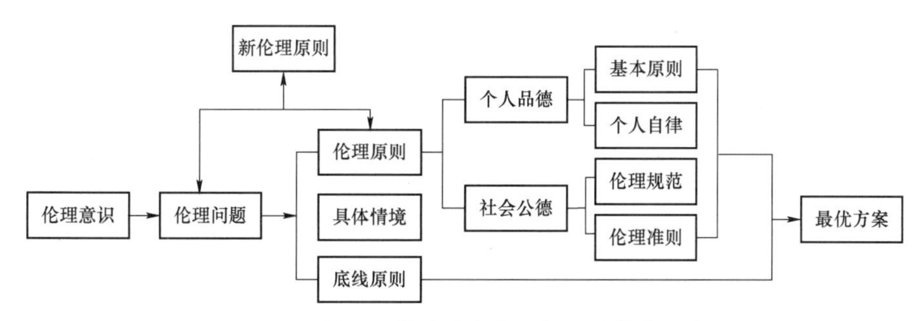

图 2–2 处理工程实践中伦理问题的基本思路

具体可分为五个方面：

（1）培养工程实践主体的伦理意识。伦理意识是解决伦理问题的第一步，许多伦理问题是由于实践主体缺乏必要的伦理意识造成的，特别是当一些工程决策者和管理者缺乏伦理意识之时，还会给工程师等其他群体造成伦理困境，因此，不仅是工程师需要培养伦理意识，其他实践主体也需要培养伦理意识。

（2）利用伦理原则、底线原则与相关具体情境相结合的方式化解工程实践中的伦理问题。其中，伦理原则包括本节第二部分中提到的处理伦理问题的三个基本准则，以及与工程相关的道德价值包含的几个方面，即个人的伦理和道德自律、工程共同体的伦理规范与伦理准则等。底线原则主要是指伦理原则中处于基础性、需要放在首位遵守的原则，例如安全、忠诚等，当发生难以解决的冲突和矛盾时，底线原则作为必须遵守的原则发挥作用；具体情境是指工程实践发生的相关背景和条件的组合，包括工程涉及的特殊的自然和社会环境，要实现的具体目标，关联到的具体利益群体，也包括不同类型的工程所特有的行为准则和规范。对不同的工程领域，具体情境都有较大差异，具体见本书其他各章的论述。解决伦理问题需要综合考虑以上几个相关方面。

（3）遇到难以抉择的伦理问题时，需多方听取意见。可采用相关领域专家座谈、利益相关群体调查、工程共同体内部协商的方式，听取多方意见，综合决策。

（4）根据工程实践中遇到的伦理问题及时修正相关伦理准则和规范。如前文所述，伦理准则和规范在形成之初并不完备，需要在具体实践中不断修正和完善。因此，需根据工程实践中遇到的伦理问题，及时修正伦理准则和规范自身存在的问题，以便其更好地指导工程活动。

（5）逐步建立遵守工程伦理准则的相关保障制度。目前，已经形成关于工程的行业规范、工程师行为规范等伦理准则，然而，对于遵守相关准则的保障制度仍然并不完备。由此，当工程师等实践主体在面临雇主要求和伦理准则发生矛盾之时，难以有效维护自身权益。因此，应该逐步探索和建立遵守工程伦理准则所需的相关保障制度，促进工程伦理问题处理的制度化。

以上是处理工程伦理问题的基本思路。工程实践活动具有多样性、风险性和复杂性，同时，不同的伦理思想会产生不同的伦理价值诉求，并不存在统一的、普遍适用的伦理准则。相应地，具体实践中面对的伦理选择也是复杂多样的，常常会面临诸如“电车难题”的伦理困境，因此，在面对具体的伦理问题时，需要实践主体结合各类工程不同的特点与要求，选择恰当的伦理原则并进行权宜、变通，相对合理地化解伦理问题。

思考与讨论

1. 工程实践中为什么会出现伦理问题？
2. 如何处理可能遇到的工程伦理问题？
3. 结合不同的伦理立场，思考工程伦理与工程师伦理之间有什么联系和区别。
4. 结合本章厦门 PX 项目案例，思考工程实践中可能出现哪些伦理问题。

第3章
工程伦理困境及其解决方法

3.1 工程伦理的困境

3.1.1 工程伦理困境产生的原因

1. 工程师的伦理困境

困境，又称两难，是人类在面临伦理选择时的一种特殊情形，实质是要人们在两个有价值的东西之间进行一种非此即彼的取舍。然而，人类要在善与恶、善与非善之间做出选择，并不会存在理智上的困惑。但还有一种特殊的情况，即在两个善之间选择一个而舍弃另一个，这就会使人陷入伦理困境。之所以称为困境，是因为此善和彼善的选择总会让人左右为难。温州动车事故，不是一起简单的工程事故，而是一场“人为”的事故。其实，在事故发生前的每个环节，每一个人都能够尽职尽责以避免事故发生，但是却没有人这样做，也没有人考虑到可能产生的后果。事实上，随着工程师所掌握技术能力的增强，工程师所承担的责任也不断扩大，从最初的对个人负责、对公司负责发展到对公众、对社会负责，伴随着这种扩展，他们也面临着更多的责任困境。

（1）责任主体的集体化。现代科学技术的迅猛发展导致现代工程项目都是大型的、复杂的非线性系统，专业化日益加强，劳动分工不断细化，相当数量规模的个体交织在一起，其人员之庞杂、分工之细致，个体的责任承担很难确定。

偏差的常规化是导致事故发生的另一个重要因素。每一起工程事故，不论大小都有很多人牵涉其中，需要为之负责。每项大型工程都存在众多工程师的分工与合作，工程师可能只关心自己负责的领域，无暇修正那些可能导致偏差的设计，忽略了部分给整体带来的影响，他们有意无意地接受偏差，这种过程都有可能导致灾难的发生。

（2）角色与义务冲突。角色与义务冲突引发的伦理困境是指每个社会人在社会实践中可能会同时扮演多个不同的角色，而这些角色的义务有时是相互冲突的，这时候便会引发伦理困境。工程师也是一样，对雇主忠诚，是工程师的一项基本的伦理准则。超过90%的工程师是雇员，在工程实践中，工程师与管理者的观点常常会发生冲突，他们既要对管理者负责，也要对职业负责。绝大部分工程师都想成为既关心公司经济利益，又无异议地执行上级命令的“忠诚的代理人”。但工程师的职业伦理准则要求他们必须将公众的安全、健康和福祉放在首位，必须坚持高标准的质量和安全要求。这时候，如果为了少数人的利益选择对雇主忠诚，而牺牲绝大多数人的利益，显然是有违工程伦理准则的。

相比较而言，工程师在做决策时，往往更多考虑的是工程师的伦理规范和标准，而管理者更侧重于企业的利益。工程师成为企业雇员后，当企业利益与公众利益相冲突的时候，工程师就会面临对企业忠诚还是对公众负责的伦理选择问题。这时，工程师往往会陷入两难的困境：一方面，工程师作为企业的雇员，应该对雇主忠诚，尽心尽职尽责地为企业获取利益；另一方面，雇主为了最大限度地获取经济利益，可能会以损害公众利益为代价，工程师对社会的义务又要求他们努力将公众的安全、健康、福祉放在首位。这时候工程师便会陷入不同角色的义务冲突之中。

（3）利益冲突与价值选择。工程伦理侧重于讨论如何正确、公正地处理工程中的各种利益关系，包括工程师与雇主、同事、下属间的利益关系，工程师自身与工程项目的利益关系，以及工程与自然的关系等。从工程师实践看，工程活动涉及社会生活的各个方面，工程中的相关人员在设计、决策、施工、管理等阶段都要和社会上的各种人打交道，随时存在着“利”与“义”的两难抉择，难免被社会上的某些不良环境所诱惑。能否恪守工程师的职业道德，不做违背工程伦理的事情，积极主动地防范工程风险，这是对工程技术从业人员的严峻考验。

工程师掌握专业技术知识，在工程建设行业具有举足轻重的地位和权力。一方面，作为一个普通人，工程师有追求自身利益的权力；另一方面，作为公司雇员，工程师具有坚持自己职业良心的基本权力、出于良心的拒绝权力以及职业认同的权力。在当今的市场经济中，工程活动中的“利己原则”与伦理道德中的“利他原则”已经产生了激烈的利益冲突。利益冲突指的是雇员有一种利益，如果追求这种利益，可能使他们不能满足其对雇主的义务。利益冲突可能体现为无数种方式，最普遍的情况可以概括为贿赂、回扣等。贿赂是指为了谋取不正当利益，给予他人相当数额的金钱或物品，其目的是排斥竞争对手，从而实现不正当交易。在美国全国职业工程师协会工程伦理准则中明确指出，工程师不得直接或间接接受来自他人的有价报酬，应该作为诚信的代理人为雇主或客户服务，避免利益冲突。

在工程实施过程中显现的伦理问题更是备受关注，现场施工、监理工程师和技术人员最有可能直接面对工程设计中的伦理问题。如现场工程师在施工中随意变更设计方案；现场施工人员偷工减料、违规操作、野蛮施工；工程监理人员甚至当地行政部门工作人员玩忽职守，凭兴致随意不合理地压缩工期，对管理混乱的现象视而不见，与工程承包商存在钱权交易、贪污腐败等问题。现阶段，工程转包的现象对工程质量有着重大影响，层层转包过程中每一层级为了谋取利益都要进行压价，最后留给施工单位的利润极为有限，为了营利，施工单位往往不按国家和行业规范施工，甚至擅自更改设计，施工材料以次充好，为工程质量埋下严重隐患。

2. 工程伦理的教育困境

随着中国制造、中国创造和中国建造的不断深入推进，我国工程建设的规模大小、工程覆盖的行业数量、工程涉及的人数多少都达到了空前的规模，而我国的工程伦理教育却一直处于被忽视的状态。加强工程伦理教育，塑造高素质工程技术人员势在必行。高校作为工程教育的主力，担负着工程伦理教育的重任。然而，全国高校中仅有少数几所开设了工程伦理相关课程，其中，对工程类学生的人文教育，只开设了质量不高的选修课。

在我国，无论是培养未来工程师的高校，还是从事工程建设的企业，都把专业技能作为工程师考核的唯一指标，忽视了对工程师的职业道德教育。当前我国工程事故频繁发生，道德的缺失与人为的责任是导致工程事故的主要原因，与工程师职业道德有很大关系。

（1）忽视了工程伦理学的跨学科性。工程活动虽然是一项相对独立的社会活动，但工程活动的结构和功能要与经济、文化、社会、生态的结构与功能相协调。随着学科发展的日渐专业化，学科的交叉性与综合性也越来越明显。工程伦理是基于科技和人文教育的学科，往往要解决来自不同领域的各种问题，更需要以其他学科为基础进行研究。作为理工与人文两大领域交叉融合的新学科，工程伦理问题本质上是跨学科问题。

随着科学技术的发展，“重理轻文”的思想导致人们对科学技术的重视程度越来越高，而忽视了对人文学科的教育。然而，科技与人文教育是密不可分的，二者相互渗透，缺一不可。科学与技术为人们提供认识和改造世界的知识，而人文学科则为人们提供认识和改造世界的法则和思想方法。工程伦理教育在社会上得不到普遍认同，工程伦理的研究与实践就难以得到发展，公众的工程伦理意识直接影响和制约着工程伦理教育的发展。由于我国工程教育过于注重专业化教育，导致现有的教学停留在技术层面，而忽视了伦理层面的教育，工科学生只致力于自己所学的专业技术知识，缺乏人文与社会学科知识的熏陶和学习，从而在面对复杂伦理困境时，难以做出正确的抉择。现行的教育模式未能反映学科的交叉综合特点，造成学生视野狭隘，缺乏解决问题的能力。

（2）工程伦理教育理论与实践脱节。在高校从事工程伦理学教育的教师一般是哲学、伦理学的教师，他们对伦理理论非常专业，但通常都缺乏工程实践的经验。在教学模式上，一般采用教师在课堂上讲述理论知识和概念的方式，很少将伦理理论与工程实践相结合，也没有引入与现实紧密相关的内容，更是没有将工程案例引入课堂进行分析、启发，课程设计的内容无法体现出工程伦理教育的特殊性。工程伦理教育并不只是理论知识的教育，而是需要通过能力提升来解决实际问题。在教学过程中，仅通过理论讲授的形式来传授知识要点，缺少实践环节的培养，不能激发学生的创新能力，帮助他们独立思考、解决问题，因此需要注重引入案例教学、角色扮演、辩论赛等新的教学表现形式。除了在高校教育中出现了理论与实践的脱节问题，在实际生活中，工程从业人员素质提高的速度跟不上工程规模和质量发展的要求，这提醒我们不得不重视工程从业人员的素质问题。

3. 公众信任缺失的困境

随着城市规模的扩大和人口的快速增长，人类道德与信任感的建设越来越跟不上社会经济建设的步伐，我们努力建设富强、民主、文明、和谐的社会，努力建立和谐的社会关系，却偏偏在这样的建设过程中忽略了人与人相处最重要的信任。

为什么公众普遍对工程质量存在质疑？首先，因为公众关注的肯定是出问题的那一部分工程。以桥梁工程为例，即使桥梁垮塌事故发生的概率只有万分之一，在庞大的工程建设基数面前事故发生的数量规模也仍然大得让人无法接受。换句话来说，重大工程的质量事故类似于航空事故，无论发生在哪里，无论事故的影响有多大，社会都是零容忍的。因此，即使有 99.99%的工程质量是“合格”的甚至是“优质”的，即使只有很少一部分工程出现质量事故，也很容易给人们造成“工程基础设施建设质量不佳”的印象。其次，工程质量如果严格对照标准规范和设计文件，仍然有不少工程不能完全达到要求。比如，设计单位在设计时考虑施工阶段会被“缩水”，留有相当的余量，而施工单位也常常偷工减料；反过来，因为设计环节的保守，又给下游的各环节留下了“缩水”的空间。各个环节都按自己的经验和预测去调整，最后就很容易出现质量问题。

人为因素导致的工程质量问题及其引发的工程事故也时不时地发生，工程质量已经不单单是技术层面的问题，更是社会层面的问题。从理论上讲，当前对工程质量的监督可谓是全方位的监管，可在实际工作中，有些质监部门往往在工程的监督管理上缺乏有力的机制，只从自身利益出发，造成监管的缺位，从而使不符合质量标准的工程成了漏网之鱼。

3.1.2 工程伦理困境的出路

1. 倡导公众参与和技术评估

“道德悖论”是道德原则与道德价值实现的行为选择相冲突的结果。“道德悖论”如何消解？从道德行为的角度看，加强公众参与，让公众参与到工程的决策中来，并通过协商、讨论的方式，将个体的行为选择上升为一种普遍的社会行为模式。现代工程技术改变了传统工程对人类活动的影响，给人类带来了从未体验过的一切，但遗憾的是，它并不能解决伦理问题。美国著名技术哲学家卡尔·米切姆指出：“考虑工程的伦理问题不再只是专家们的事情，而是这个时代所有人的事情。”因此，公众参与就显得尤为重要。

现代工程技术在给人们带来大量物质财富的同时，也给人类带来一系列负面效应。公众有权参与工程决策，来维护自身的利益。公众对政府活动的积极参与、形成良好的互动合作关系，将有助于决策者更有效地发现问题、准确界定决策目标，这是有效决策的基础。公众参与还有助于决策者广泛征询公众意见，获取全面、有效信息，以作为制定决策方案的依据。公众参与和技术评估作为工程决策过程中的重要环节，是工程师摆脱责任困境的有效途径。

（1）让公众参与工程决策。工程决策是一项极其复杂而艰巨的任务，它要解决的是建造一个什么样的工程、在哪里建造以及如何建造等一系列问题。工程决策需要解决众多伦理问题，比如工程的最终目的是否将造福人类？工程实现的目标是否科学？工程是否有合理的“成本—效益”比？工程是否符合可持续发展的理念？工程是否利于人与环境的和谐共生等。近年来，工程决策问题已经成为工程活动的首要关键问题。

处理工程决策伦理问题的关键在于，谁将参与决策和如何进行决策，这两个问题直接决定了工程决策结果的好坏。一个好的工程决策，不应只考虑经济与技术的可行性。工程技术和管理人员虽然是决策的主要力量，但也不应忽视公众的意见。由于社会公众和工程师的视角不同，利益偏好也不一样，在工程决策之前应当将工程的目标、设计思路、技术可行性、可能存在的问题和困难等客观、如实地公开，并鼓励社会公众提出不同的意见。这有利于决策者从不同角度深入思考决策方案，获取更为全面的信息，更能有效地发现问题，进而促进工程设计方案的改进，甚至有可能避免错误方案的执行。公众参与有助于促进工程决策的科学化和民主化，最大限度地实现公共利益。2015 年 1 月，武汉市国土资源和规划局推出国内首个“众规”平台——“众规武汉”，在全国率先开展了公众规划的探索，采用“众智众筹”

创新规划编制方式，以解决规划编制管理中存在的实际问题为目标。这些“众筹”的市民方案征集完成后，规划部门将对这些规划意见进行大数据分析，结合大多数市民的意见并综合专家们的意见，形成最终规划并公布后实施。武汉市国土资源和规划局相关人士称：“市民的意见将成为最终实施规划的重要参考和依据。”

（2）进行全面的工程技术评估。技术评估是解决工程师责任困境的又一途径。在技术应用之前对其可能带来的风险进行预测和评估，然后做出相应对策，从而避免不良后果的出现，这样，工程师也就能避免受到公众的伦理职责困扰，摆脱责任困境。技术评估是一种事前思维，是在决策阶段对已完成的某个设计方案进行全面的、综合性的、带预见性的评价，预测其实施效果，尤其是“派生效果”和“长期效果”，并把这种带预见性的对预测的“事后效果”的评价作为事前决策的依据。因此，确切地说，技术评估是“事前”对“事后”进行“先思”的思维。技术评估是为了避免风险，为了安全，这就要求工程师遵循考虑周全的伦理原则。考虑周全是指工程师在工程设计与工程实施中尽可能多地考虑更多现实因素，确保工程安全，它是一种更为理想的工程设计伦理原则。在工程设计中除了考虑技术因素，一些非技术因素，如环境、社会背景、利益相关者等也应被纳入考虑的范围。工程设计中包含着无法仅由知识化的技术系统替代的人文内涵。现实情况是善变的，人类的活动是自由的，这些都可能使理论设计同现实结合后并不能表现为最佳，很多重大的工程事故都是由于设计中考虑不周造成的。因此在对工程进行技术评估中，工程师应尽可能考虑周全，以避免由于设计上的缺憾而使自己陷入两难境地。

工程技术评估涵盖了技术的可行性和完整性两个方面，二者相辅相成，相互影响。在考虑工程的技术评估时，必须同时综合考虑这两个方面。

青藏铁路的修建最初是孙中山先生的一个梦想。然而，直到 1954 年，青藏公路全线通车，毛泽东主席任命王震为铁道兵司令员，才开始了这一艰巨的任务。当时的中国面临着诸多挑战，资源匮乏，战士们在恶劣的环境下艰苦奋斗，但他们坚信要将铁路修到喜马拉雅山脚下。然而，到了 1961 年，由于国力和技术水平不足，铁路建设被迫中止。

尽管如此，中国不断发展壮大，新中国的领导人始终关注着这条铁路。1974 年，沉寂了 13 年的青藏铁路重新被提上议程，科技人员攻克着高原的各种技术难关。然而，到了 1978 年，铁路再次因技术问题被迫停建。

随着时间的推移，中国无论在经济实力还是科技实力上都有了巨大的发展。一代又一代铁路人不懈努力，终于克服了在青藏高原修建铁路的种种技术难题，2006 年青藏铁路正式通车。

（3）建立有效的对话机制。工程伦理学中的“对话”，侧重于从工程实践整体上，促进相关共同体之间的相互理解，使各共同体之间的利益矛盾得以解决。工程伦理学的对话，包括职业层面和舆论层面两种模式。

围绕工程师职业实践开展的对话即为职业层面的对话，关键在于工程共同体与公众之间的对话。比如，围绕水利工程的建设而开展的与工程建设有直接利益关系的工程师、管理者以及当地居民之间的对话。职业层面的对话通常围绕经济利益与公众利益展开，在大多数情况下，工程项目都是以获取经济利益为目的，管理者为了获取经济利益往往会做出侵害公众利益的决策。而“公众”在这里又包含两种情况：一种是会直接被工程活动所影响，即工程活动的受益者或受害者；另一种是可能受到工程活动“潜在”影响的社会大众。在这种复杂的情况下，有效的对话机制有利于决策者准确获得所需信息，在管理者的经济利益与公众利益之间寻求一种平衡，只有这样，工程伦理的对话才具有实践的有效性。

舆论层面的对话，指围绕工程实践的社会伦理后果，媒体人员、社会评论家等一系列“社会公众”与工程共同体的商谈对话。它的目的在于建立一个公众、工程共同体以及其他利益相关者的对话平台。其参与者从原来的直接或间接受工程影响的公众，扩展到整个社会层面的公众。这些“社会公众”能够超越自己专业的限制，通过各种渠道主动关注工程技术，他们更能理解工程实践对公众利益的影响。政府公信力的缺失，恰恰表明了政府与民众缺乏沟通。要实现政府与民众的相互信任，就要确保自身决策内容的公开透明和信息的充分流动，这样才有利于政府构建与公众相互沟通的桥梁，进而促使政府做出正确的决策。因此，公众参与对话一定要建立在一个有效的对话机制上，尤其是要将舆论层面的对话与制度层面的对话相结合。只有适度有效的沟通，才能使决策者了解公众的真实诉求。除了与公众的对话，工程师也需要足够的话语权来解决与雇主之间的冲突，雇主需要鼓励不同观点的表达，提供一种使雇员们都能自由表达自己观点的氛围。

2. 加强工程伦理教育

为摆脱工程师的伦理困境，美国著名技术哲学家卡尔·米切姆提出了公众参与和技术评估的有效途径，即建立一个公众、技术专家、伦理学家的共同体对问题进行思考。这就需要提升公众的工程伦理水平，开展工程伦理教育。工程伦理教育包括正规教育与非正规教育。正规教育指的是纳入正规教育体系中的，对政府、企业和高校进行的伦理教育。非正规教育包括舆论宣传、政策引导、法律约束、文化熏陶等。工科院校是培养科技人才的摇篮，我国的工科院校应率先把工程伦理的相关课程作为工科大学生的必修课程，对学生进行系统的工程伦理教育，使他们能在未来的工作中具备强烈的责任感和伦理道德意识。开展工程伦理学教学首先要领导重视，从体制上加以支持。除了工科学生，在职的工程师也应该不断加强自身修养，不论是工程技术的学习，还是工程伦理的学习。

（1）加强工程伦理教育需要国家政策支持。工程伦理学是新兴的交叉学科，如果没有体制上的支持是很难维持的。从世界范围来看，ABET、日本技术人员教育评估组织（JABEE）以及全欧工程师学会（FEANI）都严格制定了工科大学生的培养目标。早在 20 世纪 70 年代，美国的工程伦理学就伴随着经济伦理学与企业伦理学而产生了，经过 10 余年的发展，已经形成了比较健全的科学体系。而工程伦理学也是美国大学的必修课，一所院校只有将工程伦理学纳入规划中，才能通过 ABET 的认证。其他国家，如德国、日本、法国的工程专业组织都有专门的伦理规范，在工程伦理学的研究方面取得了显著的成果。

我国应该借鉴发达国家的经验，将工程师的职业道德教育摆在与专业技术同等重要的位置，鼓励更多大学开设工程伦理教育的相关课程，课程体系的建立也应当注重学科的交叉性，在工科学生的专业课和公共课中加入工程伦理内容。无论是文科生还是理科生，都需要从理论上学习，提高对工程师职业道德的认识。

（2）在实践中增强工程伦理教育。工程必然涉及风险，工程的风险意味着它可能产生预料之外的负面效应。传统的培训都是重理论轻实践，这与工程师的职业要求不相符。学科发展的综合化不仅是学科本身的发展需要，也是培养具有丰富创造力的优秀人才的需要。因此工程师需要拓宽对该学科的广泛认识，在实践中提高自己的预见性以便规避工程风险。

在工程伦理的教学中，不仅要传授给学生工程伦理的理论知识，强调工程伦理准则，更要将工程案例与理论知识相结合，分析工程实践中可能面临的风险，具体讲解工程实践中可能遇到的问题。教会学生在面对复杂情况时，根据工程伦理学的有关理论观点对实际问题进行分析，进而做出正确的判断。再结合实际活动把学习成果落实到实际行动中去。学校要努力为学生创造条件，将工科学生置身于现实环境中，给予他们亲自参与工程设计、工程管理等工程活动的实践机会，切实提高工科学生的实际工作能力，培养他们的工程伦理意识和社会责任感，并在实践过程中认识工程活动对人类生活、对社会发展的重要影响。

工程师也要学会从错误中学习，事故能告诉我们如何把事情做得更好，事故会帮助我们成长。动车事故不仅反映了铁道部片面追求发展速度、忽视安全方面的问题，还反映了不规范的市场行为以及不规范的市场，必然导致事故的发生。事故警示我们必须尊重事物发展的客观规律，急于求成地寻求发展，必然导致灾难的发生。近些年接连发生的大桥坍塌事件集中反映了建筑施工过程中的质量问题，严重违反了工程建设质量标准，反映了现场把关不严、管理混乱，安全监管的不到位。严重的安全隐患也给工程师敲响警钟，加强工程伦理教育、强化工程教育精神、加强工程监督、提升工程安全品质等，迫在眉睫。

（3）强化安全管理和职工教育培训。“一个工程建得不好，也许是道德出错，也许是能力不足。如果‘道德水平’不够高，便算不上一名合格的工程师。”中国工程院院士沈国舫曾经这样说过。目前，我国工程技术人员数量庞大，但整体质量还不够高，技术水平相比国外也有很大差距，进一步提升工程从业人员的业务水平非常有必要。工程师除了要具备丰富的理论知识、扎实的实际操作能力、过硬的技术水平，更要在思想品德上严格要求，自觉加强道德修养，提高自己的整体素质和职业操守。

在当前工程环境下，新技术、新工艺、新材料、新设备层出不穷，学习新知识、掌握新技术势在必行。要做一名优秀的工程师，就要在熟悉和掌握原有知识及技术的基础上，不断学习和掌握工程领域相关学科的新知识。然而，仅仅提高技术层面的知识是远远不够的，良好的谈吐、得体的举止，以及不卑不亢的处事风格也是必不可少的。也只有这样，才能处理好与同事、上级、业主等方面的关系。无论处理哪些工作，最重要的是了解和掌握工程师工作的重点，在遇到问题时，及时上报上级领导并进行沟通，妥善解决好问题。除此之外，我们还要建立更为完善的工程师培训上岗制度，建立相对稳定的专业化队伍，以改变目前多数从业人员临时聘用和未经正规系统培训的现状。因此，加大职业道德教育力度，加强工程师的道德修养更成了必然选择。

案例：甬温线高铁事故

2011 年 7 月 23 日 20 时 30 分 05 秒，甬温线浙江省温州市境内，由北京南站开往福州站的 D301 次列车与杭州站开往福州南站的 D3115 次列车发生动车组列车追尾事故（图 3－1）。

此次事故共有6节车厢脱轨、40人死亡、172人受伤，中断行车32小时35分，直接经济损失19 371.65万元。甬温线特别重大铁路交通事故是一起因列控中心设备存在严重设计缺陷、上道使用审查把关不严、雷击导致设备故障后应急处置不力等因素造成的责任事故。

图3–1　甬温线高铁事故

甬温线高铁事故发生后，人们对技术层面上的怀疑转向了对技术与管理层面上的安全性的质疑。运行40多年的日本新干线缔造了“零死亡”的安全神话，这主要归功于其配套的安全保障设施与安全意识的教育。不论是日本，还是其他高速铁路发展更成熟的国家，其技术法规及标准体系特别注重经济性和可持续发展性，尤其要把安全性作为首要准则。在完善我国高速铁路技术法规及标准体系中借鉴他国经验，在重视发展高铁技术的同时，更加重视安全规则的制定和安全监管。日本铁路技术法规不仅包含原则性条款，在公司制定的执行标准中也做了细节上的规定，有利于促进铁路公司改进技术、提高服务。在吸收和借鉴其他国家高速铁路发展经验的同时，我们也应当做好消化、吸收、再创新的工作，尽快建立健全完善的高速铁路技术、管理标准体系和各项规章制度体系。要进一步梳理修订《铁路技术管理规程》《铁路运输调度规则》《高速铁路调度暂行规则》等基础性规章及一系列涉及行车组织的文件纪要。针对可能发生的突发事故，应该提前制定防范措施，全面分析故障及其后果，采取更加及时有效的处置措施。

3.2　工程伦理困境的解决方法

3.2.1　争议点分析方法

伦理困境的争议点分析方法是指在彻底了解和分析问题所涉及的所有争议点基础上，梳理出伦理问题分析的框架，从而找出伦理困境的解决方法。伦理问题所涉及的争议点可分成事实上的、概念上的与道德上的三种类型。

事实上的争议点是指对案例的实际认知，即事实的真相到底是怎么样的？这个观念似乎简单易懂，但对于特定案例的事实认定往往具有争议。以堕胎的权利为例，目前社会对于事实的清楚认定仍然存有争议。意见最大的分歧处在于：从何时开始起算生命，胎儿在何时起应该受到法律的保护？美国最高法院最初针对堕胎合法的判决意见有分歧，即使是最高法院的大法官也无法对于“事实”达成共识。工程领域中也存在较多的事实争议，比如由于我们不断将温室气体释放到大气层中，全球变暖的温室效应早已是社会大众所关切的议题，二氧化碳、甲烷等温室气体会将热量留滞在大气之中。气候科学家认为，汽车和工厂所排放的废气会增加大气中二氧化碳的浓度，从而造成大气温度上升。这个观点对工程师而言十分重要，因为如果温室效应被证明为一项问题，工程师就必须设计新的产品，或重新改良旧有产品，以符合更严格的环境标准；然而目前科学界对全球变暖的过程仍不十分清楚，对于是否应该降低温室气体的排放，也是仁者见仁，智者见智。假如能够确切地了解温室气体对全球气候变暖的影响程度，工程师在降低温室气体排放这个问题上所扮演的角色就更为清晰。

概念上的争议点与某项行为的意义或其适用性有关，从工程伦理的角度来看，它可能是如何界定收受贿赂或是接受礼物，或是确定哪些资料信息属于商业秘密。在贿赂行为方面，礼物本身及其价值属于事实上的争议点，但是隐晦不明地接受礼物是否会对商业决策造成不公平的影响则属于概念上的争议点的范畴。

在解决了事实上和概念上的争议点后，剩下的便是确定适用哪一项道德原则了。解决道德上的争议点通常比较简单，只要问题明确，就能清楚知道所适用的道德原则，正确的决定也就呼之欲出了。

如果伦理问题所涉及的争议点具有很大的争议性，要如何解决这些争议呢？事实上的争议点通常可以通过调查研究找到事实依据得以解决。虽然对于“事实”所做的认定也不一定能够取得共识，但是总体而言，进一步的调查有助于厘清事实、扩大同意的范围，甚至有时能达到各方对事实的一致共识。要解决概念上的争议点，就必须在行为的意义或其适用性上取得一致意见。有时意见可能不一致，但如同事实上的争议点一样，通过更进一步地分析概念至少能够澄清一些争议点，并有助于达成共识。最后，解决道德上的争议点要在选择适用的道德原则以及应该如何运用上取得共识。

要解决伦理困境难题，通常需要根据上述分析方法，对事实上和概念上的争议点做深入分析，并且在适用的道德原则上取得共识，才能清楚地知道应该如何解决问题。

案例：争议点分析方法的应用

1980 年，美国派瑞丹计算机公司竞标美国社会福利局（SSA）的电脑采购项目。依照招标文件的要求，投标方所采用的系统应该是已经开发并测试完成的。派瑞丹公司当时还没有开发完成这套系统，也从未在拟出售给 SSA 的产品上测试这套系统。前 SSA 员工、现派瑞丹公司商务经理通过游说 SSA 的老领导，成功获取了合同。

这个案例事实上的争议点争议性不大。

概念上的争议点包含：当产品尚处于测试阶段时，就以能提供现货条件来竞标，是属于欺诈，还是属于可以接受的商业行为？派瑞丹公司将自己的商标贴在制造商的商标上，是不是属于欺诈？代表现在的公司向前单位的领导游说，是否会造成利益冲突？这些问题都有争议。事实上，派瑞丹公司宣称这种做法只是单纯的商业行为，并没有犯错。由于利益冲突难以裁定，因此法律才制定了“离职的政府员工在特定的时间内向前主管游说”是违法的行为。

道德争议点包括：说谎是否是可接受的商业行为？如果能让公司取得合约，欺骗是否就无所谓？问题的答案是显而易见的：无论是在工作还是生活上，说谎和欺骗都是不容许的。因此，假如概念上我们判定派瑞丹公司的行为是属于欺骗，那么根据我们的分析，他们的行为便是不合乎伦理的。

3.2.2　画线分析法

画线分析法是沿着不同的事实情况和假设情形画一条线，一端注明“正面典范”，表示这种情形是明确可被伦理所接受的；另一端注明“负面典范”，表示不被伦理所接受。在线的中间列出所考虑的问题和假设情形，相似的情形合并在一起。比较正面的情形就靠近“正面典范”侧放置，相对负面的情形就靠近“负面典范”侧放置。仔细分析这条线，并将所考虑的道德问题摆到适当的位置，这样就能确定问题是比较倾向于“正面典范”还是“负面典范”，即可接受还是不可接受。画线分析法在明确要应用哪些道德原则的情况下非常实用，下面通过两个实例来说明。

1. 化工厂废水排放

假设某化工厂欲将微毒的废水排放到附近的湖泊中，而这个湖泊又是附近居民饮用水的来源，应如何决定这项行为是否可接受呢？

首先需要界定清楚问题，并确定“正面典范”和“负面典范”。

问题：公司提议要将具有轻度危害性的废水排放至附近小镇饮用水源的湖泊中。调查指出，排放到湖泊里的废水，经湖水稀释后的平均浓度大约为 5 ppm，而环境保护局的限制标准是 10 ppm，因此，5 ppm 浓度不致造成健康上的问题，居民也不会察觉到饮用水中化学物质的存在。

正面典范（PP）：镇上居民的水源供应必须干净安全。

负面典范（NP）：化工厂排放有毒的废水到湖中。

首先开始画线，将“正面典范”和“负面典范”分别放置于线的两端，如图 3－2（a）所示。

然后考虑其他可能发生的假设性事件：

（1）公司将含有化学物质的废水排放到湖里，5 ppm 虽然无害，但是镇上的饮用水中会有异味。

（2）镇上的水处理系统能有效地将化学物质去除。

（3）公司将提供一套新的水处理设备给镇上，以去除水中的化学物质。

（4）由纳税人付费采购新的水处理设备，以去除水中的化学物质。

（5）偶尔暴露于化学物质下会让人觉得不适，但是不舒服的持续时间不会超过 1 小时，而且发生概率不高。

（6）在 5 ppm 浓度下，有些人会稍感不适，但不适应的情况不会超过一周，也不会造成长期损害。

（7）可将水处理设备安装在化工厂内部，从而将废水中化学物质浓度降至 1 ppm 甚至更低。

现在重新画线，将上述事例插入适当的位置，如图 3－2（b）所示。

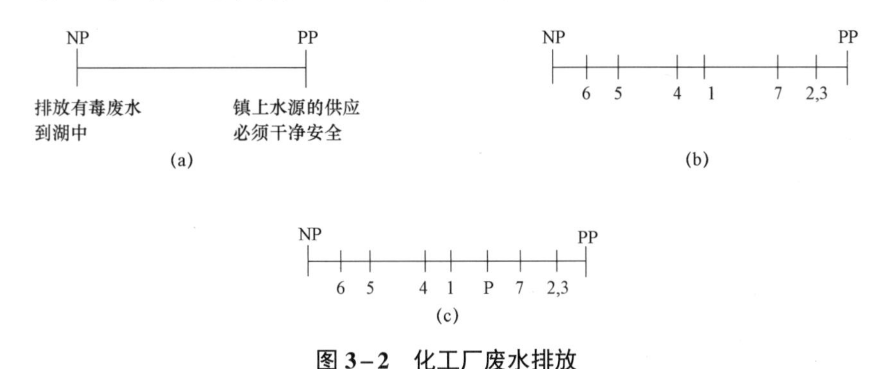

图 3－2　化工厂废水排放

事件设置完成后，我们很清楚地发现现有信息的不足，比如：在本案例中，我们必须知道不同季节湖泊水中污染浓度的变化，以及镇上居民用水的情况；我们还需要知道水中其他所含化学物质与其他污染物相互作用的数据，比如农田杀虫剂进入湖水的量等。此外还需要特别注意的是，在决定每个事件在线上的合适位置时，多少会带有主观因素，因此必须尽量保持客观。

现在以“p”代表问题，并将它插在线上的适当位置。与先前的事例一样，问题在线上的位置也含有主观成分，如图 3－2（c）所示。

这样就能很清楚地知道，排放有毒废水可能会是道德上可接受的选择，因为对人体无害，而且废水浓度也已降到有害的标准以下。不过由于它离“正面典范”还有一定的距离，因此还可采用其他更优的方案，公司也必须深入探讨这些替代方案的可行性。

需要注意的是，尽管这个举动似乎更合乎伦理，但仍有很多因素诸如政治上的观点等，须列入最后决策的考虑因素中。镇上居民中有些人很可能无法接受任何浓度的废水排入湖中，为了维持良好的社区关系，就必须找到更优化的替代方案。公司方面也不希望在废水排放许可权的取得上花费太多时间，以及接受不同政府机关的监督。这个案例说明画线分析法虽然有助于伦理问题的解决，但是如果同时考虑到政治与社区关系时，即使道德上可以接受，但仍然不是一个最好的决定。当然，不道德的决定绝对不会是一个正确的决定。

2. 英特尔奔腾晶片瑕疵事件

1994—1995 年，英特尔发现最新生产的一批奔腾晶片有瑕疵，可能导致部分功能的不正常使用。最初，英特尔公司试图隐瞒消息，然而后来却改变了态度，召回已售出的瑕疵品并为消费者提供了正常的晶片。

同样，我们采用画线分析法对该事件进行分析。首先，在“正面典范”部分写上“产品应具备广告所宣传的功能”，“负面典范”则为“销售有瑕疵且影响消费者权益的产品”，如图 3-3（a）所示。

在这条线上可以加上下列事例：

（1）晶片只有一个，完全察觉不到也不会影响使用功能的瑕疵。

（2）晶片有瑕疵，消费者也知道，但是公司无法提供任何协助。

（3）贴上警示标签，告知消费者不要使用晶片上的某些功能。

（4）召回已经售出的产品，更换所有瑕疵晶片。

（5）当顾客发现问题时才被动更换瑕疵晶片。

那么我们所假设问题“P”是“有一定的瑕疵存在，但是顾客还不知道，且还没发现问题所在”，P 的位置在哪里呢？分析如图 3-3（b）所示。

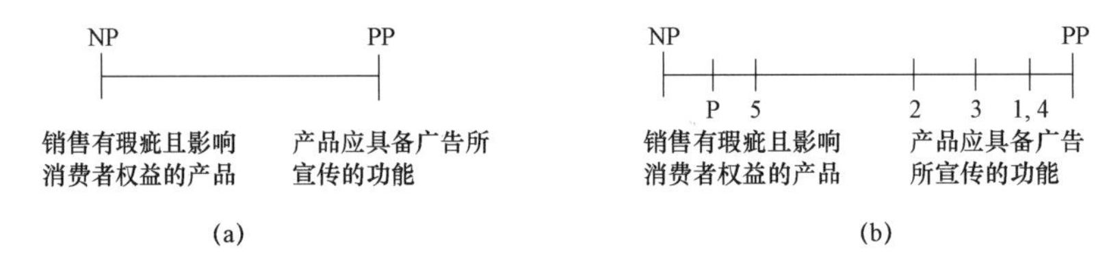

图 3-3　英特尔奔腾晶片瑕疵事件

根据画线分析的结果可见，这种方法不是一个较好的伦理选择。

3.2.3　流程图分析法

面对工程伦理困境时，流程图分析法对复杂案例的分析很有帮助，尤其是在案例面临一系列决策环节，而各个不同决策产生不同的决策结果时极为有效。利用流程图来分析伦理问题的优势在于，它能将可能发生的状况以框图的形式予以呈现，让决策者对每一项决定所可能造成的结果一目了然。

如同画线分析法一样，没有一种单一的流程图能够适用于每一个特定的问题，不同的流程图可以从不同角度来分析伦理问题的不同方面。流程图与画线分析法一样，建立时要尽可能客观真实，否则即使存在很小的错误，也难以得到理想的结果。

案例：印度博帕尔毒气泄漏事故

印度博帕尔灾难是历史上最严重的工业化学事故，影响巨大。

1984 年 12 月 3 日凌晨，印度中部博帕尔市北郊的美国联合碳化物公司印度公司的农药厂，突然传出几声尖利刺耳的汽笛声，紧接着在一声巨响中，一股巨大的气柱冲向天空，形成一个蘑菇状气团，并很快扩散开来。这不是一般的爆炸，而是农药厂发生的严重毒气泄漏事故。

博帕尔农药厂是美国联合碳化物公司于 1969 年在印度博帕尔市建起来的，用于生产西维因、滴灭威等农药。制造这些农药的原料是一种叫作异氰酸甲酯（MIC）的剧毒液体。这种液体很容易挥发，沸点为 39.6 ℃，只要有极少量短时间停留在空气中，就会使人感到眼睛疼痛，若浓度稍大，就会使人窒息。第二次世界大战期间德国法西斯正是用这种毒气杀害了大批关在集中营的犹太人。在博帕尔农药厂，这种令人毛骨悚然的剧毒化合物被冷却贮存在一个地下不锈钢储藏罐里，达 45 吨之多。

12 月 2 日晚，博帕尔农药厂工人发现 MIC 储槽的压力上升，午夜零时 56 分，液态 MIC 以气态从出现漏缝的保安阀中溢出，并迅速向四周扩散。毒气的泄漏犹如打开了潘多拉的魔盒。虽然农药厂在毒气泄漏后几分钟就关闭了设备，但已有 30 吨毒气化作浓重的烟雾以 5 千米/小时的速度迅速弥漫，很快就笼罩了 25 平方公里的地区，数百人在睡梦中就被悄然夺走了生命。

当毒气泄漏的消息传开后，农药厂附近的人们纷纷逃离家园。他们利用各种交通工具向四处奔逃，只希望能走到没有受污染的空气中去。很多人被毒气弄瞎了眼睛，只能一路上摸索着前行。一些人在逃命的途中死去，尸体堆积在路旁。至 1984 年年底，该地区有 2 万多人死亡，20 万人受到波及，附近的 3 000 头牲畜也未能幸免于难。在侥幸逃生的受害者中，孕妇大多流产或产下死婴，有 5 万人可能永久失明或终生残疾，余生将苦日无尽。

我们通过印度博帕尔毒气泄漏事故来说明流程图分析法的分析过程。图 3－4 所示为美国联合碳化物公司决定是否要在印度博帕尔兴建工厂的决策流程图。这一示例主要从安全性的

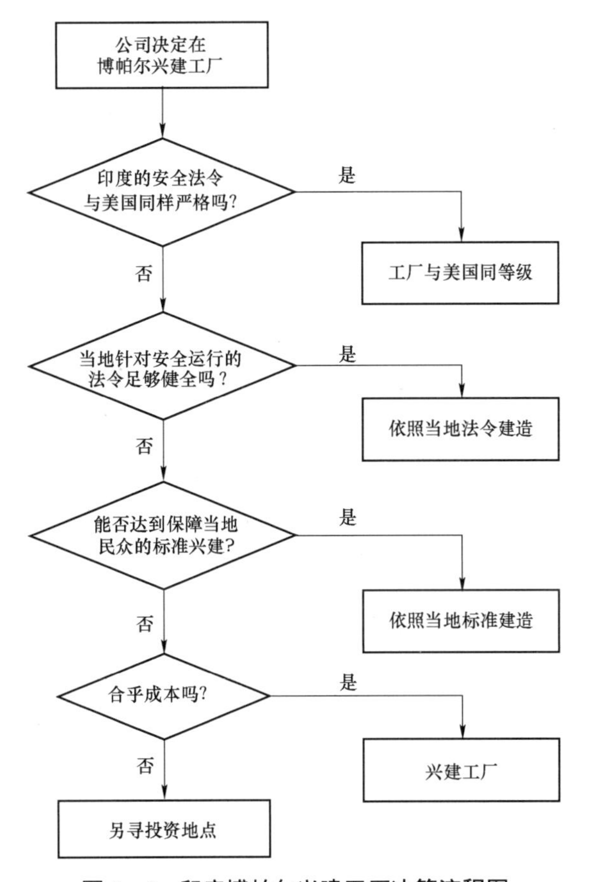

图 3－4　印度博帕尔兴建工厂决策流程图

角度进行分析，比如：当地法令是否与美国同样严格，当地是否有安全运行的有关法令，建设的成本是否合乎要求等。在每个决策的分支点，都有很多条不同的路径可供选择，也必须做出决定后才能进入下一步的决策环节。流程图分析法有助于将每个决定的后果呈现出来，同时显示出合乎伦理与不合乎伦理的决定。当然，实际的流程图应该更大、更复杂，才能涵盖整个案例的各个不同方面。

图 3－5 则给出了印度博帕尔的燃烧塔是否应该进行保养的决策流程图，重点在于考虑当燃烧塔停机保养时，MIC 储槽是否已装满，当燃烧塔停止运转后，其他安全系统能否正常运行，以及这些系统是否有能力解决问题。该流程图可以用来决定燃烧塔是否需要进行保养，或是否可以继续运行。

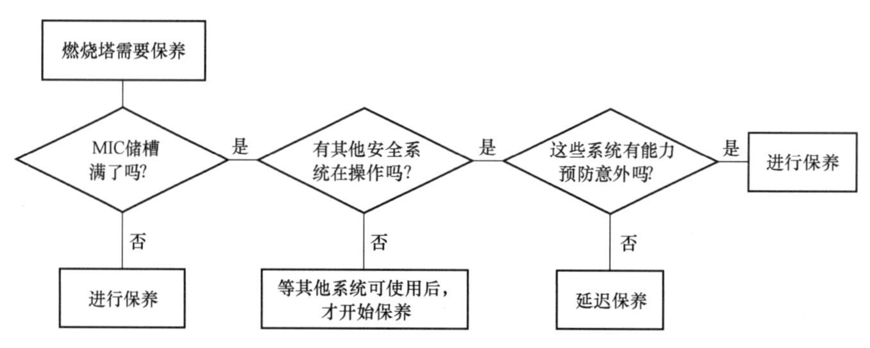

图 3－5　印度博帕尔燃烧塔保养决策流程图

利用流程图分析法来解决伦理问题的秘诀在于，在决定可能发生的结果和状况时，必须要有创意的思考，不要顾忌会导出负面答案甚至终止计划的决定。

3.2.4　选择与思考步骤

台湾地区的《工程伦理手册》中提供了一个评估模型，从是否合法、是否符合群体共识、是否符合个人专业价值，以及进行阳光测试等角度帮助工程技术人员在面对伦理困境时能实现正确评估。采用上述方式时除了需要兼顾个人与群体之间的关系，还要考虑个人专业能力的问题。在四个基本条件中，合法性是伦理底线，是指事件本身是否已经触犯法律法规；符合群体共识则是指审视相关工程技术规范和标准，学会章程和工作规则等，确认事件是否违反群体规则及共识；专业价值判断则是根据自己本身的专业能力及价值取向进行判断，并以诚实、正直的态度审视事件的正当性；最后进行阳光测试，假设事件公之于世，你的决定是否还能够心安理得地接受社会舆论，如果能通过阳光测试，原则上也意味着决策能够得到社会大众的支持。工程伦理问题的抉择可分为八个步骤（图 3－6）。首先收集伦理问题涉及的客观事实，分析伦理问题相应的利害关系人并

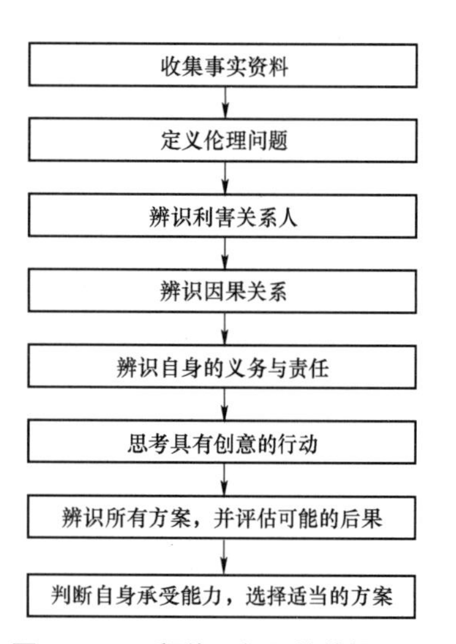

图 3－6　工程伦理问题的抉择步骤

辨识因果关系；其次根据自身的义务和责任来思考伦理的行为，并对各种可能的方案从适应性、合理性、专业价值及阳光测试四个方面进行评估；最后根据自身承受能力，选择最为适当的方案行动。整体而言，本方法提供的是简单而迅速的测试，让工程师或技术人员能够在较短时间内快速判断，做出正确的抉择。工程人员面对伦理困境难题抉择时，若能遵循这八个步骤，从适法性、合理性、专业价值及阳光测试四个角度逐一分析审视，基本上可以找到一个令人满意的解答。

3.2.5　安德信伦理评估模型

安德信伦理评估模型又称亚瑟安德信七步骤分析法，该方法是在美国安德信投资公司于 20 世纪 90 年代为了引导与帮助公司员工处理难以解决的伦理问题的基础上发展出来的。该评估模型实施较为简单有效，共分为七个步骤，如表 3－1 表示。

表 3－1　安德信伦理评估模型的实施步骤

1. 事实是什么	对事实的判断，将事实进行分解并以条目形式加以列举，进一步区分出事件的三种状况： （1）与决定有关或无关的事实； （2）假设与事实的不同； （3）解释与事实的不同
2. 主要关系人有哪些	列举与事件直接有关的关系人； 有时为了厘清案例，也会列举间接关系人
3. 道德问题在哪里	尝试将道德问题用“X 是否应该做 Y 这样的事”这样的语句罗列出来。问题可区分为三种主要类型： （1）是个人问题吗？如：个人的抉择或态度问题； （2）是组织的问题吗？如：公司的制度或政策问题； （3）是社会的问题吗？如：风俗习惯问题
4. 有什么解决方案	面对问题，专业伦理的分析可以给出多种解决方案，至于应该采用哪一种方案，要根据 5、6 两个步骤分析加以判断
5. 有什么道德限制	面对不同的方案，首先应该考虑的是提出的方案是否符合道德要求。有时方案明显违反道德要求，有时方案引出模棱两可的困境。我们可以使用前面章节提到的四个主要伦理原则，即功利论、契约论、义务论、美德论，对案例进行分析
6. 有什么现实条件的约束	除了道德规范的限制，现实条件的约束也是方案需要考虑的问题。有些方案虽然符合道德要求，却不一定能在现实生活中被实践。此处可以依据“人、事、时、地、物”五项条件思考在方案里有什么实际的限制
7. 最后该做什么决定	根据前面所得到的方案做出决定，使后面的工作能够顺利进行。做决定时可以考虑两点： （1）各种不同方案间如何取舍； （2）方案应该如何具体实施

通过安德信伦理评估模型的辅助，我们可以弄清楚自己所做的决定是否真正具体可行，进而做出正确决定。下面通过两个案例来介绍该评估模型的应用。

1. 福特平托汽车事件

福特平托汽车事件分析如表 3－2 所示。

表 3－2　福特平托汽车事件分析

<table>
<tr><td colspan="2">1. 事实是什么</td><td colspan="2">（1）福特汽车公司发现旗下特定车型的缺陷，该缺陷可能威胁乘客的人身安全，然而根据效益成本的计算，该车辆出意外导致死亡的概率远低于十万分之一；
（2）公司工程师已经研发出了改良配件，改良后的汽车可以大幅改善因车辆缺陷导致的意外伤害，但每辆车需增加 11 美元的成本；
（3）需要改良的车辆有两大类：已经出厂的车辆，需要召回维修；尚未出厂，包含已经完成生产但尚未出厂的车辆</td></tr>
<tr><td colspan="2">2. 主要关系人有哪些</td><td colspan="2">（1）福特汽车公司；
（2）消费者</td></tr>
<tr><td colspan="2">3. 道德问题在哪里</td><td colspan="2">福特汽车公司是否应该不计成本地对有缺陷的车辆进行召回维修</td></tr>
<tr><td colspan="2">4. 有什么解决方案</td><td>方案一：不计代价进行配件更换，对已经出厂的车辆召回并维修</td><td>方案二：对配件更换和召回维修的成本进行评估，若费用过高则不维修</td></tr>
<tr><td rowspan="3">5. 有什么道德限制</td><td>功利论</td><td>（1）从维护生命的角度来看，虽然眼前的损失极大，但长期而言可避免乘客受到伤害，并通过召回挽回一定的声誉；
（2）从费用的角度而言，上述需要维修的车辆，已经出厂的需要采用各种方式召回，没有出厂的则需要额外劳动力进行配件更换。可见除了金钱成本，还需要考虑其他成本</td><td>从下列两方面考虑，召回并不能获得最大效益：
（1）从公司整体利益角度分析，召回所需花费是将钱省下来进行官司诉讼与赔偿的 2～3 倍；
（2）车辆平均出事的概率低于行业平均车祸概率，所以从长远角度而言，官司诉讼与赔偿不一定会发生。
基于以上两点，不召回维修可以实现公司最大利益</td></tr>
<tr><td>义务论</td><td>公司或企业有给社会大众提供安全产品的义务和责任，当公司发现所售商品有缺陷时，应提供所售商品的全面维修乃至更换服务。这种维修符合一般社会大众所期待的商品买卖义务</td><td>维修有缺陷的商品是每个公司应尽的义务，为了节省金钱而忽略必要的维修，在伦理道德上违反了企业应尽的义务。如果考虑到股东与员工，也许可以认为在“实质获利”上尽了公司所应担负的义务</td></tr>
<tr><td>美德论</td><td>福特汽车公司可以通过该次召回建立让消费者信赖的信誉，体现该公司的道德素养，有助于未来商品销售与推销，并且将可能因缺陷造成的伤害降至最低；另外，召回维修能够获取运行数据的积累，借以获得未来研发上的资料与先机</td><td>逃避金钱方面的损失虽然可被认为是一种经营能力强的表现，但对公司而言却不符合追求综合效益最大化的目标，尤其考虑到后续因赔偿导致的与顾客关系破裂，道德诚信缺失等问题</td></tr>
</table>

续表

	契约论	召回汽车进行维修是一种售后服务，是购买福特汽车的顾客应该享有的服务，更是公司应尽的义务。福特汽车公司有足够义务来保证购买汽车的顾客的人身安全	福特公司用于计算的 20 万美元价格，并非该公司自己定出，而是美国国家高速公路交通安全管理局给出的每例死亡定价。国家为交通事故的受害者定价在一定程度上是为了挽回消费者的部分损失，但把人命贴上了一个冷冰冰数字的标签，却让消费者成为福特公司为了追求利益而牺牲的筹码
6. 有什么现实条件的约束		（1）考虑到事故发生的概率，不采取措施进行维修不符合公司整体利益； （2）能够避免乘客及家属受到任何可能的伤害； （3）就长久而言，召回对公司信誉有显著提升和帮助，因此召回产生的费用可视为广告费用	（1）在比较出事后的赔偿和召回维修的代价后，公司容易选择可立即省下大量费用的方案，这点符合公司盈利的目标； （2）顾客及其家属将受到原本可预防的伤害； （3）公司信誉可能受到损害，且必须考虑官司所付出的时间与金钱成本
7. 最后该做什么决定		从长期和短期效益来看，虽然方案二具有短期经济效益，但该方案只看到了眼前利益而忽略了长远发展，因此应该选择方案一。 然而，实际上福特汽车公司基于短期经济效益而选择了方案二。后来经过长时间的诉讼后，受到巨额罚款。虽然时至今日福特汽车公司仍然是世界上最大的汽车生产制造厂家之一，但福特平托汽车事件却永远成为福特汽车公司的污点	

2. 台湾镉污染大米事件

台湾镉污染大米事件分析如表 3－3 所示。

表 3－3　台湾镉污染大米事件分析

1. 事实是什么	（1）20 世纪中叶台湾开始发展各种工业，并出现了大量小型家庭工厂，这些工厂将含有镉等重金属的废水排放到周围的河流或土壤中，造成了严重污染； （2）镉是一种致癌物，人体若长时间吸入镉，除了容易引发癌症，还可能造成肾脏病变，严重时甚至会产生软骨症或自发性骨折等疾病，医疗上镉中毒尚无有效的解毒药剂，难以根治； （3）1982 年台湾出现第一例镉污染事件，污染来自一家以镉锌作为原料的化工企业，该公司将含镉废水排放至灌溉用的河流中，导致土壤受到污染，之后在彰化、台中及云林等地陆续发现镉米； （4）这类污染长久以来不断发生，一直未能得到有效处理，即使到了 21 世纪，镉污染依然对台湾农作物造成严重的影响
2. 主要关系人有哪些	（1）排放含镉废水的小型工厂； （2）周围居民
3. 道德问题在哪里	将工业废水排放到一般河流是可以被接受的行为吗

续表

4. 有什么解决方案		是否可以安装污水处理设备
5. 有什么道德限制	功利论	工厂持续排放大量废水，虽然可以节省工厂废水处理成本，但会危害河湖生态与土壤环境，造成的负面危害远大于正面利益。由于镉的半衰期长达10～30年，一旦土地遭受镉污染，就只能长期休耕，或通过种植对镉吸收能力强的植物来降低土壤中重金属浓度。污水随意排放造成的损失极为严重，安装污水处理装置是解决问题的一种办法，但对于以家庭为主的代工厂或小型工厂而言，会造成较大的经济负担
	义务论	20世纪60年代的家庭式工厂在不知情的情况下，主观上并没有积极的善或消极的恶。然而随着后期含镉废水排放造成污染的知识得以普及，却依然没有采取有效措施做出改变，已然不符合公平正义的伦理理念。一方面由于工厂投机冒险以降低成本，另一方面也由于政府并没有积极地组织或要求处理环境污染问题
	美德论	含镉废水污染了农田，进而污染了种植的稻米，而对吃了稻米的人们造成了健康威胁，这是一种恶性循环过程，甚至排污工厂的工人和老板也会因此受到镉米的伤害
	契约论	早期工厂由于环保意识淡薄，没有污水处理方面的知识和能力，不知道排污会造成环境污染，并会迁移到农作物中，危害人体健康。但随着相关法规的出现，此类家庭工厂应该遵守道德底线，解决好污水排放问题
6. 有什么现实条件的约束		（1）政府在事件发生后应该通过加强教育和惩罚的措施，避免更大程度的污染事故发生，但这一切也需要工厂的配合。虽然排放废水可以通过法律加以处罚和规范，但是否有足够的人力物力投入稽查工作中也是对政府的极大挑战，尤其部分工厂位于偏远地区，长期监管的难度非常大。 （2）工厂安装废水处理装置是最佳的解决问题的办法。但大量废水排放的工厂都是小型工厂，甚至家庭式的代工厂，购置和维护此类设备的费用巨大。尽管污水处理成本是工厂开设的必要成本，但现实的情况是这类工厂数量众多。虽然政府可以强制提高工厂环保排放标准的门槛，但这会造成大量小规模工厂不堪重负危及生计。环境保护与人民生计的取舍，立法与执法分寸的拿捏，存在相当程度的困难。 （3）从1960年至今已经过了半个多世纪，土壤污染问题越发严重，虽然现在已经开始加以补救，但对环境已经造成破坏。如何有效去除这些污染物，已然成了新的难题
7. 最后该做什么决定		伦理选择之所以困难，是因为案例中涉及的问题常常不单纯局限于某一范畴。当考虑到多重利害关系，多种伦理观点时，伦理的判断和价值的抉择，考验的是当事人理性的深度，甚至是道德的高度了。有时伦理困境一方面在于案例具有足够的复杂性，另一方面则是由于当事人缺乏长远高明的辨事析理能力。在解决镉污染大米问题时，不但要解决工厂的合法性问题，更要追求相关利益关系人之间的长远和谐。镉污染大米事件影响深远，我们应该更多地考虑到社会群体利益和对环境的影响。政府部门与工厂负责人在面对复杂的伦理考量时，应该勇敢地选择自己认为对的行为，对每个个体负责，对社会负责

思考与讨论

1. 工程伦理困境产生的原因是什么？
2. 工程伦理困境的解决方法有哪些？

第4章

工程中的风险及其伦理责任

4.1 工程风险的来源

工程总是伴随着风险，这是由工程本身的性质决定的。工程系统不同于自然系统，它是根据人类需求创造出来的自然界原初并不存在的人工物。它包含自然、科学、技术、社会、政治、经济、文化等诸多要素，是一个远离平衡态的复杂有序系统。从普利高津耗散结构理论的视角来看，有序系统要保持有序的结构需要通过环境的熵增来维持，这意味着，如果对工程系统不进行定期的维护与保养，或者受到内外因素的干扰，它就会从有序走向无序，重新回归无序状态，无序即风险。因此，工程必然会伴随风险的发生。

4.1.1 工程风险的来源

由于工程类型的不同，引发工程风险的因素是多种多样的。总体而言，工程风险主要由以下三种不确定因素造成：工程中的技术因素的不确定性，工程外部环境因素的不确定性，工程中人为因素的不确定性。其中，工程中的技术因素又可分为零部件老化、控制系统失灵和非线性作用等因素；工程外部的环境因素又可分为意外气候条件和自然灾害等因素；工程中人为因素又可分为工程设计理念的缺陷、施工质量缺陷和操作人员渎职等因素。

1. 工程风险的技术因素

首先，零部件老化可以引发工程事故。工程作为一个复杂系统，其中任何一个环节出现问题都可能引起整个系统功能的失调，从而引发风险事故。由于工程在设计之初都有使用年限的考虑，工程的整体寿命往往取决于工程内部寿命最短的关键零部件。只有工程系统的所有单元都处于正常状态，才能充分保证系统的正常运行。当某些零部件的寿命到了一定年限，其功能就变得不稳定，从而使整个系统处于不安全的隐患之中。

其次，控制系统失灵可以引发工程事故。现代工程通常是由多个子系统构成的复杂化、集成化的大系统，这对控制系统提出了更高的要求。仅靠个人有限的力量往往不能通观全局，必须依靠信息技术、网络技术和计算机技术才能掌控全局，因此，目前的复杂工程系统大都有自己的“神经系统”，这对于调节、监控、引导工程系统按照预定的目标运行是必不可少的。随着人工智能技术水平的日益提高，控制系统的自动化水平也与日俱增。完全依靠智能的控制系统有时候也会带来安全隐患，特别是面对突发情况，当智能控制系统无法应对时，必须依靠操作者灵活处理，否则就会导致事故的发生。

最后，非线性作用也是引发工程事故的原因。非线性作用不同于线性作用的地方在于，线性系统发生变化时，往往是逐渐进行的；而非线性系统发生变化时，往往有性质上的转化和跳跃。受到外界影响时，线性的系统会逐渐地做出响应，而非线性系统则非常复杂，有时对外界很强的干扰无任何反应，而有时对外界轻微的干扰则可能产生剧烈的反应。

2. 工程风险的环境因素

气候条件是工程运行的外部条件，良好的外部气候条件是保障工程安全的重要因素。任何工程在设计之初都有一个抵御气候突变的阈值。在阈值范围内，工程能够抵御气候条件的变化，而一旦超过设定的阈值，工程安全就会受到威胁。以水利工程为例，极端干旱气候条件会导致农田灌溉用水和水库蓄水不足、发电量减少等后果；而汛期降水量大，则会造成弃水事故，降低水库利用率，严重的还可能导致大坝漫顶甚至溃坝事故，使洪水向中下游漫延，给中下游造成巨大的经济、人员等损失。

自然灾害对工程的影响也是巨大的。自然灾害的形成是由多方面的要素引发的，通常可划分为孕灾环境、致灾因子、承灾体等要素。自然灾害系统可分为两个："人—地关系系统"和"社会—自然系统"，其中，"'人'和'社会'着重强调在特定孕灾环境下具备某种防灾减灾能力的承灾体，'地'和'自然'则着重表征的是在特定孕灾环境下的致灾因子，上述两个方面是对自然灾害系统要素的凝练和认识的升华，二者的相互作用则是自然灾害系统演化的本质，是灾害风险的由来。"

案例：福岛核电站泄漏

北京时间 2011 年 3 月 11 日 13 时 46 分，日本东北海域发生 9.0 级地震并引发高达 10 米的强烈海啸，导致东京电力公司下属的福岛核电站一、二、三号运行机组紧急停运，反应堆控制棒插入，机组进入次临界的停堆状态。在后续的事故过程当中，因地震导致其失去场外交流电源，紧接着因海啸导致其内部应急交流电源（柴油发电机组）失效，从而导致反应堆冷却系统的功能全部丧失并引发事故。2011 年 4 月 12 日，日本经济产业省原子能安全保安院认为，福岛第一核电站大范围泄漏了对人体健康和环境产生损害的放射性物质，将其核泄漏事故等级确定为最严重的 7 级。该事故暴露出日本福岛核电站的安全设施设计理念未能充分考虑自然界演变和发展的规律，对自然灾害小概率事件缺乏足够认识，没有充分估计到其危害性，也缺乏面对危机的应急预案。

3. 工程风险的人为因素

首先，工程设计理念是事关整个工程成败的关键。一个好的工程设计，必然经过前期周密调研，充分考虑经济、政治、文化、社会、技术、环境、地理等相关要素，经过相关专家和利益相关者反复讨论和论证而后做出；相反，一个坏的工程设计是片面地考虑问题，只见树木、不见森林，缺乏全面、统筹、系统的思考所导致的。

三门峡大坝给我们的教训是：第一，工程设计者对自然条件的恶劣性估计不足，论证不科学，导致工程设计不能实现预先设想的集发电、灌溉、防洪为一体的理想目标；第二，“代价—收益”比采用的参数不合理，计算结果偏离实际状况；第三，关于补偿的公正合理性问题处理不当。陕西省在建设水库时舍弃了 2 座县城、21 个乡镇、248 个村庄和 100 万亩耕地。28.7 万移民从被称作是陕西的“白菜心”的关中平原县迁到宁夏，后又返回陕西，再返库区，几经磨难。

为了避免类似的因工程设计理念局限性造成的风险，关键是要处理好“谁参与决策”和“如何进行决策”的问题。就第一个问题而言，可以考虑吸收各方面的代表参与决策。除了吸收工程师代表和工程管理者代表，还应吸收政府部门代表、城市规划部门代表、环保部门代表、伦理学家、法律专家以及利益相关者各方代表等。就第二个问题而言，应重视工程决策中的民主化。在决策过程中各方面代表应该充分发表意见，交流信息，进行广泛讨论，在此基础上努力寻求一个经济上技术上和伦理上都可以被接受的最佳方案。

其次，施工质量的好坏也是影响工程风险的重要因素。施工质量是工程的基本要求，是工程的生命线，所有的工程施工规范都要求把安全置于优先考虑的地位。一旦在施工质量的环节上出现问题，就会留下安全事故的隐患。

在工程施工中，必须严把质量关，严格执行国家安全标准，避免工程施工缺陷的出现；如若已经发生质量缺陷，一般应及时处理或返工重做。对于不能及时进行处理的工程质量缺陷，“应将缺陷产生的部位、产生的原因、对工程安全性、使用功能和运用影响分析处理方案或不处理原因分析等真实、准确、完整地填写在质量缺陷备案表中，并及时报工程质量监督机构备案。”只有这样，才可以在一定程度上防范安全事故的发生。

最后，操作人员渎职同样也会造成工程风险。所谓渎职，是指专业人员在履行职责或者行使职权过程中，玩忽职守、滥用职权或者徇私舞弊，导致国家财产和群众利益遭受重大损失的行为。在工程中，操作人员的渎职往往会带来极大的工程风险。

仍以甬温线动车事故为例，该事故虽然是由意外气候条件引发的，但是根本原因还是相关人员的渎职。根据调查结果，相关人员的渎职范围包括：通信信号集团及其下属单位在列车控制产品研发和质量管理上存在严重问题；铁道部及其相关司局（机构）在设备招投标技术审查、上道使用上存在问题；上海铁路局及其下属单位在安全和作业管理及故障处置上存在问题。

操作人员是预防工程风险的核心环节，也是防止工程风险发生的最后一道屏障。所以，必须要加强对操作人员安全意识的教育，时时刻刻以“安全第一”为行动准则。对于没有尽到相应责任的人员，应该依据相关的法律、法规进行惩罚。

4.1.2 工程风险的可接受性

由于工程系统内部和外部各种不确定因素的存在，无论工程规范制定得多么完善和严格，仍然不能把风险的概率降为零，也就是说，总会存在一些所谓的“正常事故”。因此，在对待工程风险问题上，人们不能奢求绝对的安全，只能把风险控制在人们的可接受范围之内。这就需要对风险的可接受性进行分析，界定安全等级，并针对一些不可控的意外风险事先制定相应的预警机制和应急预案。

1. 工程风险的相对可接受性

要评估风险，首先要确认风险，这就需要对风险概念有必要的了解。风险概念含有负面效果或伤害的含义。美国工程伦理学家哈里斯等把风险定义为“对人的自由或幸福的一种侵害或限制”。美国风险问题专家威廉・W. 劳伦斯把风险定义为“对发生负面效果的可能性和强度的一种综合测量”。根据劳伦斯的观点，风险由两个因素构成：负面效果或伤害的可能性，负面效果或伤害的强度。工程风险会涉及人的身体状况和经济利益，使人们遭受人身伤害，还会使人们遭受经济利益的损失。“一幢在设计上存在缺陷的建筑可能会坍塌，会造成房屋所有者的经济损失，并可能导致居住者的死亡。一座在设计上有缺陷的化工厂可能导致事故和经济上的灾难。”

在现实中，风险发生概率为零的工程几乎是不存在的。既然没有绝对的安全，那么在工程设计的时候，就要考虑“到底把一个系统做到什么程度才算安全的”这一现实问题。这里就涉及工程风险“可接受性”概念。工程风险可接受性是指人们在生理和心理上对工程风险的承受和容忍程度。当然，即使是面对同一工程风险，不同的主体对它的认知也是不同的，其可接受性因人而异，即工程风险的可接受性是具有相对性的。

这种相对性的差异在专家和普通公众之间体现得更为明显。一般公众往往会过高地估计与死亡相关的低概率风险的可能性，而过低地估计与死亡相关的高概率风险的可能性。而后一种倾向会导致过分自信的偏见。对专家而言，尽管他们在评估各种风险时也会出错，但他们至少不会像普通公众那样带有强烈的主观色彩。有人专门做过实验，即分别让专家和普通公众对由吸烟、驾驶汽车、骑摩托车、乘火车和滑雪所导致的年死亡人数做出估计，通过对比发现，专家的估计是实际死亡人数的 1/10，而普通公众的估计则偏离实际数字更远，仅仅为实际死亡人数的 1%。

2. 工程安全等级的划分

在描述工程的安全程度时，人们通常会使用“很安全”“非常安全”“绝对安全”等词汇，但是它们之间存在什么量的区别呢？为了客观地标明工程风险发生的概率大小，有效的办法是对安全等级进行划分。

等级划分并非易事，因为影响工程安全的因素是多种多样的，它们的关系也是错综复杂的。“当然，也不能排除在某些系统中，影响其安全的因素具有确定性，其安全等级也具有确定性的情况。根据模糊集理论，确定性可以看作是模糊性或随机性的一个特例。所以，不管系统的复杂性如何，其安全性均可采用模糊集理论进行评价。”目前，模糊集理论是对工程安全等级进行划分比较有效的一种方法。以该理论为支撑，我们只需通过输入相关参数就可以计算出相应的安全系数，根据不同工程领域的安全标准划分出相应的安全等级。

安全等级的划分具有非常重要的经济意义。如果把安全等级制定得过高，那么就会造成不必要的浪费；反之，则会增大工程风险的概率。给出一个符合实际的安全等级是非常有必要的事情。以公路隧道安全等级划分为例，我国虽然出台了《公路隧道设计规范》《公路隧道施工技术规范》《公路隧道通风照明设计规范》等规范，这些法律、法规对公路隧道的建设质量以及正常运营提供了法律性的基本保障；但是，随着运营隧道和特长隧道的逐年增多，亟须出台一个公路隧道安全等级划分标准。

4.1.3 工程风险的防范与安全

1. 工程的质量监理与安全

工程质量是决定工程成败的关键。没有质量作为前提，就没有投资效益、工程进度和社会信誉。工程质量监理是专门针对工程质量而设置的一项制度，它是保障工程安全、防范工程风险的一道有力防线。

工程质量监理的任务是对施工全过程进行检查、监督和管理，消除影响工程质量的各种不利因素，使工程项目符合合同、图纸技术规范和质量标准等方面的要求。具体要做到：各项工程质量的保障责任、处理程序、费用支付等均应符合合同的规定；全部工程应与合同图纸符合，并符合监理工程师批准的变更与修改要求；所有应用于工程的材料、设施、设备及施工工艺，应符合合同文件所列技术规范或监理工程师同意使用的其他技术规范及监理工程师批准的工程技术要求；所有工程质量均应符合合同文件中列明的质量标准或监理工程师同意使用的其他标准。

当某项工程在施工期间出现了技术规范所不允许的断层、裂缝、倾斜、倒塌、沉降、强度不足等情况时，应视为质量事故。监理工程师须按如下程序处理：① 暂停该项工程的施工，并采取有效的安全措施。② 要求承包人尽快提出质量事故报告并报告业主。质量事故报告应翔实反映该项工程名称、部位、事故原因、应急措施、处理方案以及损失的费用等。③ 组织有关人员在对质量事故现场进行审查、分析、诊断、测试或验算的基础上，对承包人提出的处理方案予以审查、修正、批准，并指令恢复该项工程施工。④ 对承包人提出的有争议的质量事故责任予以判定。判定时应全面审查有关施工记录、设计资料及水文地质现状，必要时还需要实际检验测试。在分清技术责任时，应明确事故处理的费用数额、承担比例及支付方式。

2. 意外风险控制与安全

工程风险是可以预防的。如果认为风险不可预防，一个组织内从管理层到管理员工就不可能为预防风险去竭尽全力，在每一个工作细节上精益求精。

事故预防包括两个方面：一是对重复性事故的预防，即对已发生事故的分析，寻求事故发生的原因及其相关关系，提出预防类似事故发生的措施，避免此类事故再次发生；二是对可能出现事故的预防，此类事故预防主要针对可能要发生的事故进行预测，即要查出存在哪些危险因素组合，并对可能导致什么事故进行研究，模拟事故发生过程，提出消除危险因素的办法，避免事故发生。

建立工程预警系统是预防事故发生的有效措施之一。所谓预警，就是在危险发生之前，根据观测的预兆信息或以往经验，向有关单位发出警告信号并报告危险情况。预警系统主要由预警收集系统、预警分析系统、预警决策系统和预警执行系统构成，具有信息收集、数据处理、预警对策、风险评估、趋势预测等多种功能。通过工程预警系统的建设，可以在一定程度上提前预判工程风险的发生概率，从而提前做好应对风险的准备。

意外风险的应对通常采取的措施包括风险回避、风险转移、风险遏制、风险化解、风险自留等手段。风险回避是指当工程风险产生的不利后果比较严重，又无其他策略可用时，通过变更工程项目计划，从而消除风险或消除风险产生的条件，达到规避风险的目的。它通常有两种途径：一是规避风险事件发生的概率，二是规避风险事件发生后可能的损失。风险转移的目的不是降低风险发生的概率和不利后果的大小，而是在风险发生时将损失分散的一种策略。实施该策略要遵循两个原则：一是必须使承担风险者得到相应的回报；二是对于具体风险，谁最有能力管理就让谁分担。风险转移通常可采取分包、保险与担保三种方式。风险遏制是指从遏制项目风险事件引发原因的角度出发，控制和应对项目风险的一种措施。风险化解是从化解项目风险产生的原因出发，去控制和应对项目具体风险。风险自留是指由项目主体自行承担风险损失的一种应对策略，该策略是项目主体不能找到其他适当的风险应对策略，而采取的一种相对比较被动的应对风险方式。

3. 事故应急处置与安全

要有效应对工程事故，不应该是等到事故发生之后才临时组织相关力量进行救援，而是事先就应该准备一套完善的事故应急预案。这为保证迅速、有序地开展应急与救援行动，降低人员伤亡和经济损失提供了坚实的保障。

在制定事故应急预案时，应遵循如下基本原则：

（1）预防为主，防治结合。由于许多事故的发生具有不确定性，人们无法预言它发生的时间，这就使人们只能把重点工作放在预防事故发生上，平时加强安全检查、安全教育和应急演练。在事故发生之后，还需要完善安全制度、强化安全管理，预防同类事故再次发生。

（2）快速反应，积极面对。在事故发生后，要第一时间做出应对反应，最大程度减少二次伤亡。能够自救的人员要先进行自救，而不是等着专业人员的救援。

（3）以人为本，生命第一。在事故发生之后，首先应该把人的生命健康权放在一切工作的首位，尽一切力量抢救和挽救生命，先救人，其次再救物。

（4）统一指挥，协同联动。参与救援的人员和部门要听从救援指挥部门的统一指挥和领导，指挥部门有权调动各个部门的人力、物力、财力参与救援，这样才能及时有效地进行救援，把损失降到最低。

另外，面对工程风险，仅靠专业人员的努力是远远不够的。必须发动社会力量积极参与，才能从根本上预防和治理工程事故。首先，平时应加强防灾培训教育和演练。提升公民的防灾意识和自救能力。我国已有部分学校或公司定期对学生或员工进行防灾培训和演练，但是与其他发达国家相比，我们还存在着一定的差距。比如，防震演练是每一个日本人的必修课。入学前，每个学生都会领到一本《自救手册》，日本的媒体也经常播放一些关于防震救生的知识。当地震发生时，日本人一般不会感到慌乱，表现得非常从容，这为最大程度减少伤亡提供了坚实的群众基础。其次，积极发动民间志愿组织，鼓励志愿者有序参与救援行动。仍以日本为例，1995 年，由于百万余志愿者在阪神大地震中的良好表现，被称为日本救灾史上的志愿者元年。他们中间 70%的人是第一次参加志愿活动，大部分是二十多岁的年轻人，他们所做的活动如心理咨询、清理房间、修理电器等活动是政府无法及时提供的。这些志愿者来自地方居民组织、NGO 组织、企业、工会宗教团体等。我国志愿者在汶川抗震救灾中也做出了突出的贡献。应该继续鼓励引导更多的人参与到救灾志愿者的行列中来，在有条件的情况下对其进行救灾技能培训，并在救灾前进行有序的引导，发挥其在参与救灾中的力量。

4.2 工程风险的伦理评估

在工程风险的评价问题上，有人以为这是一个纯粹的工程问题，仅仅思考“多大程度的安全是足够安全的”就可以了。实际上，工程风险的评估还牵涉社会伦理问题。工程风险评估的核心问题“工程风险在多大程度上是可接受的”，本身就是一个伦理问题，其核心是工程风险可接受性在社会范围的公正问题。因此，有必要从伦理学的角度对工程风险进行评估和研究。

4.2.1 评估原则

1. 以人为本的原则

“以人为本”的风险评估原则意味着在风险评估中要体现“人不是手段而是目的”的伦理思想，充分保障人的安全、健康和全面发展，避免狭隘的功利主义。在具体的操作中，尤其要做到加强对弱势群体的关注，重视公众对风险信息的及时了解，尊重当事人的“知情同意”权。

由于种种原因，社会上某些人可能被边缘化而成为弱势群体，他们在社会上往往处于被忽视的地位，他们所关心的问题不被强势群体所关心，其利益诉求也无法得以有效表达，这使得他们在现实中面临更大的风险威胁。他们本身缺乏获取、利用社会资源的条件和能力，极易遭受风险的打击。如果在工程风险的伦理评估中不对他们进行关注，他们更容易成为工程风险的牺牲者。所以，在风险评估中要体现“以人为本”的原则，必须重视对弱势群体的关注。

“以人为本”原则还体现在重视公众对风险的及时了解，尊重当事人的“知情同意”权。否则，即使一项工程在技术层面上十分合理，经济效益非常显著，最终也会由于出现严重的社会问题而难以顺利实施。比如厦门 PX 项目之所以最终会被叫停，就是因为在工程风险评估中只注意到了工程在技术和经济层面的可接受性，而没有给予利益相关者的民主参与以足够的重视。作为决策者，企业和政府主管部门的管理者可能侧重考虑 PX 项目给当地带来多少财政收入，而公众更多关注 PX 项目对当地的环境和人身安全的影响。在工程风险评估中，如果只是政府部门拍板，企业管理者和工程师执行，没有充分考虑到公众的利益诉求，往往工程决策已经形成或出现重大事故之后才向社会发布，那么公众出于对决策后果的不满，就可能出现群体事件，从而有可能给整个社会造成巨大的经济损失。

2. 预防为主的原则

在工程风险的伦理评估中，我们要实现从“事后处理”到“事先预防”的转变，坚持“预防为主”的风险评估原则。

坚持“预防为主”的风险评估原则，要做到充分预见工程可能产生的负面影响。工程在设计之初都设定了一些预期的功能，但是在工程的使用中往往会产生一些负面效应。比如设计师为酒店设计旋转门本来可以起到隔离酒店内外温差的环保效果，但是却给残疾人进出酒店带来了障碍。为此，美国技术哲学家米切姆提出了“考虑周全的义务”。他认为，工程师在工作中要做到如下几点：

（1）特定的设计过程中所使用的理想化模型是否可能忽略一些因素？

（2）反思性分析是否包含了明确的伦理问题？

（3）是否努力考虑到工程研究和设计的广阔社会背景及其最终含义，包括对环境的影响？

（4）研究和设计过程中是否在和个人道德原则以及更大非技术群体的对话中展开？

坚持“预防为主”的风险评估原则，还要加强安全知识教育，提升人们的安全意识。“千里之堤，毁于蚁穴”，工程风险都是许多消极因素长期积累的集中爆发，所以在日常工作中应该防微杜渐，防患于未然。安全教育是避免工程事故的一种有效手段。只有每个人都真正认识到安全意识的重要性，才能全方位、多角度地防控工程风险。另外，坚持“预防为主”的风险评估原则，还要加强日常安全隐患排查，强化日常监督管理，完善预警机制，建立应急预案，培训救援队伍，加强平时安全演习等。

3. 整体主义的原则

任何工程活动都是在一定的社会环境和生态环境中进行的，工程活动的进行一方面要受到社会环境和生态的制约，另一方面也会对社会环境和生态环境造成影响。所以，在工程风险的伦理评估中要有大局观念，要从社会整体和生态整体的视角来思考某一具体的工程实践活动所带来的影响。

在人与社会的关系上，每个人都是社会整体的组成部分，整体价值大于个体价值，个体只有在社会整体之中才能充分获得自身的价值。“天下兴亡，匹夫有责”“先天下之忧而忧，后天下之乐而乐”“苟利国家生死以，岂因祸福避趋之”等中国优秀传统思想观念正是这种价值观的鲜明表达。相应地，在工程风险的伦理评估中，我们不应该只关心某个企业、某个团体或某个人的局部得失，而是把它放在整个社会背景之中来考察其利弊得失，否则我们就会陷入“一叶障目，不见泰山”的困境。

在人与自然的关系上，中国哲学强调“天人合一”，消除“小我”之私，融入天地、社会“大我”之中。“万物皆一，万物一齐”（庄子），“物无孤立之理”（张载），其所要表达的就是万物普遍联系、整体主义的思想。在工程的生态效果的评估中，也要把工程和周围的环境看成一个整体，考察它对环境所造成的短期影响及长期影响。对于有可能对环境造成伤害的工程，要建立相应的废物处理机制，而对于那些严重影响生态环境的工程要采取一票否决，事先消除不安全的环境隐患。

4. 制度约束的原则

邓小平曾指出，“我们过去发生的各种错误，固然与某些领导人的思想、作风有关，但是组织制度、工作制度方面的问题更重要。这些方面的制度好可以使坏人无法任意横行，制度不好可以使好人无法充分做好事甚至走向反面。”许多事情的最终根源不在于个人，而在于制度体制的合理与否。所以，建立完善的制度是实现工程伦理有效评估的切实保障途径。

首先，建立健全安全管理的法规体系。安全管理制度主要包括：安全设备管理，检修施工管理，危险源管理，特种作业管理危险品存储使用管理，电力管理，能源动力使用管理，隐患排查治理，监督检查管理，劳动防护用品管理，安全教育培训，事故应急救援，安全分析预警与事故报告，生产安全事故责任追究，安全生产绩效考核与奖励。

其次，建立并落实安全生产问责机制。企业应建立主要负责人、分管安全生产负责人和其他负责人在各自职责内的安全生产工作责任体系。责任体系要实现责任具体、分工清晰、主体明确、责权统一。通过逐级严格检查和严肃考核，增强安全责任意识，提高安全生产执行力，把安全生产的责任落实到每个环节、每个流程、每个岗位和个人。

最后，还要建立媒体监督制度。媒体监督具有事实公开、传播快速、影响广泛、披露深刻等特点。一个工程安全事件一旦被媒体报道，就可以迅速吸引大众的注意力，引起全社会的广泛关注，从而促使相关部门加快解决矛盾和问题。从近年来国内发生的一些重大安全事故的媒体披露来看，无不显示出舆论监督的强大力量。

4.2.2 评估途径

1. 工程风险的专家评估

专家评估相对于其他评估而言是比较专业和客观的评估途径。专家往往根据幸福最大化的原则对工程风险进行评估。在评估风险时，他们通常会把成本—收益分析法作为一种有用的工具应用到风险领域之中。根据该方法，专家将可接受的风险的评判标准定为：在可以选择的情况下，伤害的风险至少等于产生收益的可能性。不过这种方法也存在一定的局限性，比如，它不太可能把与各种选择相关的成本和收益都考虑在内，有时得不出确定的结论。尽管有一些局限，成本—收益分析法在风险评估中仍然是专家首选的方法。

在具体操作中，专家评估可采取专家会议法和特尔斐法两种方法结合进行。专家会议法是指据规定的原则选定一定数量的专家，按照一定的方式组织专家会议，发挥专家集体智慧，对评估对象做出判断的方法。专家会议有助于专家们交换意见，通过互相启发，可以弥补个人意见的不足，产生“思维共振”的效果。但是该方法也有一定的弊端，由于参加会议的人数有限，代表性不充分，容易受权威的影响，压制不同意见的发表。

与专家会议法不同的是，特尔斐法的特点是以函询征求所选定的一组专家的意见，然后加以整理归纳、综合，进行统计处理，将结果匿名返回给各个专家，再次征求他们的意见，进行有控制的反馈。如此经过多次循环、反复，专家们的意见日趋一致，认识和结论愈加统一，结论的可靠性亦更为提高。这种方法既保持了专家会议法的优点，又避免了专家之间的心理干扰和压力。以上两种方法相结合，可以起到优势互补的作用。

2. 工程风险的社会评估

与专家重视“成本—收益”的风险评估方式不同，工程风险的社会评估所关注的不是风险和收益的关系，而是与广大民众切身利益息息相关的方面，它可以与工程风险的专家评估形成互补的关系，使风险评估更加全面和科学。

如果不重视工程风险的社会评估，将有可能带来严重社会隐患。比如，抵制 PX 项目事件，其原因之一是就是在工程立项环节中缺乏社会评估环节。诚如曹湘洪院士所认为的那样，

PX 困局已非技术范畴内的问题，专业人士对其安全性不存在争论，反而是地方政府、企业的行为惯性以及社会心态等复杂因素形成的信任危机，最终形成了 PX 困局以及化工恐惧症。因此，在工程风险的伦理评估中，要建立有利于对话的机制与平台，使所有的利益相关者都能够参与到工程风险评估之中。工程风险的社会评价目前越来越受到国家的重视，并出台了一系列相关规则制度予以保障。

3. 工程风险评估的公众参与

工程风险的直接承受者是公众，所以在风险评估中必须要有公众的参与。只有公众的参与，企业和政府管理部门才能知道他们的真实需求，否则工程风险的评估有可能沦为形式，起不到真正的效果。另外，"作为外行的普通公众能够提供不同于专家，并且常常被以科学理性所主宰的专家所忽略的'智识'"，因而公众的参与则可以弥补专家评估的不足。公众参与的方式可以采取现场调查、网上调查、论证会、座谈会、听证会等形式进行。

公众参与工程风险伦理评估的前提是相关机构要进行信息的公开。如果相关机构不公开有关工程的信息，公众将会对工程情况一无所知，不知道该工程有无风险或风险多大，从而不得不盲目地听从专家的意见；而有时专家从个人或单位的利益出发提出的意见是不利于普通公众的，在此种情形下，公众就会成为弱势群体。"公众若想成为自己的主人，就必须用可得的知识中隐含的权力武装自己；政府如果不能为公众提供充分的信息，或者公众缺乏畅通的信息渠道，那么所谓的面向公众的政府，也就沦为一场滑稽剧或悲剧和悲喜剧的序幕。"

公众参与的模式可以在舆论和制度两个层面展开，在舆论层面，主要由公众代表、公共媒体、人文学者、非政府组织成员等主体参与其中。与专家评估相比，由公众参与的风险评估范围更加广泛，所代表的利益更加全面，看待问题的角度和视野也更加开阔。在制度层面，公众参与主要以听证会为参与途径。听证会可以采取不同的形式，如基层的民主恳谈会、民主听证会、城市居民议事会等。政府、企业、市民、专家、媒体在听证会上平等地发表意见，政府和企业的管理者和技术专家通过听证会及时了解民情并吸纳公众的合理化建议，就会及时化解矛盾，消除情绪对立和误解，避免非理性因素经过传播产生"放大效应"。

4.2.3　评估方法

1. 工程风险伦理评估的主体

评估主体在工程风险的伦理评估体系中处于核心地位，发挥着主导作用，决定着伦理评估结果的客观有效性和社会公信力。工程风险的伦理评估主体可分为内部评估主体和外部评估主体。内部评估主体指参与工程政策、设计、建设使用的主体：外部评估主体指工程主体以外的组织和个人。

工程风险的内部评估主体包括工程师、工人、投资人、管理者和其他利益相关者，他们在工程活动中都是不可或缺的有机组成部分，发挥着不可替代的作用和功能。内部评估主体之间既存在着各种不同形式合作关系，又存在着各种形式的矛盾冲突关系。相对而言，工人在内部评估主体中处于弱势地位，他们常常承受着最直接的工程风险威胁，其人身安全需要得到重视和保障，因此在工程风险评估中应该对工人给予足够重视。由于工程师身兼职业责任和社会责任，致使他们在工程风险评估上容易发生"眼光迷离""游移不定"的现象，而这在投资人、管理者、工人身上则不存在。这要求工程师在工程风险的评估上应该更多地承担起社会责任的角色，对工程风险进行客观的评估。

工程风险的外部评估主体包括专家学者、民间组织、大众传媒和社会公众。专家学者由于具有相关领域的专业知识，能够比一般人士更能够准确地了解工程风险的真实程度，他们往往在工程风险中充当揭发者的角色。比如圆明园防渗工程存在的环境风险问题，首先是由出差到京的兰州学者揭发的，轰动全国的厦门 PX 工程事件的揭发者也是来自大学的教授。另外，民间组织在工程风险评估中也具有重要的影响。他们往往由一群志同道合的人组成，具有强烈的社会使命，具有奉献和担当精神，在工程风险评估中具有个人所不具有的力量。大众传媒同样在工程风险评估具有重要的地位，许多重大风险隐患都是由媒体揭发的，比如轰动全国的三鹿奶粉事件就是首先由媒体揭发出来的。社会公众同样是工程风险评估的重要参与者，他们的利益与工程风险密切相关，有着特有的观察视角，在工程风险评估中具有不可或缺的地位。

2. 工程风险伦理评估的程序

工程风险伦理评估的第一步是信息公开。随着现代工程的日益专业化，非专业人员对工程所负载价值和风险的理解和评价，只能依靠专业人员所传播的信息。如果没有信息公开，社会公众就不能参与到工程风险评估之中。工程专业人员有义务将有关工程风险的信息客观地传达给决策者、媒体和公众。决策者应该尽可能地使其风险管理目标保持公正，认真听取公众的呼声，组织各方就风险的界定和防范达成共识。媒体也应该无偏见地传播相关信息，正确引导公众监督工程共同体的决策。公众的知情同意权必须得到保障，特别是一些与他们切身利益密切相关的工程项目，他们有权知晓其中的风险及其程度，从而做出理性的选择。

第二步是确立利益相关者，分析其中的利益关系。任何工程都会涉及众多利益相关者，在利益相关者的选择上要坚持周全、准确、不遗漏的原则。确立利益相关者的过程是一个多次酝酿的过程，包括主要管理负责人的确定、主要工程负责人的确定、主要工程参与人员的确定、社会公众或专家学者参与风险听证的选定等。在具体确定利益相关者之后，还要分析他们与工程风险中的关系，弄清工程分别给他们带来的收益及其程度，以及他们可能会面临的损失及其程度。

第三步是按照民主原则，组织利益相关者就工程风险进行充分的商谈和对话。工程风险的有效防范必须依靠民主的风险评估机制。具有多元价值取向的利益相关者对工程风险具有不同的感知，要让具有不同伦理关系的利益相关者充分表达他们的意见，发表他们的合理诉求，使工程决策在公共理性和专家理性之间保持合理的平衡。另外，工程风险的防范不是一次对话就能彻底解决的，往往需要多次协商对话才能充分掌握工程中潜在的各种风险，因此需要采取逐项评估与跟踪评估的途径，并根据相关的评估及时调整以前的决策。

3. 工程风险伦理评估的效力

“效力”是指确定合理的目标并达到该预期目标，收到了理想的效果。效力包括目标确定、实现目标的能力以及目标实现的效果三个核心要素。就工程风险伦理评估的效力而言，其含义是指伦理评估在防范工程风险出现中的效果及作用。考察工程风险伦理评估的效力，要遵守如下几个原则：

（1）公平原则。工程活动作为一种开放性、探索性和不确定性的活动，始终是与风险相伴而行的。然而，工程风险的承担者和工程成果的受益者往往是不一致的。随着现代工程规模的扩大，风险度也随之增加。尤其是随着工程后果影响的累积性、长远性和毁灭性风险的增加，对单一工程的后果评价难度也随之增加，这要求工程风险伦理评估更加注重风险分配中的公平正义要求，做到权责统一。

（2）和谐原则。和谐作为工程风险伦理评估的评价原则，是指一个工程项目只有以实现和谐为目的才是伦理意义上值得期许的工程。首先要做到人与自然的和谐。在进行工程活动时，要将自然作为人类的合作伙伴，既不对自然顶礼膜拜，也不会让自然为所欲为。其次要做到人与人的和谐、人与社会的和谐以及个人内部身心的和谐。人的身心和谐、人与人的和谐是人与社会和谐的基础和重要前提，而人与社会的和谐是人身心和谐、人与人和谐的保障和体现。

（3）战略原则。战略原则的具体体现是实践智慧，它要求我们在面对工程风险的时候，要保持审慎的态度，对具体工程风险做出具体分析，不仅对工程本身的目的、手段和后果做具体分析，还要区分工程所处的时空环境。当工程所处的自然和社会环境发生变化时，要及时修正工程发展战略，简言之，就是要做到因地因时制宜，审时度势，与时俱进。

4.3 工程中的风险控制

风险控制是指风险管理者采取各种措施和方法，消灭或减少风险事件发生的各种可能性，或者减少风险事件发生时造成的损失。在这个定义里，应注意三点：第一，风险控制直接改善风险单位损失的特性，使风险可以被人们预测控制，用来降低损失频率和缩小损失幅度。至于如何计算损失，与风险控制对策并无关系。第二，任何特定的风险控制对策都会因个体的不同而有不同层面的影响。例如，设立天桥对行人而言可免除身体受伤的人身风险；对汽车驾驶者而言，可免除责任风险。第三，任何特定的风险控制仅与所要控制的特定损失有关。例如自动喷淋系统仅与特定的火灾毁损有关，而与此系统所导致的水灾损失无关；安置氧气瓶可使煤矿工人避免呼吸困难，但也有引起爆炸的可能。

4.3.1 风险规避

风险规避是指为了不产生所要避免的风险，或者是为了完全消除既有风险所采取的行动。简单地说就是企图完全降低损失发生概率直至为零的行动。这个对策是所有风险对策中唯一“完全能自足”的风险对策，即风险如能完全避免就不会产生损失，则其他风险对策就不需要了。因此风险就完整地被人们处理了，所以称它为完全能自足对策。但是风险规避这种对策是有一定的条件和限制的。

按照上述的定义，规避风险常用的形态有三种：

（1）根本不从事可能产生某特定风险的任何行动。例如，为了免除爆炸风险，工厂根本不从事爆竹的制造。或为了免除责任风险，学校彻底禁止学生的郊游活动。

（2）中途放弃可能产生某种特定风险的行动。例如，投资因选址不慎而在河谷建造的工厂，而保险公司又不愿为其承担保险责任。当投资人意识到在河谷建厂必将不可避免地受到洪水的威胁，且又无其他防范措施时，他只好放弃该建厂项目。虽然他在建厂准备阶段耗费了不少投资，但与其让厂房建成后被洪水冲毁，不如及早改弦易辙，另谋理想的厂址。又如某承包人受业主信任而被邀请投标某项具有政治敏感性的工程，如军用机场，机场建成后将很可能被业主国政府用于对付另一个与承包人的政府有密切关系的国家，由此而加剧未来的局部战争。承包人如拒绝投标，则有可能刺激对其十分信任的业主；如果投标，则很可能中标该项工程。这种情况下，承包人会进退两难。如果承包人采取投高价标而落选，则可算最佳决策。这样就不会得罪业主，虽然要付出代价，因为至少承包人投标报价的损失要由自己承担。但如果从政治需要出发，做出一点牺牲还是值得的。这种破财消灾的办法在国际事务中是经常见到的。

（3）放弃已经承担的风险以避免更大的损失。实践中这种情况经常发生，事实证明这是紧急自救的最佳办法。作为工程承包人，在投标决策阶段难免会因为某些失误而铸成大错，如果不及时采取措施，就有可能一败涂地。例如某承包人在投标承包一项皇宫建造项目时，误将纯金扶手译成镀金扶手，按镀金扶手报价，仅此一项就相差100多万美元，而承包人又不能以自己所犯的错误为由要求废约，否则要承担违约责任。风险已经注定，只有寻找机会让业主自动提出放弃该项目。于是他们通过各种途径，求助于第三者游说，使业主自己主动下令放弃该项工程。这样承包人不仅避免了业已注定的风险，而且利用业主主动放弃项目进行索赔，从而获得一笔可观的额外收入。

转包工程也是回避风险的有效手段之一。许多情况下，业主并不禁止转包。如果承包人经过分析认定工程已注定难逃亏损厄运，他只有采取转嫁风险的办法。有些项目对于某些承包人可能风险较大，但对于另一些承包人则并不一定有风险，因为不同的承包人具有不同的优势。例如中国一家承包人以低价标获取非洲某国的一项大型公路项目，该承包人在当地没有基地，所有物资及人员都必须由国内调拨。在这种情况下，如果坚持独家实施该项目，势必亏损相当严重。该承包人经过分析比较，决定将工程的大部分转包给另一家在当地已有施工设备和人员的公司，只留下很小的一部分任务自己完成，从而转移了风险。而这一风险对于承接转包任务的承包人而言则不再是风险了，因为他具有足够的条件承接这项任务。

风险管理中对风险规避的运用必须注意以下几点：第一，当风险所可能导致的损失频率和损失幅度很高时，规避风险是一种恰当的对策；第二，当采用其他风险对策的成本和效益的预期现值不合经济效益时，可以采用规避风险对策；第三，某些特种风险是无法避免的，例如死亡的人身风险、全球性能源危机等基本风险都是无法避免的；第四，任何风险如果都加以规避，则对个人而言生活必定了无情趣，对企业而言根本不可能有赚钱的机会；第五，由于规避风险只有在特定范围内和特定的角度上来观察才有效，因此规避了一种风险有可能另外产生新的风险。例如，企业考虑由于高速公路近来车祸频繁，决定货物的运送不走高速公路而改走国道或省道，虽然避免了因走高速公路可能导致的财产、人身及责任风险，却产生了走国道或省道可能产生的货物延迟到达的风险和其他风险。

4.3.2　损失控制

损失控制是指有意识地采取行动防止或减少风险的发生以及所造成的经济及社会损失。它包括两方面的工作：一是在损失发生之前，全面地消除损失发生的根源，尽量减少损失发生频率；二是在损失发生之后努力减轻损失的程度。损失控制是风险控制中最重要也是最常用的对策。它不像风险规避那样消极，它具有积极改善风险损失的特性。例如一栋建筑物在施工前的设计阶段就考虑其抗震、防震设计是最为常见的损失控制措施，有了这种设计，建筑物施工完成后，如遭受地震仍可以做到大震不倒、小震不坏，缩小了可能造成的损失幅度。所以损失控制对策是积极重要的风险控制对策。

如果不详细区分，损失预防和损失抑制都可视为损失控制的对策。因此可以将预防和抑制摆在一起共同讨论。但就实质而言，预防和抑制是有区别的，可以从损失控制的分类中显示出来。损失控制的分类依据不同的基础有三种：第一，按目的不同，损失控制可分为损失预防和损失抑制。前者以降低损失频率为目的，这里要注意损失预防的着眼点在“降低”，与风险规避的强调降低至零不同；后者以缩小损失幅度为目的。第二，按风险控制理论的观点不同，可分为行为法和工程物理法。风险控制理论有很多，最具有代表性的有骨牌理论和能量释放理论，根据骨牌理论产生的损失控制方法称为行为法，而根据能量释放理论所产生的损失控制方法称为工程物理法。第三，按照损失控制措施实施的时间分为损失发生前、损失发生时及损失发生后控制。损失发生前的绝大部分为损失预防，而损失发生时和发生后则为损失抑制。

1. 损失预防

损失预防是指采取各种预防措施以杜绝损失发生的可能。例如房屋建造者通过改变建筑用料以防止房屋因用料不当而倒塌；供应商通过扩大供应渠道以避免货物滞销；承包人通过提高质量控制标准以防止因质量不合格而返工或罚款；生产管理人员通过加强安全教育和强化安全措施，减少事故发生的机会等。在商业交易中，交易的各方都把损失预防作为重要事项。业主要求承包人出具各种保函就是为了防止承包人不履约或履约不力；而承包人要求在合同条款中赋予其索赔权利，也是为了防止业主违约或发生种种不测事件。

损失预防策略通常采取有形和无形的手段。工程法是一种有形的手段，此法以工程技术为手段，消除物质性风险威胁。例如，为了防止山区区段山体滑坡危害高速公路过往车辆和公路自身，对因为开挖而破坏了的山体采用岩锚技术锚住松动的山体，增加山体的稳定性。

（1）工程法预防风险有多种措施。

① 防止风险因素出现。在项目活动开始之前，采取一定措施，减少风险因素。例如，在山地、海岛或岸边建设，为了减少滑坡威胁，可在建筑物周围大范围内植树栽草，与排水渠网、挡土墙和护坡等措施结合起来，防止雨水破坏土体稳定，这样就能根除滑坡这一风险因素。

② 减少已存在的风险因素。施工现场，若发现各种用电机械和设备日益增多，及时果断地换用大容量变压器就可以减少其烧毁的风险。

③ 将风险因素同人、财、物在时间和空间上隔离。风险事件发生时，造成财产毁坏和人员伤亡是因为人、财、物与风险源在空间上处于破坏力作用范围之内。因此，可以把人、财、物与风险源在空间上实现隔离，在时间上错开，以达到减少损失和伤亡的目的。

工程法的特点是每一种措施都与具体的工程技术设施相联系，但是不能过分地依赖工程法。这是因为：首先，采取工程措施需要很大的投入，因此决策时必须进行成本效益分析。其次，任何工程设施都需要有人参加，而人的素质起决定性作用。另外，任何工程设施都不会百分之百可靠。因此，工程法要同其他措施结合起来使用。

（2）无形的风险预防手段有教育法和程序法。

① 因为项目管理人员和所有其他有关各方的行为不当构成项目的风险因素，因此，要减轻与不当行为造成的风险，就必须对有关人员进行风险和风险管理教育。教育内容应该包含有关安全、投资、城市规划、土地管理与其他方面的法规、规章、规范、标准和操作规程、风险知识、安全技能和安全态度等。风险和风险管理教育的目的是让有关人员充分了解项目所面临的种种风险，了解和掌握控制这些风险的方法，使他们认识到个人的任何疏忽或错误行为，都可能给项目造成巨大损失。

② 程序法，是指以制度化的方式从事项目活动，减少不必要的损失。项目管理班子制订的各种管理计划、方针和监督检查制度一般都能反映项目活动的客观规律性，因此一定要认真执行。我国长期坚持的基本建设程序反映了固定资产投资活动的基本规律，要从战略上减轻建设项目的风险，就必须遵循基本建设程序。美国企业界有良好的风险管理成效，主要原因之一就是政府法令的配合，尤其是 1970 年颁布的《职业安全和健康法》（OSHA）更是值得借鉴。OSHA 是一种联邦法律，它的目的是改善全国工人的工作环境，该法律使雇主承担了两种义务：一种义务是免除工作环境中所有的危险因素，另一种义务是遵守劳工部设定的工作环境安全标准。由于该法律对违反规定的雇主有很重的责罚，因而促使雇主更重视损失控制工作。

合理地设计项目组织形式也能有效地预防风险。项目发起单位如果在财力、经验、技术、管理、人力或其他资源方面无力完成项目，可以同其他单位组成合营体，预防自身不能克服的风险。

使用损失预防时需要注意的是，在项目的组成结构或组织中加入多余部分的同时也会增加项目或项目组织的复杂性，提高项目的成本，进而增加风险。

有些风险可以使用成熟的损失预防技术。例如外汇风险，世界银行发放的贷款一般都以多种货币支付，原因之一就是帮助借款国避免因贷款货币汇率发生变化而蒙受的损失。如果项目的投入或产出涉及外汇，则必须采取措施预防外汇风险。

2. 损失抑制

损失抑制是指在风险损失已经不可避免地发生的情况下，通过种种措施以遏制损失继续恶化，或局限其扩展范围使其不再蔓延或扩展，也就是说使损失局部化。在实施抑制策略时，最好将项目的每一个具体“风险”都减轻到可接受的水平，具体的风险减轻了，项目整体失败的概率就会减小，成功的概率就会增加。例如，承包人在业主付款误期超过合同规定期限的情况下，采取停工或撤出队伍的措施并提出索赔要求，甚至提起诉讼；业主在确信某承包人无力继续实施其委托的工程时立即撤换承包人；施工事故发生后采取紧急救护；业主控制内部核算；制定种种资金运筹方案等：这些都是为了达到减少损失的目的。

3. 损失控制措施

损失控制通常可采用以下办法：① 预防危险源的产生；② 减少构成危险的数量因素；③ 防止已经存在的危险的扩散；④ 降低危险扩散的速度，限制危险空间；⑤ 在时间和空间上将危险与保护对象隔离；⑥ 借助物质障碍将危险与保护对象隔离；⑦ 改变危险的有关基本特征；⑧ 增强被保护对象对危险的抵抗力，如增强建筑物的防火和防震性能；⑨ 迅速处理环境危险已经造成的损害；⑩ 稳定、修复、更新遭受损害的物体。

损失控制应采取主动措施，以预防为主，防控结合。就某一行为或项目而言，应在计划、执行及施救各个阶段进行风险控制分析。控制损失的第一步是识别和分析已经发生或已经引起或将要引起的危险。分析应从两方面着手：① 损失分析。通常可采取建立信息人员网络和编制损失报表的方式。分析损失报表时不能只考虑已造成损失的数据，应将侥幸事件或几乎失误或险些造成损失的事件和现象都列入报表，并认真研究和分析。② 危险分析。包括对已经造成事故或损失的危险和很可能造成损失或险些造成损失的危险的分析。除了对与事故直接相关的各方面因素进行必要的调查，还应调查那些在早期损失中曾给企业造成损失的其他危险重复发生的可能性。此外，还应调查其他同类企业或类似项目实施过程中曾经有过的危险或损失。

在进行损失和危险分析时不能只考虑看得见的直接成本和间接成本，还要充分考虑隐蔽成本。例如对生产事故进行损失和危险分析时，起码应考虑：① 直接成本，如机器损坏，要计算修复或重置费用。② 间接成本，如人员伤亡时要计算治疗费、安置费用等。③ 隐蔽成本。除了直接成本和间接成本，还要考虑由事故引起的各种不易察觉的损失。如受伤雇员的时间损失成本，为帮助受伤雇员而停止工作的其他雇员的损失成本，训练替补人员的时间损失和费用，配套设备停止工作的成本，受伤人员痊愈后工作效率降低所导致的损失，因事故而导致情绪变化从而降低工作效率的损失等。这些隐蔽成本远远高出直接成本和间接成本之和，专家们估计通常可达直接成本和间接成本之和的 4 倍，甚至更多。

4.3.3　风险单位分离

分离对策基于一个哲理演化处理，即“不要把所有的鸡蛋放在同一个篮子里”。根据这个哲理，分离又衍生成两项对策：分割和储备。这两项对策均在试图降低经济单位对单一财产、特定计划行动及特定人物的依赖，使损失单位变得更小而更容易预测和控制，从而达到风险管理的目的。

风险单位分离又分两种：

1. 分割风险单位

分割风险单位是将面临损失的风险单位分割，即“化整为零”，而不是将它们全部集中在可能毁于一次损失的同一地点。大型运输公司分几处建立自己的车库，巨额价值的货物分批运送等都是分割风险单位的方法。这种分割客观上减少了一次事故的最大预期损失，因为它增加了独立风险单位的数量。

风险分割常用于承包工程中的设备采购。为了尽量减少因汇率波动而导致的汇率风险，承包人可在若干不同的国家采购设备，付款采用多种货币。比如在日本采购支付日元，在美国采购支付美元等。这样即使汇率发生大幅度波动，也不会全都导致损失风险，以日元支付的采购可能因其升值而导致损失，但以美元支付的采购则可以因其贬值而获得节省开支的机会。在施工过程中，承包人对材料进行分隔存放也是风险分割手段，因为分隔存放无疑分离了风险单位。各个风险单位不会具有同样的风险源，而且各自的风险源也不会互相影响，这样就可以避免材料集中于一处时可能遭受同样的损失。

2. 储备风险单位

储备风险单位是增加风险单位数量，不是采用“化整为零”的措施，而是完全重复生产备用的资产或设备，只有在使用的资产或设备遭受损失后才会把它们投入使用。例如企业设两套会计记录，储存设备的重要部件，配备后备人员等。

储备风险单位可以在项目的组成结构上下功夫，增加可供选用的行动方案数目，提高项目各组成部分的可靠性，从而减少风险发生的可能性。有些国家设副总统，就是典型的风险储备策略。为了最大限度地提高项目的风险防范能力，应该在项目结构的最底层，为各组成部分设置后备物资、人力等。例如，城市污水收集处理系统应设置备用泵；为不能停顿的施工作业准备备用的施工设备；航天飞机装有四种不同版本但功能相同的计算机软件，而计算机则设 5 台，4 台启动，1 台备用等。

又如，1996 年 8 月中旬，二滩水电站工地在紧张的施工过程中，因意外事故，承担骨料和混凝土生产、冷却系统和大坝混凝土浇筑系统的两台意大利进口变压器烧毁，施工陷入停顿状态。大坝混凝土是整个工程的重中之重，是以时、日计的关键工序。但是，该工地却没有备用的变压器，情况十分紧急。幸运的是，远离工地两千多公里的北京变压器厂恰好有两台供出口的同型号变压器，经过有关方面大力支持，终于运到工地并安装调试成功，恢复了大坝混凝土的浇注。这一事件说明了后备措施的重要性。

分离风险单位的两种方法一般都会增加企业开支，有时作为对付风险的方法并不实用。虽然增加风险单位可以减少一次损失的损失幅度，但也会增加损失频率。

与分离有异曲同工之妙的对策是风险结合对策。所谓结合法是将同类风险单位加以集合，便于未来损失预测，从而降低风险的一种方法。企业的合并经营、联营及多国化企业经营等都是结合法的实际运用。从结合法的定义可知，结合法有增加风险单位的功能，但增加的途径与分离不同，分离是把一个拆散为好几个，而结合是把很多个组合起来方便预测控制。

综上所述，分割、储备和损失抑制措施似乎有点类似，然而这三项对策损失频率和幅度及预期值的影响各有程度上的不同：第一，分割与储备并不像损失抑制那样，特别强调以缩小损失幅度为目的。第二，分割和储备不以缩小损失为目的，仍有使损失缩小的功效，但在损失频率的功效上两者并不相同。分割可能增加损失频率，但储备对损失频率则毫无影响。这是因为分割的结果会使风险单位增加而增加了风险频率。第三，储备由于对损失频率无影响，有缩小损失幅度的功效，因而有降低损失预期值的效果。第四，分割对损失频率和幅度都有影响，分割是否降低损失预期值主要由分割对频率和幅度影响程度的高低而定。

4.3.4　控制型风险转移

风险转移的途径有两种：一种是通过保险合同转移出去，另一种是通过非保险合同转移出去。不论何种途径都牵涉到两位当事人，一个是转移者，另一个是受转者。第一种途径受转者是保险人，第二种途径则是非保险人。风险转移中的保险策略在这里不再赘述，而非保险的风险转移，按转移的重点不同，又分为控制型与理财型两种，这里我们只讨论控制型。

所谓控制型非保险风险转移，是指转移者将风险转嫁给非保险人等经济个体，从而使该经济个体有从事某特定行动的法律责任，并且有承担因该项行动所导致的损失义务的一种契约行为。它的特性有几点：第一，该风险转移契约的对象不是保险人；第二，该风险转移契约的目的并不是寻求损失的补偿，而是寻求基于法律责任而必须执行某种行动的受转者，所以它转移的重点在法律责任而不是损失的补偿；第三，这种转移契约并没有使转移者完全免除因转移所可能引发的任何风险。

风险转移是风险控制的另一种手段。经营实践中有些风险无法通过上述手段进行有效控制，经营者只好采取转移手段以保护自己。风险转移并非损失转嫁。这种手段也不能被认为是损人利己，有损商业道德，因为有许多风险对一些人的确可能造成损失，但转移后并不一定同样给他人造成损失。其原因是各人的优劣势不一样，因而对风险的承受能力也不一样。因此，实行这种策略要遵循两个原则：第一，必须让承担风险者得到相应的报答；第二，对于各具体风险，谁最有能力管理就让谁分担。

采用这种策略所付出的代价大小取决于风险大小。当项目的资源有限，不能实行减轻和预防策略，或风险发生频率不高，但潜在的损失或损害很大时可采用此策略。

风险转移的手段常用于工程承包中的分包和转包、技术转让或财产出租。合同、技术或财产的所有人通过分包或转包工程、转让技术或合同、出租设备或房屋等手段将应由自身全部承担的风险部分或全部转移至他人，从而减轻自身的风险压力。这种对策采用的合同形态有四种：第一，买卖出售合同。例如，一爆竹工厂为了避免因爆炸所可能产生的财产风险而将爆竹工厂出让给其他的非保险人，而且这个对策与中止爆竹厂生产的风险规避不同。第二，出租协议。该协议特别适用于财产风险的管理。第三，分包合同。通过分包合同，主承包人可将某类特定的工程或计划的法律责任转由分承包人承担。第四，辩护协定。凭此协议风险承受者可以免除转移者对承受者追诉损失的法律责任，例如医生对病人执行开刀手术前，往往要求病人签字同意如手术不成功医生并不负责的协议。

对应于不同的合同形态，转移风险主要有四种方式：出售、发包、开脱责任合同、担保。

1. 出售

出售就是通过买卖契约将风险转移给其他单位。这种方法在出售项目所有权的同时也就把与之相关的风险转移给了其他单位。例如，项目可以通过发行股票或债券筹集资金，股票或债券的认购者在取得项目的一部分所有权时，也同时承担了一部分风险。

2. 发包

发包就是通过从项目执行组织外部获取货物、工程或服务而把风险转移出去。发包时又可以在多种合同形式中选择。例如建设项目的施工合同按计价形式划分，有总价合同、单价合同和成本加酬金合同。总价合同适用于设计文件详细完备，因而工程量易于准确计算或简单、工程量不大的项目。采用总价合同时，承包单位要承担很大风险，而业主单位的风险相对而言要小得多。成本加酬金合同适用于设计文件已完备但又急于发包，施工条件不好或由于技术复杂需要边设计边施工的一些项目。采用这种合同形式，业主单位要承担很大的风险费用。一般的建设项目采用单价合同，当采用单价合同时，承包单位和业主单位承担的风险差不多，因而承包单位乐意接受。

3. 开脱责任合同

在合同中列入开脱责任条款，要求对方在风险事故发生时，不要求项目班子本身承担责任。例如在国际咨询工程师联合会的土木工程施工合同条件中有这样的规定："承包人应保障和保持使雇主、雇主人员以及他们各自的代理人免受以下所有索赔、损害赔偿费、损失和开支（包括法律费用和开支）带来的伤害；任何人员的人身伤害、患病、疾病或死亡，不论是由于承包人的设计（如果有）、施工和竣工，以及修补任何缺陷引起，或在其过程中，或因其原因产生的，除非是由于雇主、雇主人员，或他们各自的任何代理人的任何疏忽、故意行为或违反合同造成的……"

4. 担保

所谓担保，是指为他人的债务、违约或失误负间接责任的一种承诺。在项目管理上是指银行、保险公司或其他非银行金融机构为项目风险负间接责任的一种承诺。例如，建设项目施工承包人请银行、保险公司或其他非银行金融机构向项目业主承诺，为承包人在投标、履行合同、归还预付款、工程维修中的债务、违约或失误负间接责任。当然，为了取得这种承诺，承包人要付出一定代价，但是这种代价最终要由项目业主承担。在得到这种承诺之后，项目业主就把由于承包人行为方面不确定性带来的风险转移到了出具保证书或保函者，即银行、保险公司或其他非银行金融机构身上。总结前面所述各项风险控制对策，如表 4－1 所示。

表 4－1　风险控制对策

对策名称	性质	适用情况	备注
规避	企图使损失频率等于零的行动	损失频率及幅度均极高	在特定范围内有效，不但个别经济单位免除了风险，而且整个社会也可免除
预防	降低损失频率	损失频率高，损失幅度低	可以降低损失频率，但无损失频率等于零的企图
抑制	缩小损失幅度	损失幅度高，损失频率低	有时与预防很难严格区分
分离	增加风险单位使损失易于测算	原有风险单位极少或失去其原有功能	可分为分割及储备
转移	转移法律责任给非保险人	需要由非保险人承担某一行动	与风险理财型风险转移不同

4.4　工程风险中的伦理责任

4.4.1　伦理责任的概念

1. 对责任的多重理解

责任是人们生活中经常用到的概念，它不专属于伦理学，许多学科，如法学、经济学、政治学、社会学等，都涉及和关注责任问题，因此，人们对责任的理解呈现出多维度、多视角的状况。在责任的分类上，按照性质可以分为因果责任、法律责任、道义责任等，按时间先后可分为事前责任和事后责任，当然也可以按照程度把责任区分为必须、应该和可以等级别。不论何种类型的责任，都会包含如下几个要素：① 责任人，即责任的承担者，可以是个人或法人；② 对何事负责；③ 对谁负责；④ 面临指责或潜在的处罚；⑤ 规范性准则；⑥ 在某个相关行为和责任领域范围之内。根据这种分析，可以把责任界定为“按照对某种行为或其结果的预期而追溯原因的关系系统”。

责任在当下的伦理学中已凸显为一个关键概念，这与当今社会的时代特征是息息相关的。当今社会是一个科技高度发达的时代。科技越发达，人类改造世界的能力就越大，其自由度也就越大。科技进步带来的许多问题是人类有限的理性无法预期和控制的，“现代科技的行动能力所具有的集体性与累积性使得行动的主体不再只限于有意志决定的个人（或有组织的团体，如法人等），而行动的结果通过科技附带效应的长远影响，也已经不在人类目标设定或可预见的范围之内。”因此，科技进步带来的新型责任是“未来责任”和“共同责任”。它所带来的伦理问题也是传统伦理学无法应对的，责任变得比以往任何时代都更为复杂和尖锐。

马克斯 • 韦伯（Max Weber）首先提出了“责任伦理”的概念，对“信念伦理”与“责任伦理”进行了区分，并强调责任伦理在行动领域里的优先地位。而真正把责任范畴引入伦理学，并建构理论化的责任伦理体系，是德国学者汉斯 • 尤纳斯（Hans Jonas）。他在 1979 年出版了《责任之原则——工业技术文明之伦理的一种尝试》一书，在该书中，他论证了为何保全人类与自然的可持续发展是未来责任的终极目标，并提出了这样一个核心观点，即道德的正确性取决于对长远未来的责任性。如果说尤纳斯的责任伦理学主要关注的是“未来责任”的话，那么阿佩尔（Karl－Otto Apel）则主要关注和回答的是如何应对“共同责任”的问题。通过“对话伦理学”的建构，他深入地阐释了为何沟通共识本身即是我们共同负责解决实践问题的最终理性基础。

2. 伦理责任的含义

如上所述，责任范畴不仅仅属于伦理学领域，它只有在与道德判断发生联系的时候，才具有伦理学意义。要澄清伦理责任的内涵，可以通过与其他责任类型相比较的方式进行。

首先，伦理责任不等于法律责任。法律责任属于“事后责任”，指的是对已发事件的事后追究，而非在行动之前针对动机的事先决定，而伦理责任则属于“事先责任”，其基本特征是善良意志不仅依照责任而且出于责任而行动。“专由法律所规定的义务只能是外在的义务，而伦理学的立法则是一般地指向一切作为义务的东西，它把行为的动机也包括在它的规律内。

单纯因为‘这是一种义务’而无须考虑其他动机而行动，这种责任才是伦理学的，道德内涵也只有在这样的情形里才清楚地显示出来。”另外，相对于法律责任而言，伦理责任对责任人的要求更高。法律责任是社会为社会成员划定的一种行为底线，但是仅靠法律责任还不能解决人们生活中遇到的所有问题，人们还必须超越这个底线，上升到更高的伦理责任的要求。

其次，伦理责任也不等同于职业责任。职业责任是工程师履行本职工作时应尽的岗位（角色）责任，而伦理责任是为了社会和公众利益需要承担的维护公平和正义等伦理原则的责任。工程师的伦理责任一般说来要大于或重于职业责任。如果工程师所在的企业做出了违背伦理的决策，损害了社会和公众的利益，简单恪守职业责任会导致同流合污，而尽到伦理责任才能够切实保护社会和公众的利益。职业责任和伦理责任在大多数情况下是一致的，但在某些情况下则会发生冲突。比如工程师在知道公司产品存在质量问题并有可能对公众的生命财产产生威胁时，他是应该坚持保密性的职业伦理要求还是遵循把公众的安全、健康和福祉置于首要地位的社会伦理责任要求呢？这就需要工程师在职业责任和伦理责任之间进行权衡。

4.4.2 工程伦理责任的主体

1. 工程师个人的伦理责任

与人类其他活动相比，工程活动有着独特的知识要求。工程师作为专业人员，具有一般人不具有的专门的工程知识，他们不仅能够比一般人更早、更全面、更深刻地了解某项工程成果可能给人类带来的福利，同时，作为工程活动的直接参与者，工程师比其他人更了解某一工程的基本原理以及所存在的潜在风险，因此，工程师的个人伦理责任在防范工程风险上具有至关重要的作用。

工程师的特殊能力决定了他们在防范工程风险上具有不可推卸的伦理责任，即工程师需要有意识地思考、预测、评估其所从事的工程活动可能产生的不利后果，主动把握研究方向：在情况允许时，工程师应自动停止危害性的工作。除了在本职工作范围内履行伦理责任，工程师还要利用适当的途径和方式制止违背伦理的决策和实际活动，主动降低工程风险，防范工程事故的发生。

以在我国引起巨大社会问题的 PX 项目为例：如果从事设计和生产的工程师能够尽职尽责，努力消除安全隐患，避免出现重大事故；在发现存在严重质量问题和重大风险时，主动向上级决策部门反映；必要时向公众说明 PX 项目的真实情况、存在的问题和可能的风险；他们的“出场”就有可能化解工程安全引发的社会问题，进而消除公众对该项目的理解和接受上的偏差。

2. 工程共同体的伦理责任

之所以提出工程共同体的伦理责任，是因为现代工程在本质上是一项集体活动，当工程风险发生时，往往不能把全部责任归结于某一个人，而需要工程共同体共同承担。工程活动中不仅有科学家、设计师、工程师、建设者的分工和协作，还有投资者、决策者、管理者、验收者、使用者等利益相关者的参与，他们都会在工程活动中努力实现自己的目的和需要。因此，工程责任的承担者不仅限于工程师个人，而是要涉及包括诸多利益相关者的工程共同体。

工程活动的多方参与性也造成了现代工程的“置名性”和“无主体性”。现代工程和技术都是复杂系统，在这种高度复杂系统中，组织化的作用要远大于个人作用，而其中潜藏着的巨大风险很难归结为某个人的原因。此外，工程社会效果具有累积性，而且这种累积还是不可预见的。比如转基因技术，不经过长时间的观察，人类当下无法对它的危险系数进行判断。这些都使得由谁来承担以及如何承担起这种责任的问题变得格外复杂，所以，必须在考虑工程师个人伦理责任的同时，探讨工程共同体的伦理责任。

工程事故中的共同伦理责任是指工程共同体各方共同维护公平和正义等伦理原则的责任。这种责任不是指他们共同的职业责任，不是说有了工程事故后所有相关者都要责任均摊，而是强调个人要站在整体的角度理解和承担共同伦理责任，通过工程共同体各方相互协调承担共同伦理责任，积极主动履行共同伦理责任。承担共同伦理责任的目的在于，从工程事故中反思伦理责任方面的问题，提高工程师群体的社会责任感和工程伦理意识，形成工程伦理文化氛围。

4.4.3　工程伦理责任的类型

1. 职业伦理责任

所谓职业，是指一个人“公开声称”成为某一特定类型的人，并且承担某一特殊的社会角色，这种社会角色伴随着严格的道德要求。职业活动区别于非职业活动的特征在于：第一，进入职业通常要求经历一段长期的训练时期；第二，职业人员的知识和技能对于广大社会的幸福是至关重要的；第三，职业通常具有垄断性或近似于垄断性；第四，职业人员通常具有一种不同寻常的自主权；第五，职业人员声称他们通常受到具体的伦理规范的支配。

相应地，职业伦理应当区别于个人伦理和公共伦理。职业伦理是职业人员在自己所从业的范围内所采纳的一套标准。个人伦理是一组个人的伦理承诺，这些伦理承诺是在生活训练中经过反思获得的。公共伦理是一个社会大多数成员所共享并认可的伦理规范。三种伦理虽然有不同的内涵，但是它们之间通常是交叉的。

职业伦理责任可以分为三种类型，一是“义务—责任”，职业人员以一种有益于客户和公众，并且不损害自身被赋予的信任的方式使用专业知识和技能的义务。这是一种积极的或向前看的责任。二是“过失—责任”，这种责任是指可以将错误后果归咎于某人。这是一种消极的或向后看的责任。三是“角色—责任”，这种责任涉及一个承担某个职位或管理角色的人。

因为工程总是与风险相关的，所以工程师的伦理责任在某种意义上就是对风险负起责任。要做到这一点，工程师首先应该注意到，风险通常是难以评估的，并且风险可能会以微妙的和变幻莫测的方式扩大；其次，还需要注意到存在着不同的可接受风险的定义。与一般公众不同的是，工程师在处理风险的过程中，有一种强烈的量化思维，这使得他们对一般公众的关注不够敏感。最后，工程师还必须意识到风险的法律责任。

2. 社会伦理责任

工程师作为公司的雇员，当然应该对所在的公司忠诚，这是其职业道德的基本要求。可是如果工程师仅仅把他们的责任限定在对公司的忠诚上，就会忽视应尽的社会伦理责任。工程师对公司的利益要求不应该是无条件地服从，而应该是有条件地服从，尤其是公司所进行的工程具有极大的安全风险时，工程师更应该承担起社会伦理责任。当他发现所在的公司进行的工程活动会对环境、社会和公众的人身安全产生危害时，应该及时地给予反映或揭发，使决策部门和公众能够了解到该工程中的潜在威胁，这是工程师应该担负的社会责任和义务。

在早期的工程师职业章程中，对工程师的社会伦理的重视是不够的。比如早期比较有代表性的美国工程师章程认为，“工程师应当将保护客户或雇主的利益作为他首要的职业责任，所以应当避免与此责任相违背的任何行为”。有关社会伦理责任的表述几乎看不到，可以视作涉及这方面的唯一表述是：工程师“应当努力帮助公众对工程项目有一个基本公正的和正确的理解，向公众传播一般的工程知识，在出版物或别的关于工程的话题上，阻止不真实的、不公正的或夸张的陈述”。

20 世纪中叶之后，许多工程师社团的章程中开始增加大量关于社会伦理责任的内容。如工程师职业发展理事会的章程中采纳了“工程师不仅对雇主和客户，而且对公众有诚实的义务”的主张，在其章程中明确表示工程师“应当关注公众的安全和健康”，后来又把它修改为“在履行工程师责任的过程中，工程师应当将公众的安全、健康和福祉置于首要地位”。目前，诸如此类的表述在几乎所有的工程师章程中都可以见到。

3. 环境伦理责任

除了职业伦理责任和社会伦理责任，包括工程师在内的工程共同体还需要对自然负责，承担起环境伦理责任。具体而言，环境伦理责任包含以下几个方面：① 评估、消除或减少关于工程项目、过程和产品的决策所带来的短期的、直接的影响以及长期的、直接的影响。② 减少工程项目以及产品在整个生命周期对于环境及社会的负面影响，尤其是使用阶段。③ 建立一种透明和公开的文化，在这种文化中，关于工程的环境以及其他方面的风险的毫无偏见的信息（客观、真实）必须和公众有公平的交流。④ 促进技术的正面发展用来解决难题，同时减少技术的环境风险。⑤ 认识到环境利益的内在价值，而不要像过去一样将环境看作是免费产品。⑥ 国家间以及代际的资源以及分配问题。⑦ 促进合作而不是竞争战略。

虽然人们已经认识到工程活动应该承担相应的环境伦理责任，但是在现实实践中却出于种种的原因而不能很好地实现。就工程师个体而言，他在工程活动中扮演着多重的角色，每种角色都相应地被赋予一定的责任，包括对职业理想的责任、对自己的责任、对家庭的责任、对公司的责任、对用户的责任、对团队其他成员的责任、对社会的责任、对环境的责任，等等。“这许许多多责任的履行，使工程师受到多重限制——雇主的限制、职业的限制、社会的限制、家庭的限制等。这种种限制常常使工程师陷入伦理困境中——是将公司的利益、雇主的利益、自身的利益置于社会和环境利益之上还是相反？这成为工程师必须面对和抉择的问题。”

因此，为了更好地促使环境伦理责任的实现，工程团体或协会还需要在其章程中制定专门的环境伦理规范。世界工程组织联盟于 1986 年率先制定了《工程师环境伦理规范》，对工程师的环境伦理责任进行了明确的界定，为工程师在现实中面临伦理困境时进行正确的决策提供了指导性的意见。

思考与讨论

1. 工程为何总是伴随着风险？导致工程风险的因素有哪些？
2. 工程风险的可接受性为何是相对的？
3. 如何防范工程风险？有哪些手段和措施？
4. 评估工程风险需要遵循哪些基本原则？
5. 什么是伦理责任？工程师需要承担哪些伦理责任？

第5章
工程中的利益相关者及其社会责任

5.1 契约理论

5.1.1 什么是契约

经济学中的契约不同于法学中的契约。法学中的契约是指人们之间达成的协议，它强调协议内容的法律解释和法律效力。经济学中的契约是指交易当事人为取得预期收益而共同确立的各种权利关系，它不仅包括具有法律强制力的协议，还包括不具有法律强制力的默认和承诺。契约关系就是所有的市场交易关系。契约的签订遵循独立（人格上）、自由（意志上）和平等（地位上）的原则。契约具有公平性（市场交易关系的要求）、社会性（产生于社会的一种社会关系）、过程性（签订和执行是一个过程）和不完全性（有限理性、不确定性、成本限制等引起）等特征。

5.1.2 契约的起源及理论发展

1. 契约思想的起源

在中国，契约起源于春秋战国时代，《周礼》中就有记载；在西方，契约起源于古希腊时代，建立在“万民法”基础上的罗马法体系全面规定了契约的基本原则。契约的起源与贸易的发展是分不开的。

2. 契约理论的发展阶段

第一阶段：古典契约理论。

该理论直接来源于古罗马法，强调平等、自由的原则。由霍布斯等人引入政法权利领域，洛克等进一步引申，形成社会契约论。认为社会契约的首要条件是平等，其次是个人意志自由。在此基础上成立国家，使人们自愿放弃在自然状态下的某些权利，遵从法制所规定的权利和义务；以保护人民财产、和平、安全和公共福利为目的国家并没有改变人们的自由与平等。社会契约论从而奠定了古典契约理论的基础。

古典经济学崇尚自由竞争和自然秩序，与此相适应，古典契约产生于自由的市场经济早期，早期的交易表现为个别的和不连贯的交易，其契约也是个别的和不连贯的，对责任权利和赔偿方式有明确规定，把它现时化，不涉及未来的变化，具有即时性的特点。

第二阶段：新古典契约理论。

该理论与以揭示市场运行机制为内容的新古典经济学理论紧密相关。它以边际革命为标志；以揭示市场运行机制为内容，提出了理想化的竞争理论模型；认为市场总能达到均衡。相应地，它提出了重订契约理论，强调契约的持续性，认为随着外部环境的变化，交易者可以按变化了的环境重新签约。市场价格就是交易者反复调整、自发形成的契约。新古典契约理论揭示的是一种长期契约关系。

契约的订立是自由的，它只对缔约双方发生影响，又是不确定性的和可变的，存在使契约内容必然包含某些变更的规则，双方可以按变更的原则适时调整契约内容。契约是可以无限分割的，通过分割长期契约而形成数个暂时性的短期契约，使某些信息在契约中充分体现，长期契约就可以不断得以完善。新古典契约思想建立在对客观经济活动不确定的认识基础上，揭示的是一种长期契约关系，强调契约的持续性，初步认识到契约的不完全性和事后的可调整性、灵活性，但认为不确定风险可通过事前和事后的契约调整来避免或减少，故新古典契约理论认为契约是完全的。

第三阶段：现代契约理论。

该理论直接起源于经济学家对新古典经济学理论无法对现实经济活动做出适当解释的认识，需要丰富和纠正理想化的竞争理论模型。现代契约理论是近 50 年来发展起来的主流经济学前沿理论。它的研究从一整套范畴和分析方法开始，创造了一系列的模型、公式，从不同角度对契约进行分类研究，例如对完全契约和不完全契约、显性契约和隐性契约进行了系统的分析等。

契约是不完全的。出于各种主观和客观原因，契约当事人无法通过事前的条款对未来的交易做出详细规定。不完全性的主要原因在于：个人的有限理性；外部环境的复杂性和事件发展的不确定性；契约当事人所掌握的信息是不对称的；契约条款的语言描述模棱两可、当事人在语意理解上的差异导致很高的交易成本，部分契约条款因此而束之高阁。

契约纠纷与契约的不完全性紧密相连。契约的订立者只能设计不同的机制处理由不确定事件引发的有关条款带来的问题，因此契约纠纷是经常性的。契约纠纷有以下几类：外生的因素影响了一方当事人的履约能力而提出解除履约的责任；一方利用缺少风险管理条款的机会影响了另一方的利益；一方由于利润减少（不是由于履约困难）从而想终止契约；环境发生变化，当事人对契约中的某些条款字义的理解出现分歧而引起履约障碍。

契约本身存在着两个不可克服的问题：为尽可能减少不确定性而力图使契约条款更加详尽，必然带来的高交易成本；最初订立的契约将交易双方固定在单个交易中，缔约各方在执行契约的过程中不可避免的利益分歧将导致各自的机会主义行为和共同的损失，长期契约中尤为明显。

为解决契约纠纷，节约交易成本，有效应对未来的不确定性，方法有三种：订立短期契约，通过谈判不断地重新订约；有意遗漏部分条款，通过谈判解决；规定调整契约的规则，根据具体情况做出规定。契约的执行以契约当事人之间协调而自动实施为主，以法律为辅。仅规定一个约束框架的关系性契约对解决问题具有明显优势。

契约分为显性契约和隐性契约。正式的书面契约被称为显性契约；交易双方心照不宣的默认或协议，称为默认契约或隐性契约。契约的执行机制主要是自动实施，即当事人依靠日常习惯、合作诚意和信誉来执行契约，但不排除法律的强制执行机制。

5.1.3 订立契约的原则

1. 平等性原则

当事人之间订立契约是在地位平等的状态下进行的（但不等于契约内容、履约结果或体现的经济利益的平等性，取决于交易双方对交易的相对重要性、谈判力等因素），这是签订契约的内在的基本原则。

2. 自由性原则

所谓契约的自由性，就是人们签订契约的自由意志性和自主选择性。自由性与平等性密不可分。自由性是平等性的基础，只有承认契约各方都具有自由权利，才有真正的平等性。

3. 守信原则

这是契约发挥社会作用的基本前提。每个当事人都必须信守契约，因为契约是各方平等协商的结果、自由意志的表达。守信原则的贯彻，应当是自觉的，当事人必须按照契约的规定遵守各自的义务，并享受各种权利，否则就必须付出代价。

4. 互利性原则

契约当事人在一致合意的基础上通过契约实现各自的利益，任何契约行为都是当事人实现预期收益的手段，否则，契约就不会形成。但预期获利并不等于实际获利。

5.2 利益相关者理论

5.2.1 利益相关者理论的提出

利益相关者理论是 20 世纪 60 年代左右在西方国家逐步发展起来的，进入 20 世纪 80 年代以后其影响迅速扩大，开始影响英美等国家的公司治理模式的选择，并促进了企业管理方式的转变。利益相关者理论的出现，是有其深刻的理论背景和实践背景的。

利益相关者理论立足的关键之处在于，它认为随着时代的发展，物质资本所有者在公司中的地位呈逐渐弱化的趋势。所谓弱化物质所有者的地位，指利益相关者理论强烈地质疑“公司是由持有该公司普通股的个人和机构所有”的传统核心概念。主张利益相关者理论的学者指出，公司本质上是一种受多种市场影响的企业实体，而不应该是由股东主导的企业组织制度；考虑到债权人、管理者和员工等许多为公司贡献出特殊资源的参与者的话，股东并不是公司唯一的所有者。

促使西方学术界和企业界开始重视利益相关者理论的另一个重要的原因是，全球各国企业在 20 世纪 70 年代左右开始普遍遇到了一系列的现实问题，主要包括企业伦理问题、企业社会责任问题、企业环境管理问题等。这些问题都与企业经营时是否考虑利益相关者的利益要求密切相关，迫切需要企业界和学术界给出令人满意的答案。

1. 企业伦理

企业伦理问题是 20 世纪 60 年代以后管理学研究的一个热点问题。由于过分地追求所谓的利润最大化，企业经营活动中以次充好、坑蒙拐骗、行贿受贿、恃强凌弱、损人肥己等不顾相关者利益、违反商业道德的行为，在世界各国都不同程度地存在着。企业在经营活动中应该对谁遵守伦理道德、遵守哪些伦理道德、如何遵守伦理道德等问题摆在了全球学术界和企业界的面前。

2. 企业社会责任

企业社会责任的概念是从20世纪80年代开始得到广泛认同的，其内涵也日益丰富。过去那种认为企业只是生产产品和劳务工具的传统观点受到了普遍的问责，人们开始意识到企业不仅仅要承担经济责任，还需要承担法律、道德和慈善等方面的社会责任。随后，对企业社会责任的研究逐渐成为利益相关者理论的一个重要组成部分，其研究的重点已从社会和道德关怀转移到诸如产品安全、雇员权利、环境保护、道德行为规范等问题上来。

3. 企业环境管理

企业环境管理问题日益成为现代企业生存和发展中一个不容回避的问题。人类生存的自然环境日益恶化已是一个不争的现实，全球环境问题正逐步成为人们关注的焦点。1992年11月18日，包括9位诺贝尔奖获得者在内的1 500位科学家发表了3页《对人类的警告》，这些科学家们肯定地认为:“全球环境至少在8个领域内面临着严重威胁……全球环境问题不仅仅已经影响着当代人的生活，而且还对人类后代、非人物种的生存也构成了威胁。”因此，已有学者开始认识到基于利益相关者共同参与的战略性环境管理模式可能是企业环境管理的最终出路。

也就是说，在20世纪60年代中期以后，企业除了要在日益激烈的竞争中获取竞争优势，还必须面对越来越多的与其利益相关者有关的问题，需要考虑企业伦理问题，需要承担社会责任，需要进行环境管理。这就使得许多企业陷入迷惘之中：企业赚取利润，本是天经地义的事，怎么还需要考虑那么多事呢？

5.2.2 利益相关者理论的观点

利益相关者理论的代表人物之一，美国布鲁金斯研究中心布莱尔博士就指出，“公司股东实际上是妄为理论上的所有者的身份，因为他们并没有承担理论上的全部风险……这些股东几乎没有任何我们所期望的、其作为公司所有者本身所应有的典型的权利和责任。”其他利益相关者如雇员和债权人也承担了一部分的风险。因此，公司不是股东一方所有的“公司”，股东只是拥有公司股份，而不是拥有公司本身。既然“公司不是由其股东所拥有”，并且股东仅仅是一组对公司拥有利益者之中的一员，那么我们就没有理由认为股东的利益会或应该优于其他利益拥有者。而且，布莱尔还进一步指出，由于各种创新金融工具的产生，股东能够通过证券组合方式来降低风险，从而也降低了激励他们去密切关心公司生产经营状况的动力，所以，股东具有“最佳的激励”来监督经营者，并观察企业的资源是否被有效地使用的命题也就发生了动摇。在布莱尔等人看来，“我们一直在被灌输一种说法，即产权是市场和资本主义的组织方式赖以存在的制度基础……现在这种说法受到了冲击。”公司的出资不仅来自股东，而且来自公司的雇员、供应商、债权人和客户，后者提供的是一种特殊的人力投资。因此，公司不是简单的实物资产的集合物，而是一种“治理和管理着专业化投资的制度安排”。

利益相关者理论认为，从“企业是一组契约”这一基本论断出发，可以把企业理解为“所有相关利益者之间的一系列多边契约”，这一组契约的主体当然也包括管理者、雇员、所有者、供应商、客户及社区等多方参与者。每一个契约参与者实际上都向公司提供了个人的资源，为了保证契约的公正和公平，契约各方都应该有平等谈判的权利，以确保所有当事人的利益至少都能被照顾到，这是因为契约理论本质上就要求对不同相关利益者都要给予应有的“照顾”。

5.3　工程与利益相关者

5.3.1　工程的社会性

工程的社会性首先表现为实施工程的主体的社会性，特大型工程，像“曼哈顿工程”“阿波罗工程”“三峡工程”等往往会动用十几万、几十万甚至上百万的工程建设者。一名计算机程序员的单打独斗，通常不会被称为“软件工程”，但他如果是同其他程序员一起协同工作，就有必要采用软件工程的管理、流程、规范和方法。实施工程的主体通常是一个有组织、有结构、分层次的群体，需要有分工、协调和充分的内部交流。而在这样的群体内部，又有不同的社会角色：设计师、决策者、协调者以及各种层次的执行者，各司其职。在这里，有必要进一步明确工程内部的职能分工。工程决策者：确定工程的目标和约束条件，对工程的立项、方案做出决断，并把握工程起始、进展、结束或中止的时机。工程设计者：即通常意义上的（总）工程师，根据工程的目标和约束条件（如资源、性能、成本等），设计和制定具有可行性的计划和行动方案。工程管理者：负责对人员和物资流动进行调度、分配和管理，保障工程的有效实施。工程实现者：通常意义上的工人和技术人员，负责工程项目的实际建造。借用一个军事上的类比，可能会有助于理解工程的社会组织中不同的角色分工。工程决策者相当于一支部队的最高首长（司令员），工程师相当于参谋人员，工程管理者相当于基层指挥员，而工人和技术人员则相当于普通士兵，直接在第一线上作战。

现代汉语中的“工程”一词，实际上有两种不尽相同，却又相互关联的含义。首先，“工程”通常是特指一种学问或方法论，对应于英语中的“工程”，往往是与“科学”“人文”“商业”等概念相并列的；传授这种学问并进行这种方法论训练的地方是工（程）学院。而“工程”一词的另一种含义，是“项目”或“计划”，对应于英语中的“project”。我们平常所说的“曼哈顿工程”“三峡工程”，实际上指的是作为具体项目的工程。不过，工程学意义的“工程”含义同工程项目意义上的“工程”含义在概念上又是紧密相关的，因为大多数工程是通过项目的方式实施的，而所谓工程方法在很大程度上就是对工程项目的设计、组织和管理的方法。任何一个项目都是一个过程，这也就是说，我们总是可以在时间的维度上，确定项目的起点和终点。工程项目也不例外。因此，从概念上讲，一个工程总有它的起点和终点，不会有没完没了的工程或周而复始的工程。从项目和过程的角度来理解工程，有助于将工程同一般性的技术或生产活动区别开来。

工程社会性的另一个主要表现形式是：工程，特别是大型工程，往往对社会的经济、政治和文化的发展具有直接的、显著的影响和作用。工程是人类通过有组织的形式、以项目方式进行的成规模的建造或改造活动，如水利工程、交通工程、能源工程、环境工程等，通常会对一个地区、一个国家的社会生活产生深刻的影响，并显著地改变当地的经济、文化及生态环境。另外，由于工程项目的目标比较明确，工程实施的组织性、计划性比较强，相应地，社会对工程的制约和控制也比较强。一个大型工程项目的立项、实施和使用往往能反映出不同的阶层、社区和利益集团之间的冲突、较量和妥协。例如，2005 年圆明园防渗工程进入不可行性论证的阶段，这是个社会性的过程。公众主要从生态角度掀起的反对这一工程的行为，是以一种特殊的方式书写着这一工程的不可行性，由专家、媒体、公众、政府构成的行动者网络制约了整个工程，迫使原工程整改。在工程论证过程中，所采用的标准开始发生了转移。如自然生态和环境保护成为一个主要的标准。随着法律化、制度化建设的加强，随着公众地位的提高和网络等传媒技术的发展，公众的标准也将成为论证中遇到的一个新标准。在更大程度上，公众力量的表达，或者说真正能够在论证中起到决定性作用，还与其力量的增长有着极大的关系。工程论证的过程是一个社会性的网络所制约的结果，也正是由于网络节点的众多使得论证过程本身呈现为多元理性的过程。网络共同体则是由工程师、媒体、政府、公众四极构成：工程师为最核心的一极，从技术上提供一种支撑；媒体是另外一极，对专家的声音进行传递；政府形成第三极，政府的力量是不容忽视的，可以说，从根本上来讲，政府决定着一个项目的可行性；公众构成第四极，但是他们的标准并不是技术性的，而更多是价值性和规范性的。公众之所以会上升为其中的一极主要是来自政府的作用，政府的目标是增强透明度、加强法治化建设，这使得公众获得了一种参与力。尽管现在公众的力量并没有完全在工程项目的决策中表现出来，但是已经成为一个上升性的迹象了。

重视工程的社会性有助于更明晰、更准确地把握工程这个概念，特别是有利于更好地理解工程与技术之间的区别与联系。社会性并不是一般意义上的技术概念的内在属性，一些传统技术，像家庭纺织技术、饲养技术并不要求有组织、成规模地使用。而大多数现代技术，如能源技术、运载技术、通信技术等，其发明、改进、运用和推广确实是社会化的过程，这些技术对社会的影响以及社会对它们的控制也不容忽视；然而，这些技术活动往往是通过工程化的方式实现的，对任何一个具有一定规模的工程项目而言，技术问题通常只是包括经济、制度文化等在内的诸多要素中的一部分，在这个意义上，大多数的现代技术可以被看作工程技术。既然社会性是工程的重要属性，那么，在考察、反思工程问题的时候，就不应当只是局限于纯技术的角度，把工程问题简单地看作一般性的技术问题，而应当多视角、全方位地认识和理解工程，要考虑工程的诸多利益相关者。工程是人类有组织、有计划，按照项目管理方式进行的成规模的建造或改造活动，大型工程涉及经济、政治、文化等多方面的因素，会对自然环境和社会环境造成持久的影响。工程的社会性要求树立一种全面的工程观，不是将工程抽象地看作人与自然、社会之间简单的征服与被征服、攫取与供给的关系，而是人类以社会化的方式，并以技术实现的手段与其所处的自然和社会环境之间所发生的相互作用与对话。在当代，全面协调的、可持续的发展观要求树立与之相适应的工程观，这是对新时期工程伦理研究提出的重大课题。

5.3.2　工程的利益相关者

工程是“造物”活动，它把事物从一种状态变换为另一种状态，创造出地球上从未出现过的物品或过程，乃至今天的人类生活于其中的世界。它们直接决定着人们的生存状况，长远地影响着自然环境，这是工程活动的意义所在，也是它必须受到伦理评价和引导的根据。而且，这种造物活动是社会性的，它是一个汇聚了科学技术和经济、政治、法律、文化、环境等要素的系统，伦理在其中起到重要的调节作用。参与工程活动的实际上有不同的利益集团——利益相关者，诸如项目的投资方，工程实施的承担者、组织者、设计者、施工者，产品的使用者等。公正合理地分配工程活动带来的利益、风险和代价，是今天伦理学所要解决的重要问题之一。

在工程决策中，不但会遇到知识和道德问题，而且会遇到利益问题。在工程活动中出现的并不是无差别的统一的利益主体，而是存在利益差别（甚至利益冲突）的不同的利益主体。对此，现代经济学、哲学、管理学等许多领域的学者都认为：决策应该民主化，决策不应只是少数决策者单独决定的事情，应该使众多的利益相关者都能够以适当方式参与决策。换言之，工程决策不应是在“无知之幕”后面进行的事情，在决策中应该拉开“无知之幕”，让利益相关者出场。德汶在研究决策伦理时指出，在决策过程中，究竟把什么人包括到决策中是非常重要的事情，在决策过程中，两个关键的问题是：“谁在决策桌旁和什么放在决策桌上？”利益相关者在“决策舞台”上的出场是一件意义重大和影响广泛的事情，它不但影响“剧情结构和发展”，即“舞台人物”的博弈策略和博弈过程，而且势必影响“主题思想和结局”，即应该做出“什么性质”的决策和最后究竟选择什么决策方案。

如果说，以往有许多人把工程决策、企业决策仅仅当作领导者、管理者、决策者或股东的事情，那么，当前的理论潮流已经发生了深刻的变化。许多人都认识到：从理论方面看，决策应该是民主化的决策；从程序方面看，应该找到和实行某种能够使利益相关者参与决策的适当程序。应该强调指出，以适当方式吸纳利益相关者参加决策过程，不但是一件具有利益意义和必然影响决策“结局”的事情，同时也是一件具有重要的知识意义和伦理意义的事情。从信息和知识方面看，利益相关者在工程决策过程中的出场不但必然带进来不同的利益要求，特别是原来没有注意到的利益要求，而且势必带进来一些“地方性的知识”和“个人的知识”。虽然这些知识可能没有什么特别的理论意义，可是由于决策活动和理论研究具有完全不同的本性，因而这些知识在决策中可以发挥重要的、特殊的、不可替代的作用，以至于我们可以肯定地说：如果少了这些知识就不可能做出“好”的决策。

从政治方面和伦理道德方面看，利益相关者在工程决策过程中的出场能明显地帮助决策工作达到更高的伦理水准。一般地说，一个决策是否达到了更高的伦理水准不应该主要由“局外”的伦理学家来判断，而应该主要或首先由“局内”的利益相关者来判断，按这一标准，利益相关者参与决策的意义就非同一般了。德汶说：“把不同的利益相关者包括到决策中来会有助于扩大决策的知识基础，因为代表不同的利益相关者的人能带来影响设计过程的种种根本不同的观点和新的信息。也有证据表明在设计过程中把多种利益相关者包括进来会产生更多的创新和帮助改进跨国公司的品行。最后做出的决策选择也可能并不是最好的伦理选择，但扩大选择范围则很可能会提供一个在技术上、经济上和伦理上都更好的方案。在某种程度上，设计选择的范围愈广，设计过程就愈合乎伦理要求。因此，在设计过程中增加利益相关者的代表这件事本身就是具有伦理学意义的，它可能表现为影响了最后的结果和过程，也可能表现为扩大了设计的知识基础和产生了更多的选择。”

1. 工程共同体——工程的利益相关者

学界对科学共同体已进行了许多研究，而“工程共同体”问题尽管非常重要，但目前却还是一个研究上的空白。工程共同体和科学共同体是不同性质的社会共同体，它们的性质功能和结构组成都是大不相同的。从性质上看，科学活动是人类追求真理的活动，科学共同体的目标从根本上说是真理定向的，科学共同体在本性上是一个学术共同体，而工程活动乃是人类为解决人与自然的关系问题和生存问题而进行的规模较大的技术、经济和社会活动。在许多情况下，工程活动是经济和生产领域的活动，在另一些情况下也有一些工程是非营利的、公益类型的工程，但所有的工程项目都是在一定的广义价值目标指引下进行的。

工程活动的本性决定了工程共同体不是一个学术共同体，而是一个追求经济和价值目标的共同体。从组成方面来看，科学共同体基本上是由同类的科学家或科学工作者所组成的，而在现代工程共同体中却不可避免地包括了多类成员，如资本家（投资者）、企业家、管理者、设计师、工程师、会计师、工人、社区居民等。

在现代社会中，工程共同体具有非常重要的作用，工程伦理学的一项基本内容就是研究有关工程共同体的种种问题。工程共同体主要由工人、工程师、投资人（在特定社会条件下是“资本家”）、管理者和社区居民等构成。在工程活动中，这几类人员各有其特殊的、不可替代的重要作用。如果把工程共同体比作一支军队的话，工人就是士兵，各级管理者相当于各级司令员，工程师相当于参谋部和参谋长，投资人则相当于后勤部长，社区居民相当于友军或老百姓。从功能和作用上看，如果把工程活动比喻为一部坦克或铲车，那么，投资人的作用就相当于油箱和燃料，管理者可比喻为转向盘，工程师可比喻为发动机，工人可比喻为火炮或铲斗，其中每个部分对于整部机器的功能都是不可缺少的。

现代的工程共同体也大不同于古代的工匠共同体。工程活动并不是现代才出现的，必须承认，古代社会就已经有大规模的工程活动了。可是，从比较严格的观点来看，我们却不宜认为古代社会中从事工程活动的人的总体已经形成了一个工程共同体，至多我们可以承认古代社会中存在一个“暂态的”工程共同体。在古代社会，工程活动不是基本的社会活动方式，而只是“临时性”的社会活动方式，那时的工程项目（例如修建一座王陵或兴修一个水利工程）都是以征召一批农民和工匠的方式进行的，在这项工程完成后，那些农民和工匠便要“回到”自己原来的土地或作坊继续从事自己原来的生产活动。在古代，集体从事大型工程建设活动只是一种社会的“暂态”，而分别从事个体劳动才是社会的“常态”。在古代社会，虽然进行工程活动也必须进行设计，也必须有人进行工程指挥和从事管理工作，可是从事这些工作的人，从社会分工、社会分层和社会分业的角度来看，其基本身份仍然是工匠或官员，他们还没有发生身份分化而成为工程师和企业家。这就是说，我们可以承认工程活动在古代社会已经存在，可以承认古代社会中存在着农民共同体和官员共同体，可是，一般地说，我们却不宜认为在古代社会中已经有工程共同体存在了。我们确实应该承认古代社会中那些从事个体手工劳动的工匠组成了一个工匠共同体，可是那个工匠共同体却没有而且也不可能具有进行大规模的工程活动的社会任务和社会职能，从而我们也就不能认为这个工匠共同体组成了一个工程共同体。应该肯定工程共同体的出现和形成乃是近代社会的事情。在工业化和现代化的过程中，工程活动成为社会中常态的活动，工程共同体的队伍愈来愈壮大，其社会作用也愈来愈重要了。

2. 工人是工程共同体绝不可少的一个基本组成部分

虽然中国古代早就有了“百工”之称，但那时的百工并不是现代意义上的工人——他们是手工业者。工人是在近现代社会中才出现和存在的。在马克思主义理论中，无产阶级和工人阶级是同一个概念，无产者和工人也是基本相同的概念。在马克思和恩格斯的时代，人们常常使用无产者一词，但后来的人们就更多地使用工人和工人阶级这两个词了。恩格斯在《共产主义原理》一文中指出，无产者“不是一向就有的”，“无产阶级是由于产业革命而产生的。”无产者不但与奴隶和农奴有明显区别，而且也不可与手工业者甚至手工工场工人混为一谈。工人的主要特点是不占有生产资料，靠自己的劳动取得收入。一般而言，工人是在“现场岗位”从事直接生产操作的劳动者，这类操作者通常属于体力劳动者范畴，而非在办公室内开展工作的管理者。许多学科，包括历史唯物主义管理学、社会学、经济学、伦理学等，都从不同的角度研究工人问题。虽然我们在研究工人问题时不可避免地要借鉴和汲取其他领域的理论、观点和研究成果，但在工程研究领域中，我们还应该有“本身”的特殊研究观点和研究路数。工程活动过程划分为三个阶段：计划设计阶段、操作实施阶段和成果使用阶段。进入实施阶段时才成为一个“实际的工程”。根据这个分析，我们有理由说，在工程的各阶段中“实施阶段”才是最本质、最核心的阶段，我们甚至可以说，没有实施阶段就没有真正的工程。而这个实施行动或实施操作是由工人进行的，于是，工人也就成为工程共同体中的一个关键性的、必不可少的组成部分。

在工程共同体中，工人和工程师、企业家、投资人一样，都是不可缺少的组成部分，他们各有不可替代的作用，那种轻视工人地位和作用的观点是十分错误的。

3. 工人是工程共同体中的弱势群体

在社会学和共同体研究中，所谓“分层”问题是一个重要问题。在对工程共同体的人员进行分层时，由于工程共同体的性质十分复杂，所以，人们有可能根据不同的标准对工程共同体的人员做出不同的分层。工程共同体是一个在“内部”和“外部”关系上存在着多种复杂的经济利益和价值关系的利益共同体或价值共同体。这些经济利益和价值关系既可能是合作、共赢的关系，也可能是冲突、矛盾的关系。当冲突、矛盾的一面突出时，在一定条件下，共同体中的弱势群体的利益就有可能受到不同程度的侵犯或侵害。应该承认在工程共同体中，更一般地说是在整个社会中，工人是一个在许多方面都处于弱势地位的弱势群体。工人的弱势地位突出地表现在以下三个方面：

（1）从政治和社会地位方面看，工人的作用和地位常常出于多种原因而以不同的方式被贬低。几千年来形成的轻视和歧视体力劳动者的思想传统至今仍然在社会上有很大影响，社会学调查也表明当前工人在我国所处的“经济地位”和“社会地位”都是比较低的。

（2）从经济方面看，多数工人不但是低收入社会群体的一个组成部分，而且他们的经济利益常常会受到各种形式的侵犯。在资本主义制度下，工人受到了经济上的剥削；在社会主义制度下，工人的经济利益也常常受到各种形式的侵犯。近些年引起我国广泛注意的拖欠农民工工资问题就是严重侵犯工人经济利益的一个突出表现。

（3）从安全和工程风险方面看，工人常常承受着最大和最直接的“施工风险”，由于忽视安全生产和存在安全方面的缺陷，工人的人身安全甚至是生命安全常常缺乏应有的保障。由于任何工程活动都不可避免地存在着风险，于是，在工程伦理研究领域中风险问题就成为一个特别重要和突出的问题。工程风险包括施工风险和工程后果风险两种类型。为了应对施工风险，工程共同体必须把工程安全和劳动保护措施放在头等重要的位置上。如果说，在那些唯利是图的资本家的眼中，工人的劳动安全仅仅是一个产生“累赘”或“麻烦”的问题，那么，对于以人为本的工程观来说，“安全第一”就绝不仅仅是一个“口号”，而是一个“原则”了。

与分层问题有密切联系但并不完全一致的另一个问题是共同体中的“亚团体”问题。一般地说，在一个共同体内部往往不可避免地存在一些“亚团体”，于是研究不同形式的“亚团体”的问题就成为共同体研究中的一个重要内容。在工程共同体中，由于它首先是一个经济活动的共同体，于是就出现了工会这种以维护工人的经济利益和其他利益（包括劳动保护方面的权益）为宗旨的“亚团体”。在劳动经济学和劳动社会学领域中，已经有人对工会进行了许多研究，我们在研究工程共同体问题时，也应当注意把工会问题纳入研究视野。近几年，我国出现了史无前例的“工人短缺”现象。可以认为，“工人短缺”现象的出现实际上就是在以一种特殊的方式向人们告知：工人是工程活动、生产活动和工程共同体中的一个绝不可缺少的基本组成部分。在工程共同体中，工人是支撑工程大厦的“绝不可缺少”的栋梁。如果没有工人，不是工程大厦就要坍塌的问题，而是根本就不可能有工程大厦出现的问题。已经有人指出，造成这种工人短缺现象的一个重要原因，就是作为弱势群体的工人的各种权益在很长一段时期受到了严重的侵害。我们高兴地看到，一些工厂正不得不以承诺增加工资的方法招收工人进厂。有学者还指出，这种状况可以成为我们重新认识工人的地位和重视保护工人权益的一个有利契机。

4. 工程共同体中的工程师

除了从与工人的关系中认识工程师的职业特点，还可从他们与雇用其服务的公司的关系中认识工程师的职业性质、职业特征、职业自觉、职业责任问题。

利益相关者理论要求重构工程师与雇主的关系，增强工程师在工程活动中的话语权。工程师作为专业人员，西方专业伦理学对其与雇主或客户之间的关系提出了四种模式：第一种是代理关系，工程师只是按照雇主或客户的指令办事的专家，与普通的雇员没有什么区别；第二种是平等关系，工程师与雇主或客户的关系是建立在合同基础上的，双方负有共同的义务，享有共同的权利；第三种是家长式关系，雇主或客户雇用工程师来为自己服务，工程师所采取的行动，只要他所考虑的是雇主或客户的福利，可以不管雇主或客户是否完全自愿和同意；第四种是信托关系，双方都具有做出判断的权力，并且双方都应对对方做出的判断加以考虑，在这种关系中，工程师在道德上既是自由的人又是负责任的人。很明显，目前国内工程师与雇主或客户之间的关系更多地表现为代理关系，工程师拥有的自主权不大，工程伦理难以发挥作用。为此，应重构工程师与雇主或客户之间的关系，从“代理关系”逐步转向“信托关系”，增强工程师在工程活动中的话语权。

5. 工程建设的其他利益相关者

工程伦理学对责任范畴及责任问题的研究做出了突出贡献。这是因为：不仅工程的建设目的蕴含着丰富的伦理问题，工程决策者对工程的目的、方向和性质负有价值定向的责任，而且工程中更为独特的伦理问题是，即使处于良好动向的工程项目，仍然存在造成伤害的风险，表现在对第三方、对社会公众、对子孙后代、对生态环境的负面影响。工程的实际效果错综复杂，有好有坏，因而以往简单的要么好要么坏的价值判断对现代工程不再适用。那么，一项工程到底是建设还是不建设呢？在当今民主社会里，这只能民主决策，吸收受到工程影响的有关各方——利益相关者参与到工程决策中来。这时，工程师的职责就不是代替社会公众做出决策，而是要把有关工程的信息传播给社会公众，以保证他们的知情权和参与权。

工程研究和实验中大量使用动物（如对新开发的药物进行试验），工程开发、利用和改变自然的力度不断增大，对生态的影响也在加大，这些都涉及人与动物、植物及生态之间的关系问题。生态伦理学、环境伦理学等要求扩大人类道德关怀的范围，将动物、植物甚至无机物以及整个生态环境都纳入，这样工程就不仅有通过开发和利用自然来为人类造福的责任，还负有关爱生命、保护环境、实现可持续发展的责任。

5.4　工程职业与社会责任

5.4.1　工程师职业特征

1. 工程师的历史

工程师是指在各个历史时期负责工程项目的实施和组织管理的人员。我们将工程师的历史分为以下几个阶段：

第一阶段：古代文明时期的工程师。

古代文明时期指公元前4000年至公元前600年这段时间，以古代东方的早期文明为特征。

大多数工程师接受过理论和实践的教育及训练，工作范围集中在建筑、设计生产、规划、管理和研制方面，负责建造大型工程设施，比如军事设施、宗教祭祀、宫殿和水利设施等，形成了美索不达米亚地区、古埃及和印度河流域的古代工程文明。

公元前 4000 年，在美索不达米亚南部出现了乌鲁克城，其城墙长达 8 千米。公元前 2000 年晚期至公元前 1000 年，亚述国王修建了多座城市，从选址、实地勘查、城墙、城市道路网和住宅街区规划、供水系统建造等无不需要工程师的参与、规划、协调和指挥。

水利工程也是这一时期的重要工程。史前时期，美索不达米亚南部的乌尔城就修建了完善的水利系统。在苏美尔城邦乌玛和拉伽什的档案中记载了水利工程修建的详细步骤，如水渠、堤坝、水库的出水口检查，以及受损、堵塞处的测定方法。

以公元前 702 年至公元前 688 年间修建的亚述王国水利工程为例，共有 4 条供水线路，总长度超过 150 千米。其中有自成体系的水渠，可以用来调控流量的水道、隧道、高架引水渠和堰闸，它们能够从各个不同方向把水引入城内。工程中的高架引水渠是为了穿越临时河道而修建的，采用 200 多万块岩石筑成，长 280 米，宽 22 米，水渠底部与河床之间精心地用石块垒砌成支撑。

另外，大型标志性建筑、船舶制造、港口建设、军事设施，也是这个时期的标志性工程。

第二阶段：古典时期的工程师。

古典时期指公元前 600 年至公元前 400 年这段时间。在此时期，工程活动一般是建筑、供水系统和机械领域。

公元前 600 年前后，古希腊在政治、经济、文化和社会方面都发生了巨大的变化。这种变化明显地体现在大型雕塑艺术和建筑艺术上，随之而来的是石材运输的问题。建于公元前 540 年的科林斯阿波罗神庙，采用了大量圆柱形石材，正面 6 根，侧面 15 根，柱高 6 米。由于石材采集点很远，杰出工程师切利斯弗隆和梅塔格尼斯设计了运输方案，将石柱放倒，用铁销从两端穿进圆石柱，通过与铁销相连的木支架牵引至工地。

公元前 500 年，人们期望研制出某种装置以满足舞台效果的需要，可以帮助人在空中飞行，于是根据力学原理制作的机械装置应运而生，最初的“机械师”就是用来称呼设计和操作这种机械设备的专业人员。

公元前 4 世纪晚期，亚里士多德的著作《力学》论述了杠杆原理，为后来工程师的实践提供了整体的理论框架。在公元前 441 年至公元前 439 年围攻萨摩斯岛的战役中，希腊人使用了工程师佩里弗利托斯设计的新型攻城工具，使攻城的时间从 10 年减少至 9 个月。

古希腊时期，工程师的创造性在军事技术和城市规划上得到了极大的发挥。波利依多斯发明了扭转式石弩，他的学生迪亚德斯也是一位才智过人的工程师，他撰写了许多关于攻城术的文章，研制的活动式攻城台高达 26～52 米，可拆分成多个小部件，便于部队携带。与此同时，守城的技术也在不断提升，建筑师卡里亚斯发明了吊车，可抓住逼近城墙的攻城台，将其提过城墙。该时期的技术人员已经能对石弩的型号、弩机弦臂的长度、口径与石块重量等关系做出定量的分析。著名的亚历山大城建筑师戴因奥克拉斯规划、开发、扩建了坐落于狭长的山背上的城市，城市供水的水源地远在 40 千米之外，技术人员修建了供水管道，包括一条 3 000 米长的压力水管，解决了城市供水问题。

世界七大奇迹之一——罗德岛上的巨型太阳神像，高度超过 30 米，为青铜器铸造师兼雕塑家查瑞斯所制，他摒弃了以往的冷辗青铜片的传统方法，先造出神像的脚，然后在上面就地做模子并浇铸。

克泰西维奥斯和阿基米德是这个时期的杰出工程师。克泰西维奥斯开启了气动学和水力学的研究，从而发明了多种乐器以及高压灭火器。阿基米德发挥了他的数学能力，成了兵器制造师，制造了抛石机、铁爪式起重机、相互缠绕的链索攻击方式。

罗马帝国时期（公元前 27 年至公元 1453 年这段时间）的工程师致力于基础设施的扩建，阿格里帕在那不勒斯湾的阿佛纳斯湖和卢克林湖建造了一个大型海军基地；阿波罗多洛斯修建了一座长度超过 1 000 米、横跨多瑙河的桥梁；哈德奈建造了一个顶部直径为 43.30 米的大穹顶神殿。罗马军队的技术优势十分突出，工程师们和平时期筑路架桥，打通山体、修建隧道，战争时期修筑城堡。现存的当时纪念供水管道竣工的三块碑铭记录着人们的坚韧、干练和希望，反映了古代工程师内心世界的珍贵品质。

罗马帝国时期的工程师注重发明创造，轮轴、杠杆、滑轮组合、螺旋等机械力学得到了广泛应用；建筑方面也涌现出了很多精品，其中，君士坦丁堡的圣索菲亚大教堂便是其中的巅峰之作。

第三阶段：中世纪和近代早期的工程师。

这一时期（500 年至 1750 年）的工程师，致力于为难度较大的技术找到实用的解决方案，并对其实施过程进行组织和指导。在城市建筑方面，对建筑外观要求越来越高，著名的佛罗伦萨圣玛利亚圆顶大教堂是几代建筑师、机械师、石匠运用几何学、力学知识精心完成的艺术杰作。机械力学的知识使人们发明了碾磨机、汲水机以及齿轮钟表。我国则完成了京杭大运河的修建，运河全长 1 799 千米，是世界上最长的大型水利设施。水利专家利用几何方法丈量土地，用简单的算术方法调度人力的投入。

中世纪中期，防御工事越来越大，重型攻城器械也随之出现，原本需要人工牵拉产生的力，被固定或者移动的重物替代了，可以将 100 多千克的重物抛射出 450 米远。到中世纪晚期，已经形成了军工技术阶层，他们获得了特殊的社会地位。

随着工程活动的不断增多，首先在法国，随后在荷兰和瑞典，分别建立了独立的工程师组织。加入这一组织需经过专业知识考试，掌握防御工事建筑的制图技术，以及算术几何、土地测量、机械和水利方面的知识。到了 17 世纪，工程师组织分成炮弹和防御工事两大类别。

值得一提的是，17 世纪开始，各国技术人员流动很频繁，由于外来的技术人员中不乏庸才混迹其中，当他们拿着设计图面见君主时，君主往往无法甄别其优劣，等发现项目根本无法实施后，大量金钱已经投入进去了。因此，这个时期出现了专家委员会对项目进行评审，后来成了一种常规模式。如果有人确信自己发明了一种新的装置，可以直接向君主报告，但前提条件是，该装置必须经过一定的审查程序。这种程序从意大利共和城邦以及德国矿区传遍了整个欧洲，逐渐演变为后来的专利制度。

第四阶段：工业化时期的工程师。

这个时期（1750 年至 1945 年），工程师已经正式成为一种职业，以下以工业革命中几个发达国家工程师职业的特点作为说明。

① 英国工程师。英国是世界上第一个工业化国家，工程师在经济发展过程中起着重要作用。约翰 • 斯密顿是英国最优秀的机械技师代表，他在土木工程学和机械工程学两个领域都做出了巨大贡献，如制作精密机械和纺织机械、测量水车动力以及建造埃迪斯顿灯塔等。1771 年，他成立了世界上第一个工程师社团——土木工程师社团。

科学革命和经济发展对 18 世纪英国技术的发展产生了重要影响，科学、技术和工业之间相互影响，没有明确的界限。改良蒸汽机的詹姆斯 • 瓦特，原本是位工具制造师，他通过学习非本专业的科学知识而成了著名的科学家。他在产生改良蒸汽机的灵感后，与铸铁工厂老板兼化学家约翰 • 多巴克共同奋斗了 5 年，但仍未有所突破。后来多巴克将权利转给了企业家马修 • 博尔顿，又过了 12 年，这项发明才开始获得盈利。可见，没有博尔顿这位出色的工程师，蒸汽机便不可能很快问世。

英国工业革命中，铁路的建设以及火车头的设计、制作达到了很高的水平，三大著名的工程师约瑟夫 • 洛克、罗伯特 • 斯蒂芬森和伊桑巴尔克 • 布律内尔为此做出了杰出的贡献，他们采用系统试验中得到的知识和技能多次走在了理论的前端。

② 美国工程师。在许多方面，美国工程师职业的发展都以英国为榜样，存在很多相似之处。不同的是，美国的工程师为大众职业。独立战争以后，军事工程师的需求增加，因而促成1802年美国西点军校的成立。在美国，工业启蒙的思想在工程学校和技术实践中同时传播，既影响了受过良好学校教育的中产阶级子弟，又影响了普通的机械工人。19世纪20年代，机械制造厂大量出现，机械工程师的称谓开始在铁路行业使用。随着工业化的迅猛发展，美国工程师的类别和人数都发生了很大的变化，其中电子技术人员的比例最大。1880年，美国约有7 000名工程师，1900年为4万名，1920年为13万名，1940年达到30万名，而至1950年壮大为50多万名。同时工程师在美国经济中的比例也在提高。1900年，1万个雇员中有13名工程师，1960年达到了128名，增长了近10倍。培养工程师的学校从内战前的不到10所，到1880年超过了85所，1930年为135所，到了1945年变为180所，得到科学学士学位的毕业生从1870年的100名增加到1945年的42 000名。

③ 法国工程师和德国工程师。17世纪和18世纪的法国是专制王权国家，中央具有修建和管理的权限，更加便于大型工程的完成。这个时期的法国工程师常作为国家雇员，对各项工程起到了协调和强化的作用，凡尔赛宫以及240千米的南运河都显示了其杰出的工程能力。自1720年至1794年法国建立了炮兵学校、巴黎桥梁和道路学校、巴黎综合理工学校等6所工程学校。1794年至1925年建立了巴黎高等电力学校等11所工程师学校，这些学校的入学考试都以数学为主，国家公务员的备选人员必须经过这些学校的学习。

1848年法国工程师协会成立，1856年德国工程师协会成立。德国的工商学校和科技学校的毕业生大部分成了国家公务员。到了1890年，市场对工程师的需求持续上升，工程师的教育机构开始兴建和扩张。教育的重点在于新兴工业部门，如化学和电气技术，也包括机械制造。19世纪以来，大学的自然科学院系都建立了附属的技术研究所。20世纪初，对工程师的需求增长导致了工艺学校的增加，工艺学校的毕业生进一步可升至工程师阶层。根据1913年的估算，法国工程师中约50%毕业于工艺学校，25%毕业于大学研究所、化学和电气技术专科学校，另外25%出自著名的工程师培养学校。工科专业的毕业生地位很高，担任着国家部门的领导职务，同时也在经济界担任领导职务。

具有深远影响的工程师古斯塔夫·埃菲尔是巴黎中央工艺制造学院1855届毕业生，他于1864年创办了钢铁结构企业，建造钢铁结构的火车站（布达佩斯火车站）、桥梁（波尔多大桥、索尔汉桥梁）、展览馆、教堂、自由女神像等。最著名的建筑是以他名字命名的埃菲尔铁塔。铁塔建于1889年，当时为纪念法国大革命100周年，在巴黎举办国际博览会，铁塔是入场处的建筑。埃菲尔铁塔使用了12 000件预制件和250万只铆钉，40名设计工程师共绘制了3 700张图纸。

18世纪的德国处于若干个小邦国割据的状态，邦国之间的工程师可以相互雇用。1799年，普鲁士向法国学习，开设了建筑学院，免费培养地下结构、房屋结构及测量领域的技术官员。18世纪中叶，成立了矿业学校。1870年，德国统一，经济一体化使得其铁路、水路网形成。随后，在采矿、冶金和机械制造领域迅速形成了国际竞争力，而化学和电气这些新兴工业领域，20世纪初便已领先于世界。

第一次世界大战之前，德国有 10 万到 15 万名工程师，工程师协会拥有会员 24 000 人。19 世纪后期开始，工程师在建筑业、机械制造以及与化工业合并的冶金业聚集。在建筑业工程师可以独自开业，在其他行业只能受雇于人。在电气行业，工程师大多只负责项目的实施，而不负责设计。

除了德国工程师协会，还有德国冶金工程师协会、德国化学工程师协会、德国电气工程师协会等规模中等的技术协会，德国的工程师协会对教育政策产生了巨大的影响，学校的教学大纲都由工程师协会制定。

第一次世界大战之后，技术合理化运动使工程师领域分布发生了变化，进入生产制造领域、项目开发、管理以及销售部门的工程师增多。

第五阶段：第二次世界大战后的工程师。

第二次世界大战给世界带来了深重的灾难，工程技术人员对技术的反思一直没有停止过。第二次世界大战对工程技术的影响也是转折性的，在自然科学、工程科学知识和应用技术领域都产生了一系列的变化。如动力燃料、聚乙烯和合成橡胶，无论在工艺上还是新材料的研发上，都发展成核心技术；能源技术、雷达和数字通信技术、涡轮空气喷气发动机都是第二次世界大战期间发明的。第二次世界大战结束后，很多军事技术转化为民用技术，在这些进程中，工程师职业群体的各个协会纷纷成立。1951 年举办的欧洲范围内的国际工程师联合会，参加的工程师来自欧洲各地。1955 年诞生了国际工程师欧洲联合会以及共同技术委员会等。有些技术委员会开始起草规范工程师职业的法律，将从事高级技术改造业绩卓著的人员任命为工程师。

工程师职业培养也发生了重大变革，此类高校纷纷改名为工业大学或者技术大学。自然科学和工程技术的不断发展给工程师的培养打下了深深的烙印，计算机技术和微电子学成为信息工程和半导体技术的基本课程，经济工程学也成为重要的教学内容。

从 20 世纪 60 年代起，美国工程界开始用带有批判性的目光看待工程技术，对工程技术的批判之风涉及领域众多，包括核技术、生物技术等。美国国会于 1972 年设立了技术评估局。卡塞尔的工程师协会于 2002 年颁布和出版了《工程师协会职业伦理道德原则》。根据此原则，工程师由于他们的能力而肩负着特别重大的责任，而对他们的委托人和社会、对自己的职业行为负责，在各自从事的职业领域遵守法律，除非这些法律与通常的道德原则相矛盾。工程师们有义务在重视质量、可靠性和安全性的前提下促进技术创新。此外，工程师要将技术系统纳入社会经济及生态的范畴，尤其要着眼于提高后代生活条件并为后代的自由选择创造条件。工程师要遵守公共道德原则，尤其不能从事国际上被唾弃的或隐含不可控制风险的技术研究。

2. 工程师的职业特征

（1）专业训练。工程师职业通常需要经历长时期的理论学习，而这种系统的理论基础一般是在学术机构通过正规教育获得的。因此工程师一般都拥有高等教育学校的学位。除此之外，工程师还应具备一定的专业技能，这些技能往往是在职业初期积累的。

（2）行业属性。最初的工程师集中在建筑、土木和机械工程行业，随着社会经济以及文化的发展，行业类别大幅增加，建筑建设类就有建筑学、土木工程、给排水、交通工程以及勘测工程等。任何行业都有一定的社会角色要求，担任一定的社会职能，职业与行业密不可分，职业包含着公共的元素。

（3）谋生手段。我们经常强调工程师的专业技能和伦理规范，却将工程师职业作为一种谋生手段放在不显眼的地位，这是不合适的。任何职业的第一要义是生存，是满足人最低需求的手段。工程师是在一个组织机构中可以获得薪资的职业，并且随着职业技能的提高，更加胜任岗位的要求，享受职业带来的社会地位。这既满足了社会的需求，又满足了个人的需要。

（4）流动性。职业生涯理论通常认为职业具有四个阶段：探索阶段、立业阶段、维持阶段及离职阶段。工程师在企业任职，由于具备了丰富的专业知识，工作的选择范围会大大拓展，特别在经济发达地区，人才的流动成为常态，人力资本的价值得到充分实现和增值。人才流动是社会化大生产的必然产物，是优化资源配置的必然要求。

美国耶鲁大学的组织行为学教授奥德弗，将人的需要划分为三个层次：生存需要、关系需要和成长需要。如果人们在某个环境中，一直得不到需要的满足，而从另外一个环境可以得到时，人们就会追求后一种环境。职业的流动可以使工程师找到与个人目标、价值观一致的组织，使个人潜能得到充分发挥，有利于自我职业的发展。

需要指出的是，从保护企业技术秘密和保护国家安全的角度来看，工程师的流动可能带来潜在的风险，包括侵权行为和安全威胁，因此相关的法律对此做出了一些规定。我国刑法第 219 条规定了侵犯商业机密罪的量刑标准。

（5）承担义务。哲学家迈克尔·戴维斯认为，职业是指在同样的行业中，一些人自愿组织起来谋生，公开宣称将以道德上允许的方式服务于道德理想。这些理想超越了法律、市场、道德和舆论要求。

一般认为，工程师的基本道德规范有：用知识与技能增进全人类的福祉；正直无私，为公众、雇主和客户提供忠诚的服务；致力于提高工程师的职业能力和职业声望；为各自专业所属的技术团体提供力所能及的支持。而现代工程技术涉及的往往不仅仅是技术本身，这就要求工程师的职业品格应具有社会意识和人文关切，对技术与社会环境的关系有充分的感知，特别应保护公共健康、安全和福祉。

（6）遵守职业标准。职业标准是工程师工作行为规范性的要求，是必须遵守的操作程序，除了从事本职业工作应具备的基本观念、意识、品质和行为这些职业道德，还包括职业功能、工作内容、技能要求和相关知识。职业功能为该职业要实现的目标；工作内容是指完成职业功能所做的工作；技能要求是指完成每一项工作内容应达到的结果所对应的技能；相关知识指与技能要求对应的技术要求、法规、操作流程、安全知识等。

5.4.2 工程师与社会责任

工程师的内部社会责任是由工程师和工程职业内部的伦理关系所决定的。如今，人类干预自然的能力越来越大，过度干预产生的后果将使世界陷入越来越危险的境地。工程师作为专业知识的拥有者，直接主持着大大小小的工程，很多项目影响范围之大、意义之深远是空前的。因此社会对工程师提出了社会责任要求，这是一种以未来的行为为导向的预防性或前瞻性的责任。

即使工程活动在实施之前经过了周密的论证，做了详尽的筹划和安排，但不确定性依然存在。工程师对于不可预测的工程实践和研究结果难以全部负责，但是对于可预测的结果应当负责。为此，工程师应该在能力范围内，最大限度地减少不确定风险。在以下几个方面，工程师都可以发挥自己的特长。

1. 设计

设计是工程人员运用知识和方法，有目标地创造工程产品构思和计划的过程，是工程活动中的首要环节，应遵守相应的设计规则和标准，而且应考虑到产品或技术作用于市场的效用，产品在使用时是否存在安全隐患，技术在运用时是否会对人类产生威胁。但设计无法做到面面俱到，十全十美。因为所采用的设计理念受到工程师知识结构以及成本等因素的限制，不可能考虑到所有的因素，没有考虑到的以及未预见到的因素就会增加工程的不确定性。因此随着工程活动进程的深入，不断有新技术产生，原有的设计模型也会遇到改良问题。

2. 技术评估

技术评估的内容很广泛，可简单分为三部分内容。

第一部分是技术价值的评价。它包含两项内容：一是技术的先进性，比如技术的指标、参数、结构、方法、特性，以及对科学发展的意义等；二是技术的适用性，如技术的扩散效应、相关技术的匹配、实用程度，以及形成的技术优势等。

第二部分是经济价值的评价。这主要是对技术的经济性做出评价，其评价是多方面的。可以从市场角度进行评价，如市场竞争力、需求程度和销路等；也可以从效益上进行评价，如新技术的投资、成本、利润、价格、回收期等。

第三部分是社会价值的评价。这主要是对技术的社会角度做出评价，如新技术的采用和推广应符合国家的方针、政策和法令，要有助于保护环境和生态平衡，有利于社会发展、劳动就业、社会福利，以及人民生活、健康和文化技术水平的提高，合理利用资源等。

工程师所要考虑的主要是技术价值的评价。它要求工程师明确技术的主要参数、实施方法、现在或将来的应用和发展、开发所需的直接和间接投资，以及可替代的技术；整理并分析影响，通过分析找出不利的因素以确定其影响的大小，以及影响的相互关系，并评估它们的相对重要性，以便采取对策加以消除或减轻。技术评估要对各种可能采取的行动和策略方案做出客观的比较和分析，以便决策者做出最佳选择。

3. 质量和安全

案例：天津危化品库爆炸事故

2015 年 8 月 12 日，天津市滨海新区的瑞海公司危险品仓库发生了一场灾难性的火灾和爆炸事故，给当地社会造成了极大的震惊和影响。火灾发生后，爆炸持续了数小时，造成了连锁反应，事故现场出现了 6 处大火点，造成了惊天动地的爆炸。直到 8 月 14 日 16 时 40 分，消防员才勉强将现场明火全部扑灭。

事故的起因是存放在瑞海公司危险品仓库运抵区南侧集装箱内的硝化棉由于湿润失效，局部干燥后在高温天气等多种因素作用下，加速分解放热，引发了自燃，接着引发了硝酸铵等其他危险化学品的长时间大面积燃烧，最终导致了爆炸。这场爆炸的威力之大相当于 450 吨 TNT，给周边地区造成了严重的人员伤亡和财产损失。

事故造成了 165 人死亡，数十人受伤，不仅如此，调查组根据《企业职工伤亡事故经济损失统计标准》，核定的直接经济损失达到了 68.66 亿人民币。更为严重的是，事故还引发了环境污染问题，包括大气、水和土壤等多个方面。其中，硝酸铵作为危险性极高的物质，是这场灾难的元凶之一。

究其原因，瑞海公司管理层无视安全、违法违规的经营行为是直接导致事故的主要原因之一。长期以来，公司只顾自身经济利益，对公众生命安全和安全生产主体责任置之不理，任意变更经营范围、违法建设危险货物堆场、违规储存危险货物等行为，使得安全管理处于混乱状态，安全隐患长期存在。

工程师作为产品设计和工程项目的执行者，肩负着重要责任，应当严格遵守相关的质量管理规范和标准，确保工程项目的安全性和质量。ISO 9000 系列标准是国际认可的质量管理体系标准，各行业也有相应的技术规范，工程师应当积极遵循这些规范和标准，以保障工程建设和生产活动的质量和安全。

在工程建设过程中，应制定相应的安全分析规范。分析和检查整个工程中，凡是与施工有关的系统、设备、部件在正常和异常情况时，出现事故和自然灾害时的安全对策是否考虑周到，以及固有安全性、控制保护系统及专业设备的安全设施是否齐全。

4. 协调

工程活动由于其复杂性，要求工程师扮演极其重要的专业角色，包括精通专业技术，创造性地解决相关技术难题，善于管理和协调、处理好与工程活动相关的各种关系，合理分配资源及各部分工作，以使工程活动有序高效地开展。

5. 社会意识

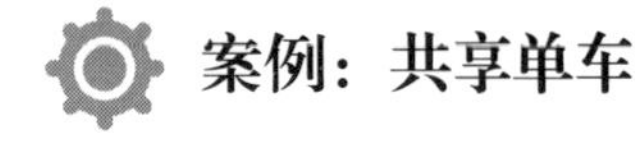

案例：共享单车

共享单车作为“共享经济”的产物，如今广泛分布在各大城市，几乎随处可见，如校园、地铁站、公交站、居民区、商业区、公共服务区等。只需要交纳一定的押金，用户就能随时扫码开启一辆共享单车，到达目的地后重新上锁即可结束使用。共享单车以一种环保便捷的方式解决了用户“最后一公里”的短途行程，一经推出就受到了极大的欢迎。共享单车停取十分方便，与公共自行车相比，这种随时停取的设计给用户带来了极大的便利。目前市场上共享单车的运营方式层出不穷，如月卡、年卡和免费骑行等。共享单车对于短距离出行性价比较高，可以搭配步行或者公交车、地铁等交通方式，节省用户出行成本。

2018 年 2 月，中国信息通信研究院与北大光华 ofo 小黄车共享经济研究中心联合发布《2017 年共享单车经济社会影响报告》报告指出，基于共享单车平台大数据深度挖掘分析，并综合应用互联网监测数据及市场公开数据，共享单车行业 2017 年共计为全社会带来 2 213 亿元经济社会影响，包括提升民生福祉 1 458 亿元，创造社会福利 301 亿元，赋能传统产业 222 亿元，拉动新兴产业 232 亿元，拉动就业量 39 万人。从供给端看，截至 2017 年年底，我国共享单车覆盖超过 200 个城市，单车投放量超 2 500 万辆，资本市场仅在四季度对共享单车的融资就超过了 15 亿美元。从需求端看，共享单车在网民中的渗透率已经达到 41%。共享单车拉动了上下游产业链（如智能锁零部件供应、自行车制造、电信运营、支付平台）和消费者需求等环节。据测算，2017 年，共享单车为居民节约了 1 196 亿元的出行成本，为民众节约了 7.6 亿小时的出行时间，约合 217 亿元的时间成本。根据丹麦学者的研究，每天有半小时骑行习惯的人，平均寿命可延长 2.6 年以上，由于共享单车激发的休闲骑行新模式，2017 年为居民新增健康福利 45 亿元。

另外，共享单车对节能减排、提升城市交通运行效率、重振传统自行车产业、推行自行车行业的服务转型、丰富物联网大数据技术、拉动信息消费升级、增加就业量都有着巨大的促进作用。

然而，共享单车作为共享经济的形式也暴露出很多问题。

第一，共享单车极大地占用了公共资源。共享单车极大地影响了市容和交通。当共享单车在马路上随意停放时，很可能会引起一些交通事故，这也是共享单车的潜在成本。因此是否要对投资方收取公共管理费用也是一个值得商讨的问题。

第二，增长无序。共享经济存在“野蛮生长”的趋势，随着共享经济的发展，资本为了获取巨大的利润，使得共享家族的成员越来越庞大。ofo 曾获得多达 12 笔、金额达到 150 亿元的融资，在资本市场以及竞争对手的刺激之下，ofo 大举扩张，从成立之初就开启了烧钱模式，一度布局了国内外两百多个城市，使放在市场上的共享单车数量超过 7 000 万辆，最高月用户数量达到 4 000 多万。这种烧钱的商业模式，加之缺乏与其相适应的法律、规章，条例来规范其运行，使得共享单车超出了社会的需要，因而很快走上了衰退的道路，造成共享单车倒闭潮出现。据中消协调查发现，截至 2018 年 1 月，70 家共享单车平台中有 3 家倒闭。

第三，共享经济资金运用监管仍不完善。几乎所有的共享单车在使用之前都会收取押金，用来抵扣用户在使用单车过程中对单车造成的损耗。根据《中国互联网络发展状况统计报告》，截至 2017 年 6 月，共享单车用户规模已达到 1.06 亿。按用户平均超过百元押金估算，整个共享单车行业的押金数量或已超 100 亿元。以小鸣单车为例，其用户数量接近 80 万，而小鸣单车的押金为 199 元，仅押金就达到了 1.6 亿元，而根据网上调查结果显示，小鸣单车的天使轮加 A 轮的总金额都没有押金多，类似的情况在共享单车行业比比皆是。

法律上，押金作为消费者保证自己的行为不会对对方利益造成损害，属于支付消费者所有，在双方法律关系不存在且无其他纠纷后，则押金应予以退还。因此押金不属于共享单车企业的财产，必须进行风险隔离。换句话说，押金是用户的资产，共享单车企业没有任何理由扣留。然而据网易研究院公布，町町单车有 1 万多用户无法退回押金，合计约 20 000 万元；小鸣单车涉及欠款用户为 25 万人左右，合计约 5 000 万元；酷骑单车有 7 亿元押金未退还用户。

从共享单车的案例中我们可以得出，工程师应该高度重视技术对社会的作用和反作用。如果脱离更大社会背景看待某种技术，就会认为技术仅受其自身的考虑所支配，不影响社会各种机构和因素，也不受社会各种机构和不利因素的影响。而实际上，技术或多或少地影响着社会。工程师应该充分理解技术对社会维度的作用，充分了解这两个方向上互有因果影响。在任何情况下，工程师做出的设计、决策都不是社会中立的，这就需要工程师具备敏感的判断和承担义务的勇气。

共享单车带来的困境是设计运营模式一开始就存在的，它带来的社会问题的破解，依赖于管理规则的制定，如划定停车空间和制定准入标准等，进一步的治理则可运用共享单车提供的交通大数据，分析某个区域的骑行需求、骑行偏好路段等，从而更好地改造街道、指导慢行交通系统建设，这些都是工程师可以从技术层面上实现的。

5.5 工程师的职业素质

案例：埃航失事事故

2019 年 3 月 10 日，埃塞俄比亚航空一架载有 157 人的 ET302 航班失事，机上人员全部遇难。据埃航官网发布的声明显示，该失事航班 ET302 的机型为波音 737MAX8 客机。该失事飞机于 2018 年 11 月才交付埃航，机龄仅 4 个月。

这是波音 737MAX8 机型半年内第二次出现坠机事故。2018 年 10 月 29 日，印度尼西亚狮航一架波音 737 客机坠毁，189 人遇难，是 2014 年马来西亚航空公司 MHI7 航班失事之后伤亡最惨重的空难。失事的波音 737MAX8 是波音新型号，狮航于 2018 年 7 月购入，8 月 18 日第一次试营，直到失事时飞行时间不到 800 小时。从目前一些专业网站披露的飞行数据来看，飞机起飞后在 7 000 英尺至 8 600 英尺高度经历了反复爬升和下降的过程。

波音 737 系列是全球最畅销机型之一，MAX 系列是其最新产品。截至 2019 年 1 月，波音 737MAX 系列飞机已经交付 350 架，订单数达 5 077 架。与以往波音 737 机型不同，MAX8 配备自动防失速系统，即 MCAS 系统。飞机飞行时机头越高，气流与机翼弦线之间的迎角越大。迎角超出一定范围后，飞机面临失速风险。MAX8 配备的 MCAS 系统一旦判断飞机出现失速，可以无须飞行员介入即接管操作并使机头朝下骤降，以化解失速。波音公司飞机设计师开发的这套 MCAS 增稳系统，可以随时监测飞机迎角，一旦迎角超过了安全界限，就自动压低机头保持 10 秒钟飞行然后解除。调查发现，飞机检测迎角依靠机头两侧 2 个迎角传感器，但是这套系统的两个迎角传感器信号之间没有交叉检测，任意一个迎角传感器出问题都能造成系统启动，飞机自动压机头保命，更让人无法接受的是 MCAS 系统触发后，飞机就会进入自动运行程序，在驾驶舱没有明显的提示或者语音警告，机组人员不易发现问题，这在很大程度上导致了印度尼西亚航班的坠毁。

波音 737MAX 飞机在最初设计的时候发动机技术还不发达，体积很小，原型的波音 737－100 用的是涡喷发动机。为了方便维护发动机，同时也方便适应当时普遍存在的较差的机场跑道条件，波音 737 的起落架设计得相当短。这也是大多数军用运输机的特征。波音 737 正是因为可以满足大部分简陋机场的需求，因而成了民航市场的大赢家。

波音 737 飞机在设计之初并没有预料到发动机会越做越大。自从 1984 年 CFM56－3 型发动机装上波音 737－300 飞机之后，400、500 系列就出现了椭圆形整流罩。到了波音 737－600 时代，CFM56－7 型发动机采用的是 1.55 米直径的 24 叶片宽弦风扇，这一改动使得波音 737－600 以后的型号发动机继续加高。但是发动机是不可以无限加高的，由于起落架高度限制，波音 737 机型只能搭载更大涵道的发动机。

此后，波音 737－MAX 飞机搭载的 LEAP－1B 发动机，不仅尺寸比 C－919 的 LEAP－1C 发动机小了一圈，经济性也不如后者，更糟糕的是这款大发动机高过了翼面，恶化了波音 737 的空气动力外形。由于原先设计的位置装不下这么大的发动机，为避免起落架过矮导致发动机距离地面过近从而吸入异物，波音公司将发动机位置调前，并抬高了发动机高度。这使得发动机尾气吹向主机翼，造成机翼升力层过早分离，从而导致无法大角度起飞和仰头过高起飞。

波音公司做了很多尝试仍无法取得较为理想的效果，只能简单地要求飞行员不要大迎角起飞，但是后来发现这样做根本不切实际，于是在飞机上安装了 MCAS 系统以强制飞机低头。

5.5.1　深厚的专业知识

在我国，工程系列初、中、高级职称对应的名称分别为助理工程师、工程师和高级工程师，各个职称级别的申报条件包含对学历和资历的要求、对外语和计算机能力的要求，以及对专业知识的要求。只有经过系统的专业训练后，才能获得工程师的职业资格。工程师职业准入制度的具体环节通常包括高校教育、职业实践、资格考试、注册、执行管理等。其中，高校工程专业教育是工程师执业资格制度的首要环节，是对资格申请者的教育背景进行限定。有些国家，还存在专业认证制度，毕业生如果未能通过专业认证，则不能直接申请执业资格，要经过附加的考核程序才能获得申请资格。对于高级工程师，往往还有继续教育的要求。可见，被社会承认并接纳的工程师必须是具备专业知识和技能、在工程某一领域具有资历的群体。

理查德·伯恩认为工程本质上是一种能力赋予活动，他将能力引入工程伦理的探讨之中，为拓展工程师对工程的认知构建了理解基础。从杭青认为工程技术的成就是实践智慧，工程师的美德则是道德卓越。技术手段的正确使用确保了工程师的道德理想能够转化为实际成果，因此伦理是工程的本质属性之一，而不仅仅是分析和解决特定道德困境的手段。工程师的能力体现在两个方面：一是工程实践赋予工程师强大的职业能力，使得他们可以实现自己所追求的技术卓越标准，并在此基础之上实现自身的伦理价值，这是工程的内在善；二是通过其所创造的人工技术制品，工程师能够将工程的内在善转化为外在善，从而赋予他人选择更好的生活和行动方式的能力。可见，专业知识的深厚积累是达到工程师目标追求的必备条件。

《美国国家专业工程师协会的伦理规范》第三部分职业义务中要求，工程师应在其整个职业生涯中持续发展，通过参与专业实践、参加继续教育课程、阅读技术文献，以及参加专业会议和研讨会，以适应专业领域的发展潮流。《美国土木工程师协会伦理规范》准则 7 中提出，工程师应通过从事职业实践、参加继续教育课程、阅读技术文献，以及参加专业会议和研讨会的方式，使自己保持在本专业领域的前沿状态。

5.5.2 职业道德和规范

职业道德，是与职业活动紧密联系的、符合职业特点要求的道德准则、道德情操与道德品质的总结。它既是对任职人员在职业活动中行为的标准和要求，又是职业对社会所担负的道德责任和义务。职业道德是在职业生活中应遵循的基本要求，是从业者在职业活动中的行为规范，又是行业对社会应负的道德责任和义务。

现代工程要求工程师除了具备专业技术能力，还要具备基本的职业道德素养，能在利益冲突、道义与功利矛盾中做出符合道德的选择；除对工程进行经济价值和技术价值的判断外，还具备对工程进行伦理价值判断的能力。工程师作为工程活动中的关键角色，对于所有利益相关者——股东、管理者、员工和其他相关者都有重要的责任。工程师是国家评定的职称，职业地位越高承担的社会责任也越重，不仅超出了适用于普通公民的法律责任范围，也不同于工程活动中其他主体的责任。显而易见，工程师的责任不可避免地要高于工人的责任，这种责任被赋予了道德的成分。

《美国国家专业工程师协会伦理规范》第一部分就说明，工程师的最高道德义务是“公众的安全、健康和福祉”，几乎所有的工程师伦理规范都有类似的措辞。在我们的工程实践中，不能超越最基本的道德底线。

案例：陕西奥凯电缆事件

陕西奥凯电缆有限公司的一名员工称，西安地铁三号线存在安全事故隐患，整条线路所用电缆偷工减料，各项生产指标都不符合地铁施工标准。电缆线径的实际横截面积小于标准横截面积，会造成电缆发热过度，不仅会损耗大量的电能，还有可能引发火灾。经调查，认定该事件是一起严重的企业制造伪劣产品，有关单位和人员内外勾结，采购和使用伪劣产品的违法事件，也是有关政府职能部门疏于监管、履职不力的违法违纪案件。地铁这样的大型工程是城市的交通命脉，不允许出现任何危及公众生命安全的隐患存在。揭发问题电缆的员工遵循了道德义务，避免了大概率发生的严重伤亡事故。

对职业道德的要求不应该仅看成职业义务的履行，而更应该理解为一种道德的实践。在上述案例涉及利益冲突的情况下，责任与良心的作用就会凸显出来。当工程或产品可能影响到公众的健康、安全时，工程师具有相当大的自主选择权利来选择是否揭发。

查尔斯·E. 哈里斯认为将公众福祉置于至高无上的地位对工程师来说是一种重要的积极的指引，而对具体的工程实施并没有给予实际的指导。但是优秀的工程师应该具备这些特定的职业品格，从而使得他们成为最好或最理想的工程师。

职业规范与相应的工程领域有关，具有很强的专业性，制定的规范只有具体、有针对性，才具有指导性和可操作性。美国主要的工程师协会都在自己的领域制定了职业规范，并加以实践指导。国家对从事技术工作的工程师设置了资质认证，实行执业许可制度，既是为了提高工程技术水平，也是为了防范工程项目潜在的危害公众和社会的风险。虽然法律法规可以维护社会公众利益，但是也无法与科学技术的发展同步，无法涵盖所有违背社会伦理准则的行为，而法律的效用往往是事后才发挥，无法阻止危害的发生。所以，工程师拥有的特殊知识以及具有预见后果的能力，可以帮助社会维护公共利益。

5.6　工程师的伦理决策

技术的进步引发了许多道德和社会层面的问题。虽然有职业章程指导，但其往往停留在宏观层面，不可能一下子解决所有问题。另外，工程师受到岗位限制，不同的职业环境会使得工程师在做出伦理决策时采取的方式方法存在很大差异。

查尔斯·E. 哈里斯将公司分为三种类型：一是以工程师为导向的公司，这类公司认为质量优于其他考量，管理者不对工程师隐瞒信息，将信誉放在至高无上的地位；二是以客户为导向的公司，这类公司将重点放在商业考虑上，认为安全比质量更重要，但有时为了将产品销售出去，可以牺牲质量，管理者和工程师之间的沟通可能存在困难；三是以财务为导向的公司，这类公司更集权，工程师对决策信息知之甚少，管理层与工程师之间难以达成共识。

在前两类公司中，工程师容易做出伦理判断和决策。因为沟通相对容易，人们更倾向于工程师关注的安全和质量问题，工程师更容易以职业和道德的方式行事。哈里斯建议工程师在做出抉择时尽量考虑以道德和保护自己的方式来进行，通常考虑的方面有：

（1）设立投诉和警告的通道及程序，鼓励工程师和其他雇员报告坏消息。虽然企业内部有监察员和伦理专员，但由于他们长期受到企业文化的熏陶，依赖企业的薪金，有时可能无法以一种真正客观的视角看待问题，所以还应聘请企业外部的伦理顾问来处理投诉和内部分歧。

（2）提倡忠实的审辨性。非审辨性忠诚是指将雇主利益置于其他考虑之上，而审辨性忠诚则给予雇主利益应有的地位，但仅在雇员的个人和职业道德约束范围内。这样的忠诚尊重了组织的合法要求，也承担了保护公众的义务。

（3）针对问题分析。在提出批评和建议时，雇员应该对事不对人，这将有助于避免过度情绪化和人格的冲突。

（4）保留关于投诉的文字记录。有些问题最终会上升到法律层面，涉及法庭诉讼程序，相关的记录有助于真相的厘清。

（5）投诉应尽可能保密。其目的在于保护涉及的相关个人和公司。

（6）中立者的引入。组织内的雇员可能由于情绪化或带入个人情结卷入纠纷，不能对问题做出冷静的评价，引入组织外中立者参与是必要的，但应为组织外的中立参与者制定参与规则。

（7）应制定明确的保护条款和投诉机制使雇员免于被报复。即使距争议解决已经过去很长时间，一个与上级意见不合的雇员也害怕自己在晋升和工作分配中受到差别对待，免遭这种恐惧是雇员最重要的权利之一，尽管事实上这很困难。

（8）应该制定快速处理异议的流程。避免拖延调查过程，造成变相惩罚抗议雇员的情况出现。

5.6.1 工程师与管理者

工程师和管理者存在着较多分歧和冲突的可能性，如何区分是工程师做决定还是管理者做决定？他们的界限在哪里？首先，我们应该认识在企业中工程师和管理者各自不同的职能，以及他们对职能的不同思维方式。

1. 职能的不同

工程师在组织中的主要作用是使用自己的专业技术知识和技能来创造对组织和客户有价值的产品，面向的对象绝大多数是设备、技术方案、产品和设计思路等。由于工程师职业要求，他们必须坚持职业标准，并以此来指导对技术的应用。因此，工程师具有双重的忠诚，对组织忠诚，并对职业忠诚，但对职业的忠诚应超越对雇主的忠诚。它体现在工程师对质量的特别关注上，比如，他们会严格遵循良好的设计以及公认的工程实践标准，这些标准的基本要素中包括了设计的效率和经济性、规避不当生产和操作的要求、最新技术的应用程度等。

工程师将安全置于至高无上的地位，秉持谨慎和保守的态度，这是他们对科学的认知和工程思维方式所决定的。对于事关重大并且没有把握的问题，通常持否定态度，宁可承担事后证明是自己错误的后果。在挑战者号航天飞机事件中，工程师罗杰·博伊斯乔利虽然知道温度与O形环弹性之间存在明显的关联，却无法给出安全飞行的准确温度，不能提供任何确切的数据，在事关航天飞机安全的严肃问题上采取了保守态度，尽自己最大的努力阻止发射的决定。

管理者的作用是负责企业全面或部分经营管理事务，需要一个团队才能发挥其作用，包括对项目做规划、定义项目流程、与客户和自己团队成员沟通，以及与更高层领导沟通。管理者一般受组织内的标准约束，在某些情况下，也受个人道德信念支配。管理者主要关心组织当前和未来的效益和发展，承担着企业保值增值的责任，这些都体现在经济指标上，同时包括企业形象和雇员福利等方面。

2. 思维方式不同

管理者考虑问题时，将项目或产品所有相关的因素都列举出来，权衡它们之间的相互关系，找出完成指标的最优解，从而得出工作的程序。因为要面对股东和市场，管理者会尽可能降低成本，否则管理者可能会面临降级或失业。因此，有时管理者对工程师过分追求安全而导致成本和产品时效的双重损失表示不满。可见，管理者不是根据工程师职业实践和标准思考的。

与之不同的是，工程师倾向于各种因素排序是围绕设计进行的。所有这些因素中，安全和质量标准排在首位。虽然工程师可能会愿意在一定程度下，在安全和质量与其他因素之间做出平衡；但在与管理者协商时，不会放弃对安全和质量标准的坚持，尤其会强调产品及工艺不能违反公认的工程标准。

3. 伦理规范相关的条例

这里参照美国各工程师协会对工程师与雇主义务的规定。

《美国国家专业工程师协会伦理规范》第三部分职业责任中规定：当工程师认为某一项目不会成功时，应向客户或雇主提出建议：对不符合工程应用标准的计划书或说明书，工程师不应该去完善、签字或盖章。如果客户或雇主坚持这类非职业性的行为，那么他们应通知相关的机构，并中止为该项目提供进一步的服务。

《美国土木工程师协会伦理规范》基本准则 4 中规定：在职业事务中，工程师应当作为可靠的代理人或受托人为每一名雇主或客户服务，并避免利益冲突。其中规定：工程师应避免与他们的雇主或客户相关的所有已知的或潜在的利益冲突，且应及时告知他们的雇主或客户所有可能影响到他们的判断或服务质量的商业关联、利益或情况。当工程师通过自己的研究确信某个项目不可行时，应该向其雇主或客户提出建议。

《美国机械工程师协会伦理规范》指导准则 1 中规定：当工程师的职业判断遭到否定，公众的安全、健康和福祉处于危险之中时，应向其客户和雇主告知可能出现的后果。

《美国化学工程师协会伦理规范》第 2 条规定：工程师在履行其职业责任的过程中，如果意识到其行为后果会危及同事或公众当前的或未来的健康或安全，应该向雇主或客户正式提出建议。

4. 工程决策和管理决策

工程决策是指由工程师做出的决策。工程决策受职业工程标准支配，涉及工程专业知识或者工程章程中的伦理标准，特别是那些要求工程师保护公众健康和安全的伦理标准。

管理决策指应该由管理者做出的决策。它涉及与组织经营状况相关的因素，比如成本、进度安排、营销、员工的士气和福利等。决策并不会强迫工程师或其他职业人员做出有悖于其技术实践或伦理标准的妥协。

工程决策和管理决策的特征说明，它们之间的区别是由于各自的标准不同而产生的。当两种标准产生实质性冲突时，特别是在安全问题上，管理标准不能凌驾于工程标准之上。对实质性冲突的定义尚并不明确，存在一些争议，即对安全或质量要求程度的判断上会有分歧。

由管理决策的要素可见，恰当的管理决策不仅不能强迫工程师违反他们的职业实践要求和标准，同时也不能强迫其他职业人员这样做。合理的管理决策还应该体现出对更广泛职业标准的遵守。

工程师提出的建议有助于管理者做出适当的决定，即使不是安全和质量方面的建议。比如，在产品设计的改进、设计方案的选择、产品外观以及使用便利等问题上，工程师都可以做出重要贡献，工程师还能够预测产品可能带来的各种问题。具有丰富经验和想象力，以及良好沟通能力的工程师，对管理者的帮助是重大的。

5.6.2 责任

1. 道德责任和法律责任

道德责任是人们对自身行为的过失及其不良后果在道义上所承担的责任，是人们在一定的社会关系及自然关系中应该选择的道德行为，以及对自然、社会或他人承担的道德义务。道德责任依靠内心信念、社会舆论、传统习惯等力量来维系。

法律责任是指违反法定义务或契约义务，或不当行使法律权利而产生的，由行为人承担的不利后果。

职业疏忽责任，是指责任人忽略了某些因素，没有意识到这些因素会导致伤害的后果，同时，责任人的行为与伤害之间可能不存在任何的直接因果关系。工程领域的职业疏忽责任通常属于道德责任范畴，但有时会上升到法律责任层面。

有这样一个案例：磨坊主弗莱切为他的磨坊建造了一个蓄水池，然而，蓄水池的水不慎发生了渗漏。渗漏的水无意中流入了一个废弃的矿井，并最终到达了罗兰斯的矿井，导致罗兰斯的矿井被淹。罗兰斯因此对弗莱切提起了诉讼。

尽管弗莱切可能事先不知道蓄水池的水会流经废弃的矿井并淹没另一个正在正常运作的矿井，但法院认为，蓄水池的存在本身就是一种非自然状态，可能带来一定的危险。因此，作为磨坊主，弗莱切必须承担相应的责任。

法院裁定，尽管弗莱切的意图并非造成矿井淹没，但他作为蓄水池的所有者，有责任确保其水的安全性，以免对周围环境和其他人造成损害。因此，弗莱切被判定需对罗兰斯的矿井淹没事件承担责任。

从这个案例可以看出，法律责任并不因为工程技术上的疏忽就可以免除，对没能保持应有的谨慎而造成了不良后果也必须负有责任。这种谨慎是一个理智的人在特定情形中应该具备的职业素质。对疏忽的法律认定通常包括以下条件：存在与特定的行为标准相对应的法律责任；被控告方未能遵守这些标准；该行为和由此造成的伤害之间存在着合理的、紧密的因果关系；对另一方的利益构成了实际的损失或损害。

2. 最低限度责任

乔舒亚 • B.卡顿认为，工程师并非必须对每一个失误所造成的损失负责。社会已经通过判例法确定，当企业雇用一名工程师的时候，应该同时承担其正常失误。但是如果失误超出了正常的水平，工程师就必须负责。这个正常的水平就是非疏忽和疏忽的错误之间的界限，被称为关照标准。

关照标准是对工程师更严格的规范要求，往往由有资格担任专家的人来认定。从工程伦理的角度看，关照标准似乎代表了一种最低限度的可接受标准，却是在相关实践领域有能力、负责任的工程师之间共享的最高标准，这些标准在很多情况下可能超过了法律上认可的关照标准。

福特平托汽车油箱爆炸事故是由于福特公司未能遵守最低限度标准，拒绝采纳工程师关于插入保护性缓冲装置的建议所致。或许这个装置本应包含在原始设计中，或者在早期设计阶段存在其他可行的替代方案。然而，福特公司声称平托汽车已经满足了当时所有生效的联邦安全标准，法院和陪审团应该认可公司履行了合理的关照标准。然而，法院却认定现有的技术标准不足以确保公众安全，工程师有时需要亲自证明执行技术标准的后果。如果工程师在产品设计时未考虑公众安全，那么他们也就未能达到最低限度标准。

3. 分散责任

承担责任可能会给工程师带来声誉、地位和金钱的损失。因此，如果责任是由若干人造成的，团体内的个人往往试图逃避责任。他们一般会有这样的借口，许多人应该对这起事故负有责任，因此，将责任定在任何个人身上都是不合理的和不公平的。这类问题称为多数责任问题或多人负责问题。哲学家拉里·梅提出这样的原则以解决个人责任的认定：如果一个伤害来自集体怠惰，那么这个团体中的每个成员为伤害所承担的个体责任的程度取决于他原本能在防止怠惰中起到的作用，被期望的防止怠惰作用越大责任越大。我们称之为团体中的怠惰责任原则，这种责任也是有限度的，不能要求个人采取极端的或者英雄般的行为去逃避责任。

4. 主动责任

工程师在工程活动中承担着各种责任，这些责任往往是在伤害发生后进行的责任追究。通过事故调查，查明事故发生的经过，明确事故原因，找出事故责任人，并对其进行经济赔偿、纪律处分、道德谴责，甚至追究其法律责任的处罚，这种担负的责任称为被动性责任。事后追究责任人的责任观可能存在不足。一方面，工程项目会呈现出技术复杂、规模宏大、分工细密、组织庞大的特点，工程师个体很少能够自始至终对整个项目的实现进行完整的控制，往往其分担的任务仅是一个项目中的很小一部分，虽然有团体怠惰责任原则，但实际上，判断其在整个过程中的责任成分可能是有一定难度的。另一方面，有些工程项目具有敏感性，一旦发生事故，后果就极为严重，即使确定了责任人，也无力承担后果，无法弥补所造成的损失。因此，就出现了主动责任的观点。

主动责任是工程风险防范的责任。2011年发生的甬温线特大铁路交通事故的设计责任主体是通信信号研究设计院。根据事后调查，该院研究中心管理混乱，致使为甬温线温州南站提供的LKD2－T1型列控中心设备存在严重的设计缺陷和重大安全隐患。该院的工程师没有设计出完备的通信信号系统，对系统存在严重的设计缺陷和重大安全隐患没有充分的认识。虽然该系统的合同达5亿人民币，但设计院并未对此特别重视。可见对于一味追求经济效益的人来说，并不会因为经费充裕而增加责任感。如果他们有主动责任意识，就会意识到动车安全关乎人民生命财产安全，在设计中就会将设备的可靠性放在至高无上的地位。工程风险具有复杂性，我们可以从以下三个方面来认识控制它的意义。第一，工程风险的影响是多维的，它既可能对人造成身体上的伤害乃至生命威胁，也会对人的心理、精神或情感乃至社会文化方面产生伤害，贬低或忽略人的尊严和价值的工程风险是无法接受的。第二，工程活动的目的应该是平等地提升公众的生活品质，而不应成为某些特殊利益群体谋取利益的手段。因此，受工程风险影响的每个人的权利和价值、人格和尊严都应得到合理的重视。如果某些工程风险只是强加在弱势群体之上，强势群体作为工程风险的制造者和受益者，不但可以不受其威胁和影响，而且可以从中获取利益，那么这样的工程活动就很容易成为“财富在上层集聚，风险在下层聚集”现象的重要推手。第三，工程活动对自然生态的影响越来越深远。

当前人类所面临的生态危机、环境危机的原因正是因为忽略和低估了工程风险。

主动责任意识的缺失往往体现在以下几个方面：

（1）工程决策技术力量薄弱，工程多元化思维缺失。由于工程的复杂性和多学科交叉性，当决策的技术力量不足或决策者的思维不够开阔时，容易造成技术可能性和科学合理性之间的矛盾被忽略，一些有益、合理的建议被忽视。三门峡蓄水拦沙事件就是一个典型的案例，实施拦沙蓄水后仅一年多的时间，三门峡水库内泥沙淤积迅速达到 15.3 亿吨，潼关河床高程将一下子抬高了 4.31 米，渭河口形成了拦门沙。回水和渭河洪水叠加，淹没沿河两岸耕地 25 万亩，导致 5 000 人被水围困。可见，工程决策主体的主动责任意识对工程的成败往往起着决定性的作用。

（2）工程设计存在缺陷。其产生的工程风险通常是长久性和灾难性的，如前所述的甬温线火车相撞的特大事故，造成了 40 人死亡、127 人受伤的惨重后果。工程设计是整个工程活动的核心环节，在科学性方面应当从客观实践角度深思熟虑，践行考虑周全的伦理责任；在艺术性方面应当尽可能展现简约、和谐和对称的审美价值；在人文性方面应充分体现人道主义关怀和社会正义；在自然性方面应深刻理解人与自然的关系，关注人与自然的和谐共生。

（3）工程施工违背工程规律。对施工过程中的客观因素缺乏全面了解，不按工程活动的程序操作或者偷工减料。施工中某些不确定因素的发生具有随机性和突发性，如果不对这些因素进行全面了解，很可能将工程活动置于巨大的风险之中，最终影响工程活动的进度和工程目标的实现。质量问题也常给工程带来致命性的风险。这些都属于人为因素导致的主观风险。

（4）工程运行违规懈怠。工程运行环节是工程活动价值体现的阶段，是工程活动的社会经济效益得以全面实现的依托和保证。如果工程运行责任主体人员伦理责任意识淡薄或缺失，就容易产生严重的人造风险。切尔诺贝利核电站就是由于操作人员的违规和懈怠，在反应堆过热时，闭锁了许多反应堆的安全保护设施，导致了核事故的发生。

主动责任思维要求通过责任主体的道德自律与道德抉择来承担，具有前瞻性、主动性和多元性的特点，它不同于通过法律惩治防范工程风险的消极性与事后性，也超越了工程伦理规范专注于工程师职业自治的局限性，因而构成了防范工程风险的首要防线。

主动责任模式要求多元责任主体共同分担伦理责任。工程活动的多元利益主体有政府部门、投资者、管理者、工程师、工人及社会公众等。防范风险不能仅凭工程师的一己之力，很多情况下，负责技术决策的工程师在工程最终决策时并不具有独立性和权威性，往往受到行政权力的支配与控制。挑战者号航天飞机失事就是典型案例。应该特别注意的是，社会公众作为工程利益相关者，既享有对工程风险的知情权，同时也承担着监督和积极参与工程活动防范工程风险的伦理责任。

5. 奉献

这里所说的奉献是指高于责任要求而做的工作。前述的关照标准反映了对保护他人免受伤害的关注，属于对他人的最低道德关注。但是如果超出了他人通常的、正当的、所期望的责任，即工程师个体承担了额外的责任，这种更强烈的责任感就称为奉献。

比如，一家公司的首席设计工程师从事高层建筑窗户清洗工的安全带设计工作。安全带可以帮助清洗工在高层建筑窗户侧借助于脚手架上下移动。首席设计工程师的设计已经远远超出这类安全带的安全标准，并且销路很好，但他仍会利用周末的时间继续改进安全带的设计。首席设计工程师解释了一直致力于改进设计的原因，他说尽管法律要求工人在脚手架上工作时必须系好安全带，但一旦无人监督时，工人就会把它们解开，因为工人觉得，安全带限制了他们移动的灵活性，影响了他们在脚手架上爬高或下降的速度，这样容易出现伤亡事故。每当有人提醒如果发生事故，责任在卸下安全带的工人自己身上时，首席设计工程师回答，只是尽自己工作职责往往是不够的，应该努力想出更好的设计。改进安全带的设计虽然已经不再是首席设计工程师工作职责的一部分，但他还是利用自己的时间继续为这个项目工作，这就是工程师做出的奉献。

奉献是理想主义者和完美主义者的激情体现，这些责任是自我施加的。寻求实施奉献的机会，并在这些机会出现时后抓住它们，是一位高尚工程师的品质。奉献不应考虑他人的理解，而应从对社会贡献的角度去实施和评价。在乐于奉献的工程师的职业生涯中，他们默默地奉献着，视野更开阔，常会注意到管理者或者其他人没有注意到的重要任务，虽然他们认为自己只是在做分内的事情，但他们这种无私奉献的行为值得我们感激和尊敬。

奉献也不总是受到欢迎，有时还会遇到有意或无意的限制或阻挠。比如，20 世纪 30 年代后期，通用电气的工程师们共同开发了汽车封闭式前照灯，期望它能够大量减少因夜间驾驶而导致死亡事故的数量。尽管大家都认为改进汽车前照灯是必要的，但其在技术上和经济上的可行性却受到各方面的怀疑。经过努力，直到 1937 年，研发团队才证实了封闭式前照灯在技术上的可行性，但是说服汽车制造商和合作者以及监督者还要克服相当大的阻力。

有时候我们很难定量计算责任，即便最详细的职业工程师协会伦理规范也只能提供一般性的指导原则。在特定的情况下，责任的确定取决于工程师的洞察力和判断力，而超越这个责任就被称为奉献，我们不应该将其视为仅仅是义务性的示范。

5.6.3　忠诚与举报

首先讲述一个虚构的案例：吉尔班将其下水道的污泥制成肥料，并被当地农民使用。由于肥料的使用价值很高，因此被称为吉尔班的金子。为了使污泥中的有毒物质控制在一定程度，环保主管部门强制执行严格的标准来限制某电子加工企业排放废水中砷和铅的浓度。大卫是该公司环境事务部门的一名工程师，他注意到公司违反了污染物排放标准。大卫认为公司必须投入更多资金来购买污染控制设备，但管理层却认为设备成本太大，会导致公司利润下滑。大卫非常纠结，因为同时有四个重要的道德要求来约束他。第一，大卫有责任成为一名提高公司利润的好员工，他不能做出有损公司利益或者声誉之事；第二，大卫作为一名工程师，基于他个人的诚信和对职业的忠诚，应如实报告重金属的排放数据；第三，作为一名工程师，大卫有责任保护公众的健康；第四，大卫有权利保护和发展自己的事业。以上道德要求都合情合理，大卫应该予以充分尊重。但是在上述情境中，这些道德要求显然是相互矛盾的。有没有可能找到一个具有创造性的折中的解决方案呢？或者能否寻求技术上的突破呢？面对这样的困境，我们应该做出怎样的选择？

1. 忠诚

（1）忠诚是工程师的基本道德要求。哈佛大学哲学系教授乔西亚·罗伊斯认为，忠诚是人的宝贵品格，是社会关系中最重要的评价指标，它表示诚实、守信和服从。罗伊斯发展了一种建立在彼此忠诚原则基础上的伦理哲学。在他的著作《近代哲学的精神》中将忠诚划分为几个级别。处于底层的是对个体的忠诚，如对家人和家庭的忠诚；而后是团体，如对群体或协会的忠诚；位于顶层的是一系列价值和原则的全身心奉献。按照罗伊斯的观点，忠诚本身不能以好坏论之，应该加以判断的是人们所忠于的原则，以及依据这些原则的忠诚程度，人们才能断定是否以及何时应该终止对一个人或团体的忠诚。忠诚的终极议题恰恰在于依照罗伊斯的忠诚级别体系来安排事物的轻重缓急。

工程师是企业的雇员，与企业之间形成了劳动关系。根据《中华人民共和国劳动法》，劳动关系具有三个法律特征。第一，劳动关系是在现实劳动过程中所发生的关系，与劳动者有着直接的联系；第二，劳动关系的双方当事人，一方是劳动者，另一方是提供生产资料的劳动者所在单位；第三，劳动关系的一方劳动者，要成为另一方所在单位的成员，要遵守单位内部的劳动规则以及有关制度。

从前述的特征可见，工程师对雇主具有从属性，在劳动关系存续期间，工程师具有听从雇主命令，为雇主提供其所需要的劳动或技术服务的义务。工程师的忠诚可以体现在以下几个方面：第一，如实告知自己的基本情况如学历、工作经历等，服从雇主的工作安排，贡献自己的智慧，不能有所保留；第二，坚守技术秘密，技术秘密虽为工程师掌握，但所有权属于雇主。企业投入了巨大的人力和财力才获得了技术的制高点，并由此获取了经济效益。工程师往往成为其他企业的拉拢对象，如果泄露技术秘密，可能危及企业的生存及发展。所以对雇主的商业机密进行保密，不受非法利益的诱惑，是工程师忠诚义务的重要内容。《中华人民共和国劳动法》第 22 条明确规定：“劳动合同当事人可以在劳动合同中约定保守用人单位商业秘密的有关事项。”雇员若违反合同约定，将承担相应的法律责任。第三，竞业禁止。竞业禁止又称竞业限制或竞业避让，是指企事业单位员工在任职期间及离职后一定时间内不得从事与本企业相竞争的业务。《中华人民共和国劳动合同法》第 24 条规定：“竞业限制的人员限于用人单位的高级管理人员、高级技术人员和其他负有保密义务的人员。竞业限制的范围、地域、期限由用人单位与劳动者约定，竞业限制的约定不得违反法律、法规的规定。”工程师应当接受雇主有关竞业限制的规定。

忠诚的工程师会在工作中努力降低生产成本，加强各方面交流，改善服务质量，进而更好地服务于工程，使客户满意，为企业形成竞争优势，而企业如果有大批忠诚的员工，更容易提高生产力，从而获得高额利润，更好地吸引投资者，使企业在需要投资时获得充足的资本，顺利贯彻自己的经营理念，形成良性循环。

员工的忠诚度往往受到企业的推崇。企业在招聘员工时严格把关，希望新员工德才兼备，与企业同心同德。企业对忠诚度高的员工给予物质和精神上的奖励，这些奖励将促进员工忠诚度的螺旋式上升。

（2）忠诚的原则。忠诚并不意味着在任何情况下工程师都应当对雇主的指令无条件服从和执行。雇主是以利益最大化为目标的主体，受利益的驱使可能会不择手段。我们看这样两个例子：1998 年 8 月长江发生特大洪水。8 月 7 日江西九江长江大堤决堤，形成 30 米宽的决口。蓄势已久的长江洪峰以 7 米的巨大落差直扑九江，造成了巨大的人员和经济损失。决口原因是防洪墙墙体中主体钢筋直径较小，钢筋混凝土强度也未达标，堤坝下面有的地方竟然填塞了竹片。作为防洪示范工程的钱塘江防洪堤，按照要求，4 米高的沉井上面 3.6 米部分应全部灌注混凝土，这样沉井不但自身不易移位，而且可以通过连体钢筋与堤岸平台连成一体，从而形成一道坚固的防洪墙。但实际上防洪堤沉井的混凝土高度小于 3 米，局部地区不足 1 米，部分区域甚至被灌注了烂泥。这两个案例中，监理工程师一味按照雇主指令行事，造成了严重后果。

辛津格认为，根据职业道德，工程师在从事工程活动时，必须以道德上负责任的方式进行；否则，无论他在工程方面有多么娴熟的技能，或者有多么杰出的创造力，都不能称得上是工程师。将雇主的利益无条件地、无缘由地置于其他考虑之上，就不符合道德上负责任的要求，因此道德上负责任的要求是对企业忠诚的前提，或者说是忠诚的原则。

忠诚原则要求工程师必须忠于专业判断，坚持职业道德，不能违心地、无条件地服从管理者，或者与无良管理者同流合污。忠诚于道德上负责任与忠诚于雇主在本质上是相同的。公司承担的项目直接与社会公众的安全、健康和福祉紧密相连，工程师做出有利于社会的选择，等同于公司很好地履行了社会义务。工程师的自我价值在完成工作的过程中得以实现，雇员体验到参与的乐趣以及个人目标达成的成就感。所以，工程师忠诚于专业判断可使公司免于社会形象受损或者法律诉讼的困境。

相反，明知雇主指令有误，却无条件服从，虽然能得到雇主的欣赏，却使自己留下污点，易授人以柄、落人口实，也会给公司利益造成损失。如按照美国环境保护署的规定，新型号汽车上市前，要对发动机进行 5 万英里①可靠性试验，企业上报测试结果后才能申请批准新机型上市。但测试工程师在上级指示下进行测试数据造假，每次测试后都对发动机进行维修。事情败露后，公司的公众形象受到了极大的影响。

2. 举报

当发现企业的决策将明显危害到社会公众的健康和福祉时，工程师面临着忠于职业道德还是忠于企业利益的选择。按照伦理规范，公认的准则是将公众的安全、健康和福祉放在首要位置，但是当公众利益与雇主、客户利益发生冲突时，如何做到诚实和公平？这就出现了伦理困境，因此需要找到权宜和变通的方法。

多数情况下，工程师为了避免正面与雇主发生冲突而影响自己的职业生涯，往往会采取暗中拖延、托词拒绝等方法。但这是回避矛盾而不是解决矛盾，通常难以取得较好的效果。作为工程师，首先应该做的是采用建设性、合作的方式，在组织内部与企业沟通，这是工程师在职业伦理的约束下对雇主利益予以的应有尊重。向雇主提出自己的意见或整改方案，可能获得认同和采纳，也有可能遭受企业和同事的不理解甚至敌视和报复。因为雇主更关心企业当前以及未来的经营状况，更关注保护自身利益和掩饰错误，不希望自己的决策遭受质疑。在某些特殊情况下，工程师不仅会遭遇意见被否决的情况，甚至会招致其他不公正待遇。如果沟通效果不佳，在对局面进行预判后，工程师可以采取不参与和不服从的方式，即要求退

① 1 英里=1 609.34 米。

出项目。

工程师采取不参与和不服从方式时，应该注意避免让他人觉得道德良知被滥用的情况，以道德为借口来拒绝自己觉得无聊或者不具挑战性的项目，或者避免与自己有私人恩怨的其他员工共同工作。另外，雇主有时很难同意雇员不服从工作安排的请求，因为没有替代的任务或者没有其他工程师能胜任这份工作。在不损害企业利益的前提下，作为管理者应该尊重大多数不参与项目的要求，不强迫工程师在失去工作与违反个人或职业标准之间做出艰难的选择。

如果工程师认为雇主的行为不具有正当性，可以采取举报的方式。举报即通过超出批准的组织渠道，将有关重大道德或法律问题的信息传递给能对该问题采取行动的决策者。长生疫苗事件正是由于举报者的揭露才得以浮出水面。举报具有以下两个特点：未经批准就做这件事和向公众揭露了组织内部的信息。

举报有内部举报和外部举报之分。在内部举报中，有关的举报材料留在企业内部。而在外部举报中，举报者超越组织，将材料传递给监管机构或者媒体。举报还分为公开举报和匿名举报。在公开举报中，举报者是实名的，身份也为大家所知。而在匿名举报中，身份信息是被隐置的。然而，无论是内部举报还是外部举报、公开举报还是匿名举报，举报者都被认定为局内人，忠诚始终是敏感问题。理查德·乔治认为，举报满足道德的条件有以下几点：

（1）确认产品带给公众的危害是严重的；

（2）工程师已经向上级报告了他们的忧虑；

（3）虽然已经采取所有可用措施，但工程师在组织内部并没有从上级那里得到满意的答复。

当工程师已经确认自己对问题的看法是正确的，而公司的决策是错误的，并能够向公众公开强有力的证据，将在事实上阻止严重伤害发生时，举报便成了道德上的义务。上述条件不是绝对的。假设雇员知道伤害必然发生，且伤害是严重的，但有时候工程师无法收集到完全令人信服的证据时，仅凭手上的证据来证明伤害会发生就可以。第二个条件中，工程师未必总是需要向上级报告自己的担心，上级不一定会对情况做出公正的评价，通常上级是问题的根源。第三个条件中，有时不需要经过所有可用渠道的尝试。比如在灾难发生时，没有时间这么做，又比如雇员并无有效途径让更高的管理层了解他们的抗议，除非依靠公众舆论。

举报对企业存在明显的或者潜在的危害。举报者应该设法通过组织内可利用的渠道以尽量减少这种危害。举报行为对举报者自身也存在潜在的危害。只有在确保其他人相信举报的事实存在，从而可以避免对公众造成伤害时，举报者才去承担对自己负面的影响。乔治的观点是，如果举报达到预期效果的概率很小，那么工程师没有理由用其职业生涯去冒险。但是，举报的道德属性意味着，虽然工程师没有充分的证据说明举报可以避免伤害，但让可能受到伤害的人有自由选择和知情同意的机会，便已是举报的充分理由了。

迈克尔·戴维斯提出了另一个举报的正当理由：如果我们将举报者的义务理解成源于避免成为不当行为的共犯，而不是源于避免伤害的能力，那么我们可能会更好地理解举报。在道德层面上，下列条件满足时，你必须向公众透露自己所知道的情况。① 你揭露的事件源自你在组织中的工作；② 你自愿为该组织服务；③ 你认为，虽然该组织是合法的，但它却从事了一种严重的道德不当行为；④ 你认为，如果不公开披露你所知道的，那么你在该组织的工作会直接帮助错误的形成；⑤ 根据信念③、④，你是正当的；⑥ 信念③、④是正确的。这样，举报的主要道德动机是避免参与不道德的行为，而不是阻止不道德的行为。戴维斯的关于举报的理论也不尽完善。其中第③点，举报者认为公司从事了道德不正当行为，就有举报的正当理由，但如果后来证实举报是错误的呢？从尊重人的角度看，其举报仍是合理的。否则，一个人的道德完整性就会受到损害，因为他认为如果不举报的话，自己就参与了错误的活动。但从公司的角度呢？是否会给公司带来潜在的伤害？

对于举报者而言，应该注意以下几点：① 准备举报时，尽量利用组织内可能具有的各种正式或非正式的程序；② 评价并选择合适的方式，将你的举报尽可能保密；③ 对事不对人；④ 保留过程的书面记录；⑤ 针对举报提出正面的建议。

对于忠诚于组织的雇员而言，举报是不得已而为之的行为。举报者不仅感到恐惧，甚至会受到精神创伤，而且常常被报复、调动、解雇，事业前途、物质福利以及人际关系等都有可能严重受损。但由举报者提供的对公众的重要服务，已经使公众意识到应该保护他们免受雇主的报复。随着法治的健全，越来越多的企业鼓励雇员对企业不合规行为进行监督和举报。

英国、美国在 20 世纪末都采取了相应的措施，如美国有专门的“揭发者中心”，为揭发者提供相关的举报程序知识和辩护律师。在这些国家，工程协会和组织对工程举报人的激励和保护作用巨大，协会可以施加影响抵制外部因素或其他组织对举报人的伤害，并对做出贡献的工程举报人给予奖励。美国一些职业协会还会将对举报人采取不正当报复措施的公司记录在案。IEEE 采用求助热线帮助会员，帮助被不公正解雇的工程师寻找新的工作，给予勇敢的举报人以荣誉。

5.6.4　诚实

诚实是真实表达自己拥有信息的行为，即实事求是，表里如一，说实话，做实事，不夸大其词，不文过饰非。诚实是待人处事真诚、讲信誉。孔子说：“言必信，行必果。”孟子说：“诚者，天之道也；思诚者，人之道也。”阿扎耶夫说：“实话可能令人伤心，但胜过谎言。”诚实是社会各项活动的基石，工程活动也不例外。

工程伦理规范特别强调工程师对雇主的诚实，涉及的条款也很多。比如，《美国化学工程师协会伦理规范》第 4 条规定：仅以客观和诚实的方式发表声明或陈述信息。《美国电气和电子工程师协会伦理规范》第 3 条规定：在陈述主张和基于现有数据进行评估时，要保持诚实和真实。

《美国机械工程师协会伦理规范》中的基本原则规定：诚实、公正、忠实地为公众、雇主和客户服务。指导原则 4 规定：作为研究结果，当工程师认为某个项目不可行时，应向其雇主和客户提出建议；当被证实存在错误时，工程师应承认自己的错误，并且不应歪曲或篡改事实来为其错误或决定寻找正当理由。指导原则 7 规定：工程师应在所有专业报告声明或证词中保持完全的客观和真实，他们应将所有相关的、适当的信息包含在他们的报告、声明或证词中。在解释他们的工作和价值时，工程师应该做到实事求是，避免任何试图以损害职业或他人的正直和声誉为代价来为自己谋求利益的行为。

《美国土木工程师协会伦理规范》中的基本原则 2 规定：诚实、公平和忠实地为公众、雇主和客户服务。基本准则 3 规定：工程师应当仅以客观诚实的态度发表公开声明。工程师应在其职业报告、声明或证词中保持客观和诚实，他们应在这类报告声明或证词中包含所有相关的和恰当的信息。当工程师作为专家证人时，他们所表达的意见应该立足于足够的事实、技术能力背景和诚实信念的基础上。

《美国全国职业工程师协会伦理规范》在序言中指出，工程是一个重要的学术性的职业。作为本职业的从业人员，工程师被赋予了展现高标准的诚实和正直的期望。工程对所有人的生活质量有直接和重大的影响，因此，工程师提供的服务需要诚实、公平和公正。另外，伦理规范在其职业责任中提到：当处理与各方的关系时，工程师应以诚实的和正直的最高标准作为指导原则；工程师应承认他们的错误，而不应歪曲或篡改事实。工程师应避免所有欺骗公众的行为。

工程活动领域的诚实应该体现在以下几个方面：

1. 不说谎

说谎是指有意传达错误或者起误导作用信息的行为。说谎是一种陈述，是出于欺骗的意图而做出的行为。

工程一般是在经济环境下按照市场机制运作的，工程承包和建设过程涉及项目设计者、建设者与业主、用户之间的利益关系，企业生产和销售产品反映了消费者和企业之间的经济利益关系。因此在工程活动中，利益相关者是否能够做到以诚相待，是工程高质量完成的前提。比如，在工程投标时，要提出切合实际的建设方案，不能为了抢到合同而瞒报工程预算，夸大施工能力，承诺不能兑现的指标。

除了工程招投标，广告和知识产权也与商业活动有着密切的联系，诚实问题不容回避。在市场经济环境中，宣传是企业必要的而且重要的活动。企业经常借助工程师或者以工程师的形象向消费者和社会公众广泛介绍产品。美国著名伦理专家雅克·蒂洛等人指出，不对消费者说谎，不隐瞒重要事实以误导消费者，是企业对消费者的义务。任何不安全的产品或服务都不得在广告中宣称自己是安全的。工程伦理学家马丁指出，欺骗性的广告方式有：① 露骨的谎言；② 半真半假；③ 夸张；④ 虚假的影射、建议或暗示；⑤ 由模糊、含混或前后不一致造成的误解。

美国工程师协会曾经在伦理准则中提出“禁止工程师为招揽业务做广告”的条款。20 世纪 70 年代，美国最高法院裁定，该条款违反了反垄断法，此后的工程伦理准则中去掉了这样的规定。因此，工程师做宣传变为合法，但是保证广告内容真实可信则要依赖工程师的专业判断。

2. 不侵权

侵权是一种不诚实的表现，是将不属于自己的东西表示为属于自己的。不能否认，目前仍然存在着较多的侵权行为，比起盗窃实物财产，知识产权的窃取具有更大的隐蔽性，因此具有更大的诱惑。

知识产权是指人们脑力劳动成果所产生的、依法享有的专有权利。知识产权本质上是一种无形财产权，通常包括著作权、专利权、商标权三类。

著作权是作者对其创作的文字、艺术和科学技术作品享有的专有权利；专利权是由政府部门颁发的、允许发明创造者在一定期限内依法享有独占实施的权利；商标是与产品或服务相关的文字、短语、图案或符号。

商业机密也被认为是需要被保护的一种知识产权形式。商业机密是指企业不为公众所知悉、能为权利人带来经济利益，具有实用性并经权利人采取保密措施的设计资料、程序、产品配方制作工艺、制作方法、管理诀窍、客户名单、货源情报、产销策略、招标中的标底及标书内容等技术信息和经营信息。其中，不为公众知悉是指该信息不能从公开渠道直接获取，能为权利人带来现实的或者潜在的经济利益或者竞争优势，具有实用性；权利人采取保密措施，包括签订保密协议、建立保密制度及采取其他合理的保密措施等。

3. 避免科研欺诈

科研欺诈是指在从事科学研究和传播研究结果的过程中所存在的严重或蓄意的违规行为，包括伪造、篡改及剽窃等。伪造是编造不存在的研究数据；篡改是指蓄意修改研究数据，使之符合预期假设；剽窃是指在他人不知情的情况下，使用他人的发现或观点，并且未给被引用者应有的荣誉。

案例：小保方晴子实验数据造假

日本理化学研究所科研人员小保方晴子实验数据造假事件及由此涉及其论文合作者笹井芳树自杀事件在科学界引起强烈震动。2014 年年初，小保方晴子在英国权威学术期刊《自然》发表具有突破性的干细胞方面的两篇研究论文，论文宣称，将从新生小鼠身上分离的细胞暴露在弱酸性环境中，能够使细胞恢复到未分化状态，并使其具备分化成任何细胞类型的潜能，他们将这种细胞命名为刺激触发的多能性获得细胞（STAP 细胞）。该论文引起了极大反响，小保方晴子甚至被追捧为有望冲击诺贝尔奖的“日本居里夫人”，但同时也引起了部分人的怀疑。争议不仅在所谓的“刺激触发的多能性获得细胞”论文，小保方晴子以往的论文中也被曝出有伪造实验数据、篡改图片的嫌疑，许多顶尖科学家表示他们无法重复出小保方晴子的实验结果。2 月中旬，日本理化学研究所和《自然》期刊分别就小保方晴子所遭受的学术不端指控展开调查。3 月，日本理化学研究所向外界公布了更多关于细胞制备过程的详细情况，并表示小保方晴子研究中的其他实验方法将会发表在《自然》期刊的“实验方法交流”网页上。发言人称，它可以帮助其他研究者提高重复小保方晴子实验的成功概率。然而，有研究者指出，这份实验方案与早先已经发表的内容不一致。紧接着，又有人指出，小保方晴子在《自然》上发表的文章，明显重复使用了两张其博士学位论文上的图片，该图片表示了细胞后来就处于胚胎状态，而不是 STAP 之后才变为胚胎状态。

经过一系列的调查，包括小保方晴子的合作者若山照彦的坦白，证明了 STAP 干细胞根本不存在。《自然》期刊将两篇关于 STAP 细胞的论文撤稿。早稻田大学宣布小保方晴子的博士论文未达到博士标准，但并不撤销已颁布的博士学位。8 月 5 日，一直力挺 STAP 干细胞的小保方晴子的导师，被认为有望获得诺贝尔奖的干细胞界顶尖专家笹井芳树，因感到职业生涯被毁灭性地重创选择了自杀。

科研欺诈行为正在逐年增多，据统计，已发表论文的撤稿率从1977年的十万分之一，上升到2013年的十万分之五十。2012年的一项研究表明，67.4%的撤稿申请由科研不端行为导致。针对美国和英国实验室在1986年至2005年间的18份调查数据分析显示，1.97%的被调查者承认自己至少有过一次篡改实验数据的行为，33.7%的研究者承认有过其他不道德的行为，多达72%的人承认曾发现其他研究者存在类似的行为。

科研欺诈增多的原因与学术环境、学术规范、科研管理、法治建设密切相关，与各国文化传统亦有关联，许多国家尚未建立科研不端的行为规范和处理程序；另外，从执行层面而言，对科研不端的界定具有较大的复杂性和差异性。

科研欺诈的动力源自个人利益，但这类事件一旦揭露，将会摧毁相关科研人员的职业生涯和声誉。然而科研欺诈所带来的伤害远远超出造假者能承受的范围，它可能将其他科研人员引入歧途，导致建立在这些错误数据基础上的研究工作白白浪费。

欺诈行为造成了科研人员对通过研究获取知识这种模式产生了怀疑，是在他人的研究基础上继续深入，还是怀疑他人的研究而先行论证？经济、时间成本都很巨大，其社会后果是不可估量的。虽然伦理规范有诸多科研诚信条款，但更多时候需要依靠科研人员的良知。

4. 信息公开

信息公开指的是将事件所涉及的信息全面、客观、有效地告知关系人，避免他们在做决定时因信息匮乏而受到损害。在工程研究过程中，当为研究活动采集样本、进行实验活动时，必须尊重相关主体的知情权，不得为牟取私利而隐瞒事实真相，欺骗、诱惑相关主体参加样本采集实验活动。

以转基因农作物为例，它在提高农作物产量、抗虫害等方面有明显效果，但是科学家们对转基因食品的毒性、过敏反应、营养性、对生物的免疫力非常担心。他们普遍担忧转基因生物的释放可能对环境质量、生态系统或生态平衡产生不利的影响，严重的可能致癌和诱发其他遗传病，因为有些问题要经历很多年才会显现。比如，植入抗虫基因的农作物比一般农作物更能抵抗病虫害的袭击，长此下去，转基因农作物就会取代原来的农作物造成物种灭绝。从整个生态环境来考虑，每种物种可能发挥自身独特的作用，维持着物种间天然的生态平衡，如果一个物种灭绝，生态系统的稳定性就会降低，从而影响生态环境的稳定性，也会导致科学研究所依赖的原始资源的消失。很多报道都说明了转基因作物带来的危害。

1999年，美国康奈尔大学的研究者在英国《自然》期刊上发表报告，用涂有转Bt基因玉米花粉的叶片喂养斑蝶，导致44%的幼虫死亡。2004年，科学家发现，转基因Bt－176玉米作为奶牛的补充饲料，因Bt毒素无法分解，毒死了大量奶牛。2005年，英国《独立报》披露了知名生物公司“孟山都”以转基因食品喂养的老鼠，出现器官变异和血液成分改变的现象。2007年，法国科学家证实，“孟山都”公司生产的一种转基因玉米对人体肝脏和肾脏具有毒性。

针对转基因食品可能存在的危害，1998年，欧盟国家通过法律把转基因农产品作物严格限制在实验室环境或封闭区域之内。世界上许多其他国家对转基因食品保持谨慎态度，明文规定对含转基因成分的食品要进行标注。我国农业部颁布的《农业转基因生物标识管理办法》规定，凡是列入标识管理目录并用于销售的农业转基因生物，应当进行标识，未标识和不按规定标识的，不得进口或销售。

思考与讨论

1. 简述契约理论的基本内容。
2. 如何看待利益相关者理论？
3. 如何分析工程的利益相关者？
4. 如何分析工程建设的社会责任？

第6章
工程活动中的环境伦理

6.1 工程活动中的环境影响

人类的工程及其基础都是为了人类自身的利益和发展。同时，一切工程活动都是在环境中进行的，那它必然会对环境造成一定的影响；同时，环境也会对工程产生或好或坏的影响，最终影响到人类自身。古人的“顺势而为”，在工程界也可以理解为“做工程时，需要顺应自然而行”。

6.1.1 工程活动对环境的影响

任何工程活动都要改变环境，矿产资源开采、修建道路和堤坝、城市建设、工程建筑等，都是在自然环境中进行的，无论是好是坏，都会使自然环境发生改变。尽管工程活动是以相关的科学知识和技术原理为基础，但它只要以人的目标作为最终依据，就必然会使原环境发生改变。事实也表明，所有工程活动在实现人类目标的同时，或多或少都会改变自然环境，甚至有不少的工程因环境损害而成为失败的工程。

工程建设会引起一系列环境问题，这在现代社会已经成为不争的事实。在大搞工程建设的今天，其中的环境保护问题就显得越来越突出和重要，这主要在于工程过程中自然环境会受到不同程度的破坏，直接影响到人们的生活和生命安全，必须要在工程建设和环境保护之间找到平衡点，努力使两者的关系协调起来。

过去，工程建设的决策管理者们通常会把经济利益放在首位，只要技术上可行，就有内在的驱动力。追求工程的优劣只考虑项目与经济的关系，忽视工程与生态环境之间关系的思维模式成为常态。而正是这种以牺牲生态环境为代价换取暂时利益的行为，使生态环境日益恶化。但实际上，经济发展离不开良好的生态环境，而优美的生态环境则是加快经济增长的基础。恶劣的生态环境，会使经济难以发展，或即使经济发展了，也难以为继。因此，只看眼前利益而无长远考虑的工程，只能为社会的发展埋下隐患。

工程建设对环境产生直接或间接影响，包括占用土地资源、水土流失、生态失衡、气候异常，以及废气、废水、固体废弃物和噪声、尘埃等。最常见的有以下几类：

（1）消耗大量的能源和天然资源。建筑工程需要消耗大量的天然资源，这些本身已经对环境造成间接的破坏。同时，它还需要消耗大量的能源，比如汽油、柴油、电力等。

（2）产生各种建筑垃圾、废弃物、化学品或危险品，造成环境污染。工程施工过程中每天都不可避免地会产生大量废物。这些垃圾、废弃物的处理对环境造成了更大的压力。而一些化学品或危险物品，不仅会对环境有所影响，也会对人们的身体健康造成危害。

（3）工地产生的污水造成水污染。施工污水及工地生活污水等如果没有经过适当的处理就排放，会污染海洋、河流或地下水等水体。

（4）噪声和振动的影响。施工过程中必然会产生大量噪声，比如施工中需要使用机动设备，设备所产生的噪声和振动就会对附近的居民造成滋扰。

（5）排出有害气体或粉尘污染空气，威胁人们的健康。工程建设施工过程排放的废气中有二氧化碳等温室气体，还会引起温室效应。施工中产生的大量尘埃等，也会对附近居民造成滋扰和影响。

6.1.2　环境对工程活动的影响

自然界的运行有自身的规律，人类的活动首先应该遵循自然规律，然后才是在此基础上改变自然。然而，建立这种观念不易，运用这种观念指导行动则更难。我们可以通过一个失败的工程案例来看看工程与环境是一种怎样的关系。

咸海曾被称为世界第四大湖泊，位于亚欧大陆腹部的荒漠和半荒漠环境之中，气候干旱，蒸发非常强烈。据统计，咸海每年的进水总量为 338.2 立方千米，而每年的耗水量则为 361.3 立方千米，进少出多，使得湖水水面逐渐下降。如 1930 年湖的面积为 42.2 万平方千米，到 1970 年已经缩小到 37.1 万平方千米了。因为水分大量蒸发，盐分逐年积累，因此湖水也越来越咸。咸海的卡拉博加兹戈尔湾面积为 1.8 万平方千米，强烈的蒸发致使海湾与咸海的水面出现 4 米的落差。咸海水以每秒 200～300 立方米的水量流入卡拉博加兹戈尔湾。咸海生物资源丰富，既有鲟鱼、鲑鱼、银汉鱼等各种鱼类繁衍，也有海豹等海兽栖息。咸海含盐量高，盛产食盐和芒硝，卡拉博加兹戈尔湾是大型芒硝产地。咸海地区航运业较发达。

由于卡拉博加兹戈尔湾环抱在干旱的沙漠中，客观上形成了一个巨大的蒸发器。1977 年，根据科学家的建议，苏联部长会议通过决议，修建一个堤坝，将卡拉博加兹戈尔湾与咸海分割开，以求封闭海湾这个巨大的天然“蒸发器”，减缓咸海水面下降。1980 年 3 月，咸海和卡拉博加兹戈尔湾的水道成功堵死，分割海湾的筑堤工程即告完成。

然而，分割后的海湾环境发生了出人意料的变化。原先由于海湾的蒸发作用，湾内积存了 480 亿吨的盐类。1929 年起采用提取盐溶液的工艺开采芒硝。1955 年至 1985 年间共提取盐溶液 2.6 亿立方米。硫酸钠采量一度占全苏联总产量的 40%，海湾干涸后，被迫停产。往常每年从咸海随水流入海湾的盐分高达 1.3 亿吨，由于卡拉博加兹戈尔湾的封闭，使咸海失去了一个消盐的“淡化器”，由此增加了一个盐风暴污染源。一方面，卡拉博加兹戈尔湾则因无水补给而在 1984 年完全干涸；另一方面，卡拉博加兹戈尔湾与里海的分割造成了咸海水位上升，使湖水淹没了大片的农田、工业设施、油井、交通干线和居民区。最后，政府又不得不重新将分割卡拉博加兹戈尔湾的人工堤坝打开，以恢复分割工程前的本来自然面貌。

20 世纪 60 年代前后，湖水盐含量增加了一倍，湖区有 2.4 万平方千米已成了盐土荒漠。裸露的湖底成了沙尘和盐粒的原生地，盐和沙尘被强风吹扬到百里之外，沉降到地面。有人测算，每年升入大气层的粉尘达 1 500 万～1 700 万吨。如 1975 年 5 月，咸海东北沿岸强风暴导致地表沙尘面积达 4 800 平方千米，到了 1979 年 5 月沙尘面积则达到了 45 000 平方千米，沙尘总量为 100 万吨。因此，不少科学家断言，若咸海完全干涸，析出的盐重量将达到 100 亿吨，这将对周边地区的气候产生直接影响。不仅如此，大量化肥和杀虫剂的使用，使得土壤洗盐排出的洗盐水与化肥、杀虫剂一同流入河流或渗入地下，使河水和地下水受到污染。当地居民长期饮用受污染的水，导致该流域贫血、食道癌、肝炎、痢疾、伤寒等疾病的发病率居高不下，发育不全和婴儿夭折的比例也较其他地区高。联合国在 1996 年的一份报告中披露，在咸海流域的克考勒—奥尔达城，儿童得病率 1990 年每千人为 1 485 人次，到 1994 年增加到每千人 3 134 次。

一项造福人类的工程为何得到了相反的效果？工程的目标是把天然河水引入干渠和农田，以促进农业经济发展，从最初设定的技术目标上看这一目的已经达到，表明引水工程是成功的。问题是任何一项工程都必须受到自然条件的约束，如何将工程与自然条件相协调，就要求决策者充分考虑单一目标与复杂生态系统之间的多维关联。按照通行的做法，对于任何一项重大工程的决策，都需要以充分的科学论证作基础。针对咸海的工程改造，苏联学术界在 20 世纪 70 年代也有过激烈的争论，但决策者并未考虑到阿姆河和锡尔河三角洲的生态，也未考虑到咸海调节大陆气候的作用，更未考虑到咸海湖内生物群落的丧失和荒漠化进程的加剧，而是一味地追求近期经济效益，这样忽视生态效益的结果必然会使所期望的结果走向反面。

改造咸海的失败是我们在没有全面深刻理解自然规律时就贸然行动的典型案例，这仅仅只是一个缩影，类似的经验教训仍不断在世界范围上演。只不过在大多数情况下，一些水利工程所表现出来的负面效果需要经过较长时期的积累才能显现。从埃及的阿斯旺水坝到我国的三门峡大坝，从美国科罗拉多河到我国黄河的长年断流，在人口与经济增长的压力之下，这类工程仍会进行下去。然而，无论怎么做我们都应该牢记“不以伟大的自然规律为依据的人类计划，只会带来灾难”以及“我们不要过分陶醉于对自然界的胜利，对于每一次这样的胜利，自然界都报复了我们”这样的警世醒言。

单从技术的层面上看，苏联对咸海“外科手术”式的改造不可谓不成功，但从更宽泛的视野上看，它在生态上是失败的，因为它遵循了技术规则却违反了生态法则。我们不能忽视这一点：我们对自然的理解是不深入和不完整的，对于大时空跨度的自然变迁，我们并没有进行系统的分析研究，同样，我们对过去的经验教训还缺乏足够的认识，尤其还不能把人类工程放到自然生态系统中加以考察，对由量变到质变过程的把握还相当肤浅。所有这些问题，只要其中某个环节考虑不周，都有可能产生相反的结果。

工程与环境之间存在着相互影响的关系。科学在处理工程问题时依赖于初始条件和边界条件，一旦超越这些条件就会产生错误，在各类工程中皆是如此。所以若仅依靠科学而不考虑环境因素，必然会引发问题。当人们意识到科学不能完全解决所面临的社会问题和生态问题，还需要考虑生态环境的因素，用整体的眼光和系统的思维去衡量工程的可行性时，就兴起了一门重要的理论科学——环境伦理学。

6.2 环境伦理学的内容

6.2.1 环境伦理观念的起源

对环境伦理思想的历史考察可以追溯到最初的工业发展时期。西方社会在经历了两次工业革命以后，经济飞速发展，社会财富高度积累。就在这一时期，在工业革命中获益最多的几个国家，如英国、德国、美国都出现了严重的环境问题：一方面是对森林资源的严重破坏，另一方面是工业城市的大气污染。随着工业化进程的深入，人们对自然资源的需求不断增加，对资源的随意挥霍最终使人与自然的冲突开始尖锐起来。

以美国的工业发展为例。19 世纪中期，在经历了内战以后，美国经济高速发展。19 世纪末，美国的工业总产值已居世界首位。经济的发展促进了对动力原材料的需求，由此带动了采矿、林业、石油等产业的发展，而美国丰富的自然资源也为工业发展提供了良好的条件。然而，美国人对自然资源的漠视态度和掠夺式开发，使美国的自然资源受到极大的破坏和浪费。如铁路建设和采矿消耗了大量的木材，使森林遭到严重破坏。到 19 世纪末，美国的森林面积减少了 1/5。此外，森林的消失和人为的捕杀也导致野生动物迅速灭绝。19 世纪初，北美旅鸽约有 20 亿只，迁徙时的壮丽场面令人赞叹。然而，仅仅过了一个世纪，它就在美国大地上绝迹了。当年哥伦布发现美洲大陆时，这里的野牛有 6 000 万头，到 19 世纪末，美洲野牛的数量已不足百头。在 19 世纪的美国人心目中，土地、森林和野生动物是不值钱的，他们用一种漫不经心的方式粗放经营，致使土地和森林资源的浪费和破坏达到惊人的程度。工业的快速发展和人类对环境的漠视，导致环境被严重破坏。由此，各种主题的环保运动使得资源保护主义和自然保护主义这两种环保思路应运而生。

1. 资源保护主义

资源保护主义是一种以人类为中心的资源管理方式，其目的是更好地对资源进行开发利用，保护了人的社会经济体系，而非自然生态体系。资源保护主义的代表人物是平肖，他认为，上帝创造了人和万物，人作为世界的核心，应该发展对自己有用的物种，而消灭那些对自己无用的物种。这种功利的资源保护主义哲学迎合了当时统治阶级的利益，因此成为 20 世纪初资源保护运动的基本原则。为使资源得到更合理的开发利用，防止因缺乏科学知识而导致的个人滥用，平肖提出了出于经济发展需要而对国家资源进行“明智利用、科学管理”的原则。在他的影响下，美国时任总统罗斯福发起了自然资源保护运动，通过立法收回了大量草原、土地。森林，作为国家的公共保留地，建立了大量的自然保护区。此次运动遏制了美国垄断集团肆无忌惮地掠夺和浪费自然资源的现象，在一定程度上保护了环境，并使得资源保护主义成为历届美国政府坚持的环保方针之一。

2. 自然保护主义

最早对美国资源无节制破坏提出明确批评的人是乔治 • P. 马什（George Perkins Marsh）。他在 1864 年出版的《人与自然》一书中指出：“事实上，公共财富在美国一直没有得到足够的尊重。”“在这种情况下，是很难去保护森林的，无论它是属于国家，还是属于个人。”他预言，人们若不改变把自然当作一种消费品的信念，便会招致自己的毁灭。此后一批美国哲学家、文学家和博物学家受欧洲浪漫主义运动及达尔文进化论学说的影响，开始对工业社会中人与自然关系模式进行批判性反思，他们赞颂自然界的和谐与完美，关注它在迅速拓展的工业文明中的命运。

此外，对环境伦理学产生直接影响的思想家主要还有大卫亨利·梭罗、约翰·缪尔和奥尔多·利奥波德，他们都在不同程度上推动了自然保护主义的发展。其中，缪尔认为，人既需要面包也需要美，人应当努力地维护森林保护区和公园的美丽壮观，并从美学的角度去欣赏它们，使它们进入人的心中，从而在人的内心激发出一种维护自然景观的审美要求。这种审美观超越了人的生理要求，使人能够发现自然经济价值以外的价值。缪尔用超越功利主义的资源保护方式保护自然，反对用经济利益作为价值标准，反对在国家公园和自然保护区内进行任何有经济目的的活动。因此，自然保护主义是一种超越了狭隘人类中心的资源保护思想，其首要目的不是人类的利用，而是自然自身；保护的不是人在资源中的利益，而是自然本身的利益。

3. 人类对环保的进一步思考

由于资源保护主义的思路更符合政府的利益，因此长久以来资源保护主义都深受美国政府的支持。然而，20 世纪 30 年代的沙尘暴天气肆虐了美国中西部，让美国人意识到逐渐功利的资源保护主义并没有完全遏制工业发展对自然环境的破坏。此外，生态学的兴起和发展，带来了美国意识形态领域的一次革命，促使许多人对环境保护进行更深入的思考。

第二次世界大战结束后，随着物质生活水平的提高，人们不再满足于单纯的物质享受，希望更多地接触自然、感受自然，拥有健康的生活环境和生活方式。于是美国公众更加关注环境问题，从不同角度表达了对环境破坏的忧虑。其中，知识分子成为引领环保意识形态的先锋。

1962 年，蕾切尔·卡森出版了《寂静的春天》一书。在书中，她向对环境问题还没有心理准备的人们讲述了 DDT 和其他杀虫剂对生物、人和环境的危害。在此之前，人们对 DDT 和其他杀虫剂造成危害的严重性一直毫无察觉。除了某些学术期刊，大众媒体还根本没有相关危险性的报道。尽管她的著作遭到怀疑甚至无情的指责，但越来越多的调查证实了 DDT 使用的危害性。为此，美国国会召开了听证会，美国环境保护局在此背景下成立；环境科学由此诞生；大规模的民间环境运动由此展开。公众环境意识的觉醒又不断推动着环境运动的兴起。同时，环境伦理学也在环境运动和普通伦理学的风潮中应运而生。

6.2.2 环境伦理学的内容

“环境伦理”一词是 20 世纪后随着西方环境伦理学兴起传入国内的。在西方，环境伦理一词多和环境伦理学同义，是一种系统化、理论化的，有关人与环境间道德关系的学说。例如，戴斯·贾斯丁的《环境伦理学：环境哲学导论》中将环境伦理学定义为：环境伦理学旨在系统地阐释有关人类和自然环境间的道德关系。环境伦理学的理论必须：① 解释这些规范；② 解释谁或哪些人有责任；③ 这些责任如何被论证。不同的环境伦理学有不同的答案。

伦理是人与人之间、人与非人之间应该具有的正当关系，以及维护这种正当关系的基本行为规则。环境伦理则指人类和环境之间应该具有的正当关系，以及维护这种正当关系的基本规则，它具有如下要素：

1. 环境伦理是人类与环境之间的关系

伦理被普遍应用在人和人，尤其是家庭成员的关系上。当代中国，对于人类和人类之外的事物，如人和自然、人和动物能否形成伦理关系，还有较大的争议。在中国传统的历史文化中，从未将伦理局限在人和人之间。一个例证就是中国封建社会的纲常五伦——天、地、君、亲、师，在人必须处理好的这五类重要关系中，把天、地放在了首位。西方两次工业革命后，随着工业文明的发展壮大，人类对资源的过度开发和破坏也日益严重，并使人类自身饱尝苦果。基于对这些苦果的反思，进入20世纪后，西方出现了“环境伦理”这一学科，开始研究人类与环境之间的伦理关系，在美国、德国、法国等国涌现出一批环境伦理学者和丰富的著作。只不过在两者的互动上，不同于人与人之间的关系。人与人之间的关系互动，双方行为都受个人主观价值判断的影响。而人类与环境的互动，只有一方存在主观价值判断。人类与环境的关系中，人类具有明显的主观意志性，即人类对环境的行动，受人类主观价值判断的指导，即什么行动是善的、正确的，什么行动是恶的、错误的。而环境只有单纯的客观规律性，即环境只有自身演化的客观规律，本身不能进行善恶是非的价值判断。环境只能以自身的演化及其对人类生存的影响，来印证人类的主观价值判断及其行为是否符合客观规律，从而促进人类进行伦理反思。

2. 环境伦理是人类利用自然行为善恶是非的判断标准

环境伦理作为人类和自然之间的一种客观关系，带有善恶是非的评判意味。伦理是一个与善恶是非相联系的概念，一直在追问什么是善的，什么是恶的。环境伦理是以环境为中心的道德讨论，要解决的是人类行为之于环境，怎样是善的、对的，怎样是错的、恶的。常见的例子有：人类是否应该为了满足自己的利益而默许自然界的动物灭绝？为了发动汽车，是否应该继续开采石油？为了子孙后代，当代人是否应该对保护环境承担一定的义务？通常来说，人类与环境存在三种基本关系。

（1）依存与被依存的关系。人类是整个环境中的一个要素，是环境要素漫长的演化过程中出现的一个物种。人类以环境作为生存的空间和生活资料的来源，必须深刻地认识到，我们身处环境之中，每一次呼吸的氧气，每一滴饮用的清水，每一口咽下的食物都来自环境。因此人类的生存深深依赖于自然环境，我们修建的高楼大厦和工厂也许可以引发人类独立于环境的主观感觉，却绝不可能改变我们对自然环境这一深刻的依赖关系。而环境虽被人类所依存，但其存在却不依存于人类，我们这个星球的寿命远远长于人类的寿命。可以想象的是：就像白垩纪的恐龙，虽然盛极一时，最终却仍然有归于尘土的时刻，当人类的主宰时代结束时，这个神秘地球依然在平静地进行着公转与自转。作为人类，能做的就是探寻我们这个物种和环境之间的关系，发展壮大那些相关的因素，将人类存在的时代尽可能延长。从这个角度来说，环境伦理会影响整个人类的存在周期，对人类的生存具有现实意义。

（2）利用与被利用的关系。人类不能像植物那样，通过光合作用为自身创造养分，为了维持生命的机能，必须以环境中的动植物作为能量来源。人类对环境要素的利用，是其生存发展的必然。虽然人类当中出现了许多素食主义者，他们试图通过身体力行来实现对非人类生命的尊重，然而我们必须承认，只要是利用，就意味着难以避免地对其他物种活动产生影响，甚至是生命的剥夺。这也引发环境伦理的追问：我们每一个利用环境的行为，如排放污染物、拿动物进行医学实验或者吃肉都是正确的吗？从利用与被利用的层面上看，环境从表面上的确是被动的。尤其是两次工业革命，极大地促进了人类征服自然的能力：机械手臂和电锯的发明，让大片森林以惊人的速度被铲平；猎枪使得任何凶猛的动物都无法逃脱人类的捕捉；在海洋中，就连鲸鱼和鲨鱼这样的“海中之王”也死于人类的捕捞。然而，一些环境要素也在主动地对人类产生影响，比如野兽对人类的捕食。此外，还有一些环境要素是以其自身的自然规律来影响人类的，比如水域有有限的自净能力，当容纳的污染物超过了其自净能力，水域就会被污染，污染的水域滋生细菌致使鱼虾灭绝，从而给人类的生存造成负面影响。因此，即便是在利用与被利用的关系上，人类也必须有清醒的认识：环境的被动只是一种表面现象，事实上，环境会以一种不易察觉的方式，深远地影响我们和子孙后代。

（3）审美与被审美的关系。审美是一种人类的主观活动，人类通过审美脱离生存层次，获得精神层次上的愉悦。然而，审美的来源是周围的环境。

人类有史以来各种艺术创作都不能脱离各种环境要素。在人类与环境的三个关系中，利用和审美关系以依存关系为前提和基础。因此，凡是损害、威胁到人类与环境依存与被依存关系的行为，就很难说是善的。这是环境伦理的一个最根本的判断。

3. *环境伦理是人类利用环境必须遵守的基本规则*

环境伦理以善思判断为标准，以向善去恶为目标，致力于人类行为对待环境应遵循的基本规则，即人类对于环境有哪些利益（哪些是可以做的），有哪些义务（哪些是必须做或不能做的）。违反了伦理所确立的行为规则，会受到心理的谴责和社会主流意识形态的否定。环境伦理所确立的一部分行为规则，也可以转化为法成为法律规则。环境伦理作为善恶是非的判断标准，要解决的是人类对环境的行为是否应该有遵循的基本准则。基于这个前提，再来树立具体的行为准则。如果没有具体的行为准则，伦理就会流于空谈，伦理的功能性将大打折扣。因此，环境伦理绝不仅仅是一种是非善恶的标准，具体的行为准则也是环境伦理的固有内容。

环境伦理所确立的规则具有基本性，它是人类与自然之间关系的最基本准则。违反环境伦理对大部分人来说，在心理上是不能容忍的，会得到社会主流意识形态的强烈谴责，甚至招来疾病。比如，在动物饲养中给牛吃牛的骨粉，使其同类相食，使素食动物吃荤，打破自然规律，最后引发了疯牛病。此外，还有一些非基本性的规则，不是直接用伦理来确立的，而是在伦理的指导下用道德确立的，如社会提倡节约用水，不乱扔果皮纸屑等。社会主流意识形态对违反道德的行为具有一定程度的容忍性。

因此，环境伦理从本质上是社会物质生产关系在人们头脑中的反映，归根结底受社会物质生产关系的制约，对社会物质生产关系也具有反作用。

6.3　工程中的环境伦理

6.3.1　工程活动中环境伦理的基本思想

在工程实践领域，保护环境成为工程活动的重要目标。由于保护环境的诉求或依据不同，在各种利益冲突的情况下，结果就会大相径庭。因此，如何把保护环境行动在道德和法律的层面确定下来，使之变成工程相关人员共同的责任和义务，就需要工程相关人员共同对环境伦理和环境法的基本思想和理论有所认识。然而，尽管人们在工程活动中已经意识到人对自然环境的道义责任，但工程领域中并没有专门的环境伦理理论，因此在工程活动中通常只运用一般的环境伦理思想来指导工程实践。事实上，环境伦理思想和理论在很大程度上就是建立在对工程活动的伦理反思基础上的，它诸多原则的建立也是基于人征服、改造和控制自然的工程活动。因此，无须建立专门的工程环境伦理理论，工程中的环境伦理问题只需要相应的环境伦理原则和规范就可以得到解决。把自然环境纳入道德关怀的范畴，确立人对自然环境的道德责任和义务，既是环境伦理学领域最重要的议题，也是工程伦理重要的组成部分之一。

工程活动是人跟自然打交道，好的工程既要考虑人的利益，也要考虑自然环境的利益。如果只考虑人的利益，这种做法通常被视为人类中心主义，即把人的利益作为价值和道德判断的标准。相反，同时也考虑自然环境的利益，则通常被称为非人类中心主义。人类中心主义和非人类中心主义是建立在资源保护主义和自然保护主义基础上发展而来的。

1. 人类中心主义

人类中心主义有三层不同的含义：生物学意义上的、认识论意义上的和价值论意义上的人类中心主义。工程活动中常常考虑价值论意义上的人类中心主义。它把人看成是自然界唯一具有内在价值的事物，必然地构成一切价值的尺度。自然界的其他事物不具有内在价值而只有工具价值。因此，人才是唯一具有资格获得道德关怀的物种，工程活动的出发点和目的只能是，也应当是人的利益，道德原则的确立应该首要满足人的利益，而不必考虑其他自然事物。因为人对自然并不存在直接的道德义务，如果说人对自然有义务，那这种义务应当被视为只是对人的义务的间接反映。

2. 非人类中心主义

与人类中心主义不同，非人类中心主义者认为，人类不是一切价值的源泉，因而他的利益不能成为衡量一切事物的尺度。人与自然的恰当关系应该是，人类只是自然整体的一部分，他需要将自己纳入更大的整体之中。才能客观地认识自己存在的意义和价值。依据这种认识，非人类中心主义者试图把道德关怀的范围，从人类扩展到非人类的生命或自然存在物上，他们运用现代社会已有道德原则和规范，分别论证了道德关怀也应该包含动物以及一切有生命的事物，甚至自然事物。如主张把道德关怀的对象扩大到有感觉的生命即动物身上，以彼得·辛格（Peter Singer）的动物解放论和汤姆·雷根（Tom Regan）的动物权利论为代表；主张把道德关怀的对象范围扩大到一切有生命的存在，倡导一种尊重生命的态度，以阿尔贝特·史怀泽（Albert Schweitzer）和保罗·泰勒（Paul Tayler）的生物中心主义为代表；还有一种更为激进的道德立场，被称为生态中心主义或生态整体主义，它主张整个自然界及其所有事物和生态过程都应成为道德关怀的对象，以利奥波德（Aldo Leopold）和深层生态学为代表。这些不同的思想主张贯穿在一起，可以明显地看出道德关怀范围由小变大的过程。

（1）动物解放论。动物解放论者从功利主义思想中找到理论依据，从而证明了动物拥有道德地位，人对动物负有直接的道德义务。按照功利主义伦理学的理解，快乐是一种内在的善，痛苦是一种内在的恶；凡带来快乐的就是道德的，凡带来痛苦的就是不道德的。因此，道德关怀的必要条件便是对苦乐的感受能力，这就为把动物的快乐和痛苦引入道德考虑的范畴提供了可能。辛格明确指出："如果一个存在物能够感受苦乐，那么拒绝关心它的苦乐就没有道德上的合理性。"由于动物的感受能力和心理能力有差异，同样的行为，给感觉和心理能力不同的动物所带来的功利是各不相同的，并且感觉和心理能力的差异具有道德意义，我们在实际的处置上仍然可以区别地对待它们。

（2）动物权利论。依照同样的思路，动物权利论则依据道义论传统，论证了人和动物有"天赋价值"，从而证明人所拥有的权利动物也同样拥有。动物自身的这种价值赋予了它们相应的道德权利，即不应遭受痛苦的权利。这种权利决定了我们应以一种尊重它们天赋价值的方式来对待它们。因此，动物权利论者主张废除科学研究中的动物实验，取消商业性的动物饲养业，禁止商业性和娱乐性的狩猎行为。

动物解放论和动物权利论突破了人类中心论的局限，把道德关怀的视野从人类扩展到了人类之外的动物，这是道德的进步。但它们只关心动物个体的福利，却忽视了广大的物种乃至整个生态系统的福利，尤其是当一般动物个体与濒危物种个体的利益发生冲突时，动物解放论和动物权利论就显得苍白无力，由于道德扩展的不彻底性，一些学者试图突破它们的局限。

（3）生物中心主义。最早要求给予所有生命道德关怀的学者是著名人道主义思想家阿尔贝特·史怀泽。他在自己的工作和生活中深切感受到了人对其他生命的责任和义务，并明确提出了"敬畏生命"的伦理思想。他认为传统伦理学的最大缺陷就是只处理人与人的道德关系，这种伦理学是不完整的。一种完整的伦理，要求对所有生物行善。"一个人，只有当他把植物和动物的生命看得与人的生命同样神圣的时候。他才是有道德的。"正是出于这种伦理的内在必然性，他建立了"敬畏生命"的伦理学，并提出"善是保护生命、促进生命，使可发展的生命实现其最高价值。恶则是毁灭生命，伤害生命，压制生命的发展。这是必然的、普遍的、绝对的伦理原则"。这种伦理思想被美国伦理学家保罗·泰勒发展成为"尊重自然"的伦理学。"尊重自然"的伦理体系包括三个紧密联系的部分：尊重自然的态度、生物中心主义自然观和环境伦理的基本规范。这一学说要求对所有生命给予必要的尊重和道德权利。

（4）生态中心主义。生物中心主义把生命本身当作道德关怀的对象，避免了传统道德理论中的等级观念，为所有生命平等的道德地位提供了一种说明，从而实现了对西方主流伦理学的超越。但是，生物中心主义所关心的仍然是个体，它本质上也是一种个体主义的伦理学。

与此相反，生态中心主义认为，一种恰当的环境伦理学必须从道德上关心无生命的生态系统、自然过程及其自然存在物。环境伦理学必须是整体主义的，即它不仅要承认存在于自然客体之间的关系，而且要把物种和生态系统这类生态“整体”视为直接的道德对象。因此，与动物解放论、动物权利论以及生物中心主义相比，生态中心主义更加关注生态共同体而非有机个体，它是一种整体主义的而非个体主义的伦理学。

这种整体的环境伦理思想最早出现在利奥波德的“大地伦理”中，他的工作经历很好地诠释了他的理论。面对当时僵硬的经济学态度带来的一系列严重的生态与伦理问题，他打算把生态学中的“群落”扩展成“大地共同体”，并以此建立人与共同体的其他部分以及整个大自然之间的新型伦理关系。其伦理思想主要表现在：① 大地伦理扩大共同体的边界；② 大地伦理改变人在自然中的地位；③ 大地伦理需要确立新的伦理价值尺度；④ 大地伦理需要有新的道德原则。最终，利奥波德给出了根本性的道德原则：“一件事情，当有助于保护生命共同体的和谐、稳定和美丽时，它就是正确的；反之，就是错误的。”在他看来，和谐、稳定和美丽是大地共同体不可分割的三个要素。

利奥波德的思想被深层生态主义者所继承，他们沿着利奥波德开辟的道路，把“大地伦理”中的生态整体主义思想扩展到政治、经济、社会和日常生活的领域，使它变成了一种内涵更加丰富的意识形态和行动指南，从而在西方掀起了一场意义深刻的深层生态运动。深层生态学把生态危机归结为当代社会的生存危机和文化危机，根源在于我们现有的社会机制、人的行为模式和价值观念。它认为，必须对人的价值观念和现行的社会体制进行根本的改造，把人和社会融于自然，使之成为一个整体，才可能解决生态危机和生存危机。深层生态学反对人类中心主义，倡导生态整体主义。它认为生态系统中的一切事物都是相互联系、相互作用的，人类只是这一系统中的一部分，人类的生存与其他部分的存在状况紧密相连。生态系统的完整性决定了整个人类的生活质量，因此，任何人无权破坏生态系统的完整性。在此基础上，它提出了构建生态社会的设想和与此相关的一系列政治经济主张，并试图通过自己的行动纲领来实现这些主张。

各不相同的环境伦理思想，反映出人们理解人与自然关系不同的道德境界，这些思想和观点为工程技术人员在处理各不相同的环境问题时提供了理论上的支持。如修建青藏铁路需穿越可可西里草原，考虑到藏羚羊的利益，就需要根据它的生活习性、迁徙规律，在相应的地段设置动物通道，甚至要采取“以桥代路”形式，以保障它们的自由迁徙。在工程活动中运用上述环境伦理思想，能够使我们在不破坏自然环境方面做得更谨慎一些。

6.3.2　工程活动中环境伦理的核心问题

工程活动常常要改变或破坏自然环境，改变或破坏到何种程度才是可接受的，需要有一个客观的标准，否则无法具体操作。问题是每个工程都在自己特定的环境条件下，根本不可能用统一的标准。在这种情况下，我们除了运用环境评价的技术标准，还需要运用环境伦理学标准来处理工程中的生态环境问题。然而，环境伦理学的理论思想各不相同，如何将这些理论用于支持工程中对环境的行为，最根本的是要看各种理论关注的核心问题是什么。抓住了这个关键要素，就可以对各种理论为什么要如此主张有清楚的理解，在具体的工程活动中就可以运用这种思路来处理生态环境问题。

1. 环境伦理的核心问题

是否承认自然界及其事物拥有内在价值与相关权利，既是环境伦理学的核心问题，又是工程活动中不能回避的问题。按照传统的价值理论，自然界对我们有价值，是因为它对我们有用，即自然界只拥有工具价值，而不具有内在价值，所以人们一直把自然界看成是人类的资源仓库。在这种思想指导下，只要对人类有利，我们便可以去做。这种伦理观念鼓励了对自然不加约束的行为，是造成人对自然界进行掠夺、形成环境危机的重要根源。但是，随着对自然界认识的日益深刻，人们发现，自然界所呈现出来的价值，远远不是我们想象中的那样只具有工具性价值，而是就像它自身一样，表现出多样性的价值形态。因此，我们需要确立一种新的信念，并对自然界进行重新审查，用建立在现代科学基础上的眼光去评价自然界的各种价值，并在这一理念下，建立人与自然新型的伦理关系。这种新型伦理关系能够为工程活动遵循环境伦理原则提供必要的支持和评价标准。

2. 自然价值

自然界的价值有两大类：工具价值和内在价值。工具价值是指自然界对人的有用性。内在价值为自然界及其事物自身所固有，与人类存在与否无关。内在价值是工具价值的依据，如果承认事物和自然界拥有内在价值，那么我们与自然事物就有了道德关系。因此，自然界是否具有客观的内在价值，一直是学界争论的焦点。之所以如此，是由于人们采用不同的参照系来进行价值判断和评价。

（1）自然的工具价值。价值主观论者以人类理性与文化作为评价自然界价值的出发点，即没有人就无所谓价值，自然界的价值就是自然对人类需要的满足。而价值客观论者则从生态学的角度来评价自然界的价值，认为自然界的价值不以人的存在或人的评价而存在，只要对地球生态系统的完善和健康有益的事物就有价值。从人与自然协同进化的观点看，没有人类，就没有人类中心的价值理论，也不可能有大规模的自然价值向人类福利的转变。主观价值论从价值的认识论角度来说是有道理的，但它忽视了价值存在的本体意义，即自然有不依赖于人的价值而独立存在的内在价值。价值客观论虽然揭示了自然界是价值的载体，强调了自然价值客观存在，不依赖评价者的事实，但它忽视了价值与人的关系。从当今的生态实践来看，秉持人与自然协同进化的价值观更为恰当，这种价值观倾向于承认自然界生物个体及其整体自然（生态系统）的各种价值。

（2）自然的内在价值。自然界具有对人有用的外在工具价值，同时也有不依赖于人的内在价值，内在价值是工具价值的基础。那么，为什么人类中心主义不承认自然界具有内在价值？这是因为从伦理学视角来看，内在价值与道德权利是密切联系的，即如果我们承认了自然事物拥有内在价值，也就理所当然地认可了自然事物的道德权利，也就是我们有道德义务维护自然事物，使它能够实现自身的价值。就自然界而言，各种生物或物种都有持续生存的权利，其他自然事物如高山、河流、湿地等，也都有它存在的权利。自然界的权利主要表现在它的生存方面，即它自身拥有按照生态规律持续生存下去的权利。这也就是为什么环境伦理学要把承认自然界的价值作为出发点，主张把道德权利扩大到自然界其他事物，他们要求维护自然事物在自然状态中持续存在的权利。

一条河流的内在价值可以通过它的连续性、完整性以及它的生态功能（如过滤、屏蔽、通道和生物栖息等功能）展现出来；通过它与地球生态系统的物质循环、能量转化和信息传输发生作用，维持着对于地球水圈的循环和平衡。河流既是一个由水流及水生动植物、微生物和环境因素相互作用构成的自然生态系统，又是一个由河流源头、湿地，以及众多不同级别的支流和干流组成流动的水网、水系或河系构成的完整统一的有机整体，同时它还是一个由水道系统和流域系统组成的开放系统。系统内部和河流与流域之间存在着大量的物质和能量交换，其中所有因素对河流健康的维持发挥着作用。因此，河流的权利主要表现为河流生存和健康的权利，而完整性、连续性和维持这些特性的基本水量是河流生存的保证。河流的生存权利要求我们在利用河流资源时，充分考虑河流的上述权利，不夺取河流生存的基本水量，不人为分割水域，一切行动均需按照河流的生态规律。河流健康生命通常是指河流生态系统的整体性未受到损害，系统处于正常的和基准的状态。河流健康状况的评价可以由河道过流能力、水质、河口湿地健康程度、生物多样性和对两岸供水的满足程度等指标来确定，不仅要求基本水量，还要求有清洁的水质、稳定的河道、健康的流域生态系统等，这些都是河流健康的标志。维持河流健康“生命”的权利就是要维护河流的自我维持能力、相对稳定性和自然生态系统及人类基本需求。

赋予河流基本的权利也就规定了我们对河流的责任与义务，这意味着河流不再仅仅是供我们开发利用的资源，也需要我们给予必要的尊重。

6.3.3　工程活动中的环境伦理原则

工程中的环境伦理不仅考虑人的利益，还要考虑自然环境的利益，更要把两者的利益放到系统整体中来考虑。通常，工程活动中，人的利益是工程的首要目标，自然作为资源和场所常常被排斥在利益考虑之外，被考虑也只是因为它看起来会影响或危及人类自身。现代工程的价值观要求人与自然达到利益双赢，即使在冲突的情况下也要平衡，这就需要我们把自然利益的考虑提升到合理的位置。依据双标尺评价系统的要求，我们在干预自然的工程活动中对环境就拥有了相关的道德义务，这些道德义务通过原则性的规定成为我们行动中必须遵循的规则以及评价我们行为正当与否的标准。在此，我们提出以下原则作为行动的准则和评价标准。

（1）尊重原则。一种行为是否正确，取决于它是否体现了尊重自然这一根本性的道德态度。人对自然环境的尊重态度取决于我们如何理解自然环境及其与人的关系。尊重原则体现了我们对自然环境的首先态度，因而成为我们行动的首要原则。

（2）整体性原则。一种行为是否正确，取决于它是否遵从了环境利益与人类利益相协调的原则，而非仅仅依据人的意愿和需要这一立场。这一原则旨在说明，人与环境是一个相互依赖的整体。它要求人类在确定自然资源的开发利用时，必须充分考虑自然环境的整体状况，尤其是生态利益。任何在工程活动过程中只考虑人的利益的行为都是错误的。

环境伦理把促进自然生态系统的完整、健康与和谐视为最高意义的善。它是对尊重原则运用后果的评价。良好的愿望和行动过程的合理性并不必然地导致善的结果，仅凭动机和行动程序的合理性还不能评价行为的正当与否，必须引入后果和后效评价，只有从动机到程序和后果的全面评价才能表现出更大的合理性，而后果的评价更为重要。

（3）不损害原则。一种行为，如果以严重损害自然环境的健康为代价，那么它就是错误的。不损害原则隐含着这样一种义务：不伤害自然环境中一切拥有自身善的事物。如果自然拥有内在价值，它就拥有自身的善，它就有利益诉求，这种利益诉求要求人们在工程活动中不应严重损害自然的正常功能。这里的"严重损害"是指对自然环境造成的不可逆转或不可修复的损害。不损害原则充分考虑到了正常的工程活动对自然生态造成的影响，但这种影响应当是可以弥补和修复的。

（4）补偿原则。一种行为，当它对自然环境造成了损害，那么责任人必须做出必要的补偿，以恢复自然环境的健康状态。这一原则要求人们履行这样一种义务：当自然生态系统受到损害的时候，责任人必须重新恢复自然生态平衡。所有的补偿性义务都有一个共同的特征：如果他的做法打破了自己与环境之间正常的平衡，那么就要为自己的错误行为负责，并承担由此带来的补偿义务。

这里，我们需要考虑自然环境受到损害的两种不同情形。第一种情形是：损害环境的行为不仅违反环境伦理的上述原则，而且违反了人际伦理的基本原则。如工程造成的污染，不仅违反了环境伦理也违反了人际伦理的公正原则，其行为显然是错误的。第二种情形是：破坏环境的行为虽然违反了环境伦理，却是一个有效的人际伦理规则所要求的。如修建一条铁路需要穿越高山或森林（如青藏铁路），这时自然的利益和人类的利益存在着冲突，在这种情况下，道德的天平向何处倾斜？这就需要我们对原则运用有个先后的排序。

当人类的利益与自然的利益发生冲突时，我们可以依据一组评价标准对何种原则具有优先性进行排序，并运用排序后的原则秩序来判断我们行为的正当性。这一组评价标准由更基本的两条原则组成。① 整体利益高于局部利益原则：人类一切活动都应服从自然生态系统的根本需要。② 需要性原则：在权衡人与自然利益的优先秩序上，应遵循生存需要高于基本需要、基本需要高于非基本需要的原则。

当自然的整体利益与人类的局部利益发生冲突时，可以依据原则① 来解决；当自然的局部利益与人类的局部利益，或自然的整体利益与人类的整体利益发生冲突时，则需要依据原则② 来解决。如：当自然的生存需要（河流的生态用水）与人的基本需要（灌溉用水）发生冲突时，以前者优先。只有在一种相当罕见的极端情况下，即人类与自然环境同时面临生存需要且无任何其他选择时，人的利益才具有优先性（如河流生态用水与人饮用水的冲突）。

人与自然环境的利益冲突在人际伦理中是不存在的，因为它不考虑自然自身的利益。冲突的情况只有在引入了环境伦理以后才会出现，这表明我们在解决人与自然关系问题上引入了伦理的维度，这是处理人与自然关系上的进步。严格地讲，只要具有了尊重自然的基本态度，并按照上述原则行动，冲突的情况就很难出现，而罕见的极端情况就会在出现以前得到化解。

6.3.4　工程活动中的环境伦理要求

工程建设与环境保护，是人类生存相互依赖的两个方面。任何工程活动都是不断与环境进行物质、能量和信息交换的过程，只要是工程建设就需要环境支撑，工程建设所要的一切物质资源都需要从环境中索取，离开了环境空间，工程建设将无立锥之地。另外，没有不影响环境的工程，只是这种影响可能为正，也可以为负。一旦环境被掠夺，那么被掠夺的环境反过来又可能对工程系统的发展造成直接或间接的损害。在这种意义上，没有保护环境，工程建设就失去了其赖以生存的基础和物质来源。因此，工程建设与环境保护是密不可分的。

以公路建设为例，公路工程建设是国民经济发展和社会进步的内在要求，也将对一个地区的政治、经济、文化等发展起到重要的促进作用。公路的修建势必消耗资源。改变地形地貌和原有的自然景观，建设和运营过程还可能产生各种污染，并且这种影响是长期的。如：会因选线不当造成对沿线生态环境的破坏，会因工程防护不当造成水土流失、坡面侵蚀与泥沙沉淀，会因公路带状延伸破坏路域的自然风貌，会因施工过程造成环境污染，会因营运车辆及行人对公路及周边造成污染，等等。想要在必需的工程活动中缓解经济与环境的冲突，就需要在工程的决策规划、施工管理等环节加入环境道德评价。如在填土方或开挖土方时尽量避开雨季，雨季来临前将开挖土方回填；施工过程中取土时采取平行作业，边开挖、边平整，取土完毕后要及时还耕，及时进行景观再造；在雨水充沛的地区，要及时设置排水设施，避免边坡产生崩塌、滑坡等现象；在雨水地面径流处开挖路基时，要及时设置临时土沉淀池拦截混砂，待路基建成后，及时将土沉淀池推平，进行绿化或还耕；对路堤边坡及时进行植草绿化，以及施工路段与生态住宅区保持距离；施工便道定时洒水降尘，运输粉状材料要加以遮盖。这些措施既是技术性的，也是环境道德（如补偿正义原则）所要求的。

现代工程活动对规划和建设项目实施后可能造成的环境影响有专门的环境影响评价环节，能够对工程活动进行分析、预测和评估，提出预防或者减轻不良环境影响的对策和措施。例如，德国工程师协会有专门的手册，内容包括技术和经济的效率、公众福利、安全、健康、环境质量、个人发展，以及生活质量等方面；我国 2006 年颁布的申请“注册环保工程师”的执行办法也规定了相关考核认定的条件，内容涉及工程活动中的水污染防治、大气污染防治、固体废物处理处置和物理污染防治等方面，然而，这些要求基本上是技术性的。

工程作为“设计”活动，直接影响着人类的生存状况和自然环境。工程活动负载着人类价值，这就使工程活动本身具有了道德上的善恶之分。好的工程可以造福人类，实现天人和谐，坏的工程则会损害人和环境的长远利益。一切工程活动，说到底就是为了提升人的生活质量，人的生活质量需要有多方面内容来充实。物质需要虽然基本，但不是最终的指标，尤其是在达到一般生活水平时，环境指标可能更为重要。今天中国各大城市面临严重的大气污染，这与我们的工程活动有直接的关系。因此需要对工程活动的各个环节进行必要的伦理审视，同时，在工程活动中加入环境伦理的内容就十分必要。

事实上，一个好的工程完全可以实现工程建设与环境保护的良性循环，关键是要在工程建设过程中体现出环境伦理意识，以良好的环境伦理意识来促进工程建设的可持续发展。工程建设中需要树立的环境伦理意识，既重视自然的内在价值并尽力维护它，又要充分认识到它的工具价值，要充分开发它、利用它。这就要求我们在工程建设中把自然的需求和人类需要结合起来综合考虑，审慎开发利用我们的自然环境，在遵循生态规律的基础上实现人自身的目的。

地球上的所有生物都有改变环境并使自己与环境相适应的能力，但人以外的生物改变环境的能力十分有限，自然生态系统完全可以在阈值的范围内调节控制，因而不会对自然环境造成危害。然而，人类的工程行为却是一种纯粹的“造物”活动。这种“造物”活动常常会超过自然的阈值而造成不可逆的环境损害。

历史上，我们曾经有“征服自然”的观念，在“敢叫高山低头”“敢叫河水让路”的口号下大搞改造自然的工程，结果造成了严重的生态环境问题。事实证明，认为人类在总体上已经征服了自然的观点是极端幼稚和可笑的。英国哲学家培根说过，“要征服自然，首先要服从自然”，所谓“服从”即认识和理解自然，掌握自然规律并不等于就可以征服自然。现在是到了抛弃“征服”观念的时候了，彻底检讨我们的傲慢和无知，学会理解和尊重，用“协同”“尊重”代替“征服”“改造”，实现我们工程观念的根本转变。

工程理念是工程活动的出发点和归宿，是工程活动的灵魂。历史上像都江堰、郑国渠、灵渠等许多工程在正确的工程理念指导下名垂青史，但也有不少工程由于工程理念的落后殃及后人。生态文明与和谐社会需要新的工程观，这种工程观既要体现以人为本，又要兼顾人与自然、人与社会的协调发展。工程活动的最高境界应该是实现并促进人与自然的协同发展，因为人类社会的发展和自然界本身的发展是两个不同的系统，又是两个相互影响的系统，这两个系统之间应保持协调与和谐。人与自然协同发展的环境价值观要求在人们活动与自然的活动之间，在技术圈与生物圈之间，在发展经济与保护环境之间，在社会进步与生态优化之间保持协调，不以一个方面去损坏另一个方面。人类在追求健康而富有成果的生活的同时，不应凭借手中的技术和投资，以耗竭资源，破坏生态、污染环境的方式求得发展，而应把生态效益、社会效益、经济效益的统一作为至上的道德价值目标。传统的见物不见人、单纯追求经济增长的发展模式已不适应当今尤其是未来发展的需要。从这种道德标准和价值要求出发，所有决策只能合理地利用自然资源，保护自然资源和生态平衡，决不能把自然当作“奴隶”和“被征服者”，否则，便是不道德的行为。如果不把合理使用资源、保护环境等内容包括在决策目标之内，任何经济增长都不会持续，生态恶化将最终制约经济的增长。

好的工程会把符合自然的规律性和符合人的目的性有机结合起来。因此工程活动的评价需要建立一个双标尺价值评价体系，即既有利于人类，又有利于自然。有利于人类的尺度是指，在人与自然关系中自然界满足人类合理性要求，实现人类价值和正当权益。有利于自然的尺度是指，人类的活动能够有助于自然环境的稳定、完整和美观。作为社会经济活动的一部分，任何工程最终都是为了获得最大收益，这种追求价值最大化的方式往往会造成当地环境的恶化，大型工程对环境的影响范围尤其广泛，一旦造成危害，将会对当地造成难以弥补的损失。要改变这一现状，实现人与自然协同发展，就需要在工程活动中彻底改变传统的价值观念，走绿色工程的道路。

绿色工程环境价值观强调了人与自然的和谐相处，力图把经济效益和环境保护结合起来，用兼顾环境、社会和经济等方面的多价值标准来评价工程，实现各种利益最大限度的协调，统筹兼顾，达到各方利益最大化。它要求在工程的规划设计中就考虑工程与人和环境的关系，并将这种理念贯彻到这个工程的所有阶段，谋求在工程质量、成本、工期、安全环境等方面实现多赢。因此这种价值更强调工程的绿色管理。

在工程活动中突出环境价值观，不是把自然的利益放在人类利益之上，而是原则上要求统筹考虑人类的利益与自然的利益（如稳定的自然环境），目的是遵循自然规律，促进人与自然、人与社会的和谐相处。新环境价值观更加重视对环境的保护，能够防止施工过程中为了单纯的经济效益而出现大规模地破坏环境、改变地貌特征等行为，同时它也把节约、效率、安全的理念贯穿于工程的始终，保证工程能把经济效益、社会效益与环境效益结合起来。

总之，工程活动是对环境造成最直接影响的人类行为之一，这种影响常常是伤害性的和不可逆的，最终既损害了自然本身，也损害了人类自己。因此，现代工程建设中所产生的环境问题必须从纯粹技术的层面上升到伦理和法律的层面。从环境伦理学与环境法学的视角出发，为工程活动确立相关原则，使工程活动在思想根源层面降低对自然环境的负面影响，从而真正实现工程造福人类以及人与自然协同发展的目标。

6.4　环境伦理的实践思路

6.4.1　可持续发展

“可持续发展”自 1987 年正式提出，经过 30 余年发展，已经形成了理论来源多样、内涵非常丰富，国际影响力较大，具备一定执行力的环境伦理思想体系。

1. 可持续发展理论之来源

可持续发展理论从产生到发展，主要源自联合国的一系列国际环境法文件，包括 1972 年的《联合国人类环境宣言》、1980 年的《世界自然保护大纲》、1987 年的《我们共同的未来》、1992 年的《里约宣言》和《21 世纪议程》。

《联合国人类环境宣言》是国际社会第一个保护环境的全球性宣言，其主要成果是全人类面对严峻的环境危机，达成 7 项共识和 26 项原则。关于人与环境的关系，宣言认为：环境是与人类的利益紧密联系的重要因素。这个利益既包括当代人的，也包括未来的世世代代。为此，人类既有权利生活在良好的环境中，也有义务去保护和改善环境。保护当代人和后代人以及改善环境，是人类目前面临的紧迫任务。保护改善环境的目标与世界和平、经济和社会发展这两个目标应该共同协调实现。宣言虽然没有直接提到“可持续发展”，但对后来“可持续发展”的提出有两个重要贡献。第一个贡献是强调保护环境与人类经济、社会发展的一致性，这对解决环境与人类发展的冲突，是思路上的大转折，后来的可持续发展思想沿袭了这一思路。第二个贡献是提出了后代人的环境利益，这为人类发展的“可持续性”增添了内涵。

《世界自然保护大纲》对“发展”和“保护”的内涵做出规定并特别强调，保护环境是人类持续发展的前提条件。按照《世界自然保护大纲》的表述，“发展”是指人类需要得到满足，生活质量得到改善，该过程必然包含生物圈的变化。“保护”的含义则是人类对生物圈进行经营管理，使其既能为当代人持续产生最大效益，又能为满足后代人的需求而保持潜力。“保护”

是积极的，包括保存、维持持续利用，恢复和丰富自然环境。

《我们共同的未来》正式提出了“可持续发展”。根据该报告。可持续发展指的是“既满足当代人的需要，又不对后代人满足其需要的能力构成危害的发展”。其具体内涵如下：发展的主体是人类，发展的主要目标是“人类需求和欲望的满足”。这里的人类指的不是一国的国民，而是全体人民。即发展的主体包括了全体人民，特别是那些贫困人民的基本需要，应该被放在特别优先的地位来考虑。“发展”要求社会从两方面满足人民需要：一是提高生产潜力；二是确保每个人都有平等的机会。

为了人类发展，必须保护环境。“可持续发展”构架在这样一个事实前提下：环境与人类发展并不是孤立的，而是具备紧密的联系。这个联系体现在：各种环境问题之间是相互联系的。如过度砍伐森林除了带来林木资源的减少，也会加剧水土流失；环境问题与经济发展方式是互相联系的，如采用以煤为主要燃料的能源政策，可能是空气污染的原因之一；环境与经济问题，又与许多社会和政治因素互相联系，如人口增长会加剧环境的压力，财富分配不均会导致战争冲突，进一步破坏环境并阻碍社会发展。

“可持续发展”的核心是人类的经济和社会发展不能超越资源与环境的承载能力。人类发展不应当危害地球的生命支持系统，包括大气、水、土壤和生物。《我们共同的未来》报告中说道，“就人口或资源利用而言……超过这个限度就会发生生态灾难。”

《里约宣言》和《21 世纪议程》推动了“可持续发展”的法律化。《里约宣言》在重申《联合国人类环境宣言》主旨的基础上提出，为了推进可持续发展，各国应该制定有效的环境法。这是可持续发展伦理理念转化为环境立法规定的重要一步，是环境伦理能够影响环境立法，并体现为环境立法目的规定的有力例证。《21 世纪议程》对实施可持续发展给出了具体的计划蓝图，建议将环境与发展问题纳入国家政策的决策过程。《21 世纪议程》十分重视法律对可持续发展的推动作用，认为法律是实施环境和发展政策最重要的工具。为了可持续发展的有效实施，法律应该相应改变。法律的制定要根据生态、经济、科学和社会的原则，并具有切实有效的执行力。《21 世纪议程》的规定充分认可了法律是环境伦理有力的实施途径，并对法律，特别是环境法的制定提出要求，要求在制定环境法过程中，必须综合考虑环境与发展问题，必须根据生态、经济、科学和社会原则，必须具有切实有效的执行力。

除了以上国际文件对可持续发展做出论述，另有国际组织和学者对“可持续发展”做出各自理解下的定义。这些定义或强调生态上的可持续性，认为可持续发展是不超越系统更新能力的发展；或侧重于经济方面，认为“可持续发展是今天的使用不应减少未来的实际收入”；或侧重于技术方面，认为“可持续发展就是转向更清洁、更有效的技术——尽可能接近零排放或密封式，工艺方法尽可能减少能源和其他自然资源的消耗”。

2. “可持续发展”的伦理内涵

“可持续发展”标志着人类对“发展”开始进行伦理反思。可持续发展思想的产生，源自人类传统的发展方式在日益严峻的环境危机下受到各种限制，使得人类必须重新审视自己的发展方式。第一个反思是人类的发展行为是否会带来不良后果。《联合国人类环境宣言》提出，人类的发展行为是一把“双刃剑”，如果明智地改造环境，能够促进人类的幸福；如果行为不当，会给人类自己和环境带来难以估量的巨大损害。第二个反思是发展对人类的意义所在。

有关可持续发展的一系列国际文件提示我们：并不是所有的发展都是好的，发展并不是人类的终极意义，由发展所带来的人类的幸福生存状态才是终极的追求。而人类若要在幸福中生存，一个重要前提就是获得环境的稳定持续支持。因此《联合国人类环境宣言》等可持续发展文件都强调：环境对于人类的生存权、基本人权乃至幸福至关重要！为此保护和改善环境是关系到全人类幸福的重要问题。如果发展要以破坏环境为代价，则这种发展模式就是不可持续的，必须予以调整。近代资本主义发展模式一度以扩大生产规模来获得发展，造成产能严重过剩后，又通过人为制造需求与消费来维持发展，这样"为了发展而发展"的模式必然会造成环境资源的巨大浪费，与人类幸福的终极追求不尽一致，值得我国引以为戒。

"可持续发展"对发展进行了环境伦理的价值指引。人类的发展必然受到环境伦理价值的指引，可持续发展强调如下价值，认为人类的发展不能与如下价值相冲突。第一个价值是"生存"，指地球的生命支持系统的完整性和稳定性，它是人类得以生存的前提。《我们共同的未来》提出：人类发展不应当危害地球的生命支持系统，包括大气、水、土壤和生物。人类的经济和社会发展不能超越资源与环境的承载能力。生活在良好环境中的权利是一种根本的生存权，其价值要高于单纯的经济发展。第二个价值是"公平"，包括代内公平和代际公平。代内公平是指同一代人，包括发达国家和发展中国家的国民在要求良好生活环境上、对自然资源的利用上，均享有平等权利。环境危机最早是由于发达国家的经济发展模式引起的，因此承担环境义务的时候，发达国家应当承担更多的环境义务，并对发展中国家的经济发展问题予以照顾。代际公平，是指当代人和未来人类的子孙后代在使用自然资源获得良好生存与发展上的权利是平等的，因此当代人不能透支环境潜力，要给后代人留下生存和发展所必需的环境资源。当代人类和未来人类在利用自然资源满足自身利益、谋求生存与发展上权利均等。

3. "可持续发展"的内容

"可持续发展"可以看作指向一种现实的可持续性的目标，包括以下要素：

（1）尽量减少对不可再生资源的使用，用可再生资源替代；

（2）根据可再生资源再生的速率来利用可再生资源；

（3）设计可回收的产品和工艺，尽量减少废弃物；

（4）促进地球资源和全球范围内的经济发展利益的公平分配。

虽然第四个目标似乎超出了工程职业的范围，但它是可持续性的一种重要的实际考虑，因为没有它，社会稳定也许是不可能实现的。实际上，对于大多数工程师而言，前三个目标是最重要的。

4. 对"可持续发展"的评价

"可持续发展"对于完善我国环境立法目的之优势在于：相对于其他环境伦理理念，"可持续发展"内容丰富，体系完整。"可持续发展"是目前国际社会认同度最高的一种环境伦理理念。其理念在中国已经进行了法律化实践并获得一定成效，其内容具有一定科学性。"可持续发展"的不足在于：其一，可持续发展具有多元化的含义，这也导致了其内容不清，容易流为口号，难以起到实际的指导意义。其二，可持续发展面临复杂的利益协调问题，影响执行效果。作为一个大概念，"可持续发展"既要协调人与环境之间的矛盾，又要协调人类内部，包括发展中国家和发达国家之间的矛盾，这就给利益协调带来了复杂性。例如，发展中国家和发达国家在关注点上是有分歧的。发达国家更加忧虑环境恶化，要求发展中国家尽量保护环境，放弃破坏环境的经济发展方式。而发展中国家则强调经济发展，希望从发达国家获得更多的经济补偿和技术援助。这种分歧几乎体现在所有的国际合作上，目前最典型的就是各个国家在气候变化问题上的巨大争议。其三，“可持续发展”在实施计划上还需要进一步具体和完善。在“可持续发展”实施中，始终缺乏硬性的，可以量化的实施指标。虽然各国学者和联合国都在评估与指标上继续研究推进，但目前的水平还不足以使其具备较强的执行性。例如，在《21 世纪议程》中，虽然提出了“可持续发展”的具体目标，如消除贫穷、促进人类居住区的可持续发展等，但其用词都是开放式和原则性的，很难提出具体的可量化的指标。1994 年，联合国可持续发展委员会要求各国制定既可反映可持续发展普遍规律，又适合本国特点的指标体系，虽然各国学者都在对“可持续发展”的指标体系进行研究，但是形成正式官方文件和投入应用的依然不多。

最后，还有一种学术观点，对“可持续发展”也构成根本性挑战，即“发展”在客观上，是无限的还是有限的？我们是否可能做到让经济社会无限制地发展下去？该种观点的代表作是《增长的极限——罗马俱乐部关于人类困境的报告》，作者为美国的丹尼斯·米都斯。该书自 1972 年公开发表以来，已经过去了 50 余年。然而该书所提出“经济增长不可能是无限的”这一观点，对今天的发展仍然具有挑战和启发意义。

6.4.2 生命周期评价

20世纪90年代初，专家提出了一个开发环保产品的重要技术——生命周期评价（life cycle assessment，LCA）。所谓生命周期评价技术，是一种评价某一过程、产品或事件，从原料投入、加工制备、使用到废弃的整个生态循环过程中环境负荷的定量方法。具体地说，LCA 是指用数学物理方法结合实验分析对某一过程、产品或事件的资源与能源消耗、废物排放、环境吸收和消化能力等环境负担性进行评价，定量确定该过程、产品或事件的环境和理性及环境负荷量的大小。LCA 考察了一个产品或一项工艺从原材料提取、制造、运输与分发、使用、循环回收直至废弃的整个过程对环境的综合影响，被称为“从摇篮到坟墓”的全生命周期评价技术。LCA 由四部分组成：

（1）起点：目标和范围定义。LCA 评价的目标主要包括界定评价对象、实施 LCA 评价的原因以及评价结果的输出方式。LCA 的评价范围一般包括评价功能单元定义、评价边界定义、系统输入输出分配方法、环境影响评价的数学物理模型及其解释方法、数据要求、审核方法以及评价报告的类型与格式等。

（2）编目分析。编目分析是指根据评价的目标和范围定义，针对评价对象收集定量或定性的输入输出数据，并对这些数据进行分类整理和计算的过程。编目分析包含三个步骤：系统和系统边界定义、系统内部流程、编目数据的收集与处理。它在 LCA 评价中占有重要的位置，为后面的评价过程建立基础。

（3）环境影响评价。建立在编目分析的基础上，其目的是更好地理解编目分析数据与环境的相关性，评价各种环境损害造成的总的环境影响的严重程度。环境影响评价包含四个步骤：分类、表征、归一化和评价。

（4）评价结果解释。主要是将编目分析和环境影响评价的结果进行综合，对该过程、事件或产品的环境影响进行阐述和分析，最终给出评价的结论及建议。

经过多年的发展，LCA 方法作为一种有效的环境管理工具，已广泛地应用到各种工程实践中，评价这些工程活动对环境造成的影响，寻求改善环境的途径，在设计过程中为减少环境污染提供最佳判断。

6.5　工程参与者的环境伦理

工程是由工程共同体组织、实施的，工程共同体是工程活动的主体，通常以工程企业的形式立足于社会参与活动。工程共同体通常是由项目投资人、设计者、工程师和工人构成，他们都是工程的参与者。尽管每个成员担负的环境伦理责任是不一样的，但在工程活动中前三者的作用远大于后者，他们对工程的环境影响应该负有主要责任。因此，要保证工程活动不损害环境，甚至有利于环境保护，就必须针对工程共同体在工程活动过程中的地位和角色，厘清工程共同体、工程与环境之间的关系，赋予工程共同体以相应的环境伦理责任。

6.5.1　工程企业对环境的态度

工程企业对环境的态度大致可以分为三种。

第一种态度我们可以称为抵触的态度。在满足环境规范方面，这种类型的企业尽可能少地付出行动，有时达不到环境法规的要求。这些企业通常没有应对环保问题的全职人员，在环保问题上投入的资金也最少，而且对抗环境监管。如果支付罚金的金额低于按照规定改造的成本，他们就不会进行改造。这类企业的管理者通常认为，企业的首要目标是赚钱，而环境监管只是实现这一目标的障碍。

第二种态度是保守或者顺从的态度。有这种倾向的企业将接受政府监管作为企业的一种成本，但是他们的服从常常是缺乏热情或承诺的，管理者常常对环境规章的价值抱有极大的怀疑。虽然如此，这些企业通常制定了明确的管理环境问题的政策，并且建立了致力于处理这些问题的单独的部门。

第三种态度是进取的态度。在这些企业中，对环境问题的回应获得了管理者的全力支持。这些企业设置人员齐备的环保部门，使用最先进的设备，并且通常与政府监管机构保持着良好的关系。这些企业一般将自己视为好邻居，并认为，高于法律要求很可能符合他们的长远利益，因为这么做可以在社区塑造良好的形象并避免诉讼。然而，还不止如此，他们或许真诚地致力于环境保护甚至环境改善。

6.5.2　工程共同体的环境伦理责任

虽然我们期望所有企业都拥有这种进取的态度，但在企业生存和求取利润的压力之下，现实中并非所有企业都拥有这种态度，一些企业更追求短期利益而忽视环境的长远损害。而企业工程师作为雇员，也不得不遵从企业的发展模式，从而获取自己的薪酬。

因此，需要政府和公众对企业进行约束。在这方面，国际性组织环境责任经济联盟

（CERES）为企业制定了一套改善环境治理工作的标准。作为工程共同体的行动指南，它涉及对环境影响的各个方面，如保护物种生存环境，对自然资源进行可持续性利用，减少制造垃圾和能源使用，恢复被破坏的环境等。承诺该原则意味着工程共同体将持续为改善环境而努力，并且为其全部经济活动对环境造成的影响担负责任。

工程共同体的环境伦理主要指工程过程应切实考虑自然生态及社会对其生产活动的承受性，应考虑其行为是否会造成公害、是否会导致环境污染、是否浪费了自然资源，要求企业公正地对待自然，限制企业对自然资源的过度开发，最大限度地保持自然界的生态平衡。工程决策是避免和减少生态破坏的根本性环节。假设有两个项目可供选择：一个项目有环境污染问题，短期投资少，长期看会造成不良的生态效果；另一个项目则有绿色环保效益，短期投资较大，长期具有环保作用。如果两个项目都有一定盈利，项目投资者大多会从经济价值、企业目的、实用可行的角度选择前一个项目，按照环境伦理的要求则应该选取后一个项目。这表明环境伦理观念在当今社会经济发展和工程决策中的重要性。因此，使环境伦理成为决策过程中不可缺少的意识或环节，使环境伦理所倡导的人与环境协同的绿色决策理念真正纳入政策、规划和管理各级，就变得重要而紧迫了。只有通过制定有效的法律条例和综合的环境经济评价制度，才能使绿色决策成为主流。

工程设计是工程活动的起始阶段，在工程活动中起到举足轻重的作用，它决定着工程可能产生的各种影响，工程实践中的许多伦理问题，都是从设计开始就埋设下的。近年来，由于工程，特别是大型工程对于环境影响的增大，更由于可持续发展和环境保护已经成为世界各国关心的话题，工程设计中的环境伦理问题也日益突出。

通常，设计者会遵循一般的原则，如功能满足原则、质量保障原则、工艺优良原则、经济合理原则和社会使用原则等，然而所有这些都是围绕着产品自身属性来考虑的，而产品的环境属性，如资源的利用、对环境和人的影响，可拆卸性、可回收性、可重复利用性等，常常较少被涉及。传统的设计活动关注的是产品的生命周期（设计、制造、运输、销售、使用或消费、废弃处理），今天的设计更强调环境标准，如“绿色设计”要求环境目标需与产品功能、使用寿命、经济性和质量并行考虑，同时，“我们不仅有消极的责任把健康和良好的生活环境留给后代，而且也更有积极的责任和义务避免致命的毒害、损耗和环境破坏，而为人类的将来生存创造一种有价值的人类生活环境。”

由此不难看出，今天的工程设计已经开始突破人类中心主义观念，它要求设计者能够认识到人与自然的依存关系，人可以能动地改变自然，但仍是自然界的一部分，人类通过工程来展示技术力量的同时，更应该展示出人类的智慧和道德精神，在变革自然的过程中尊重自然，使之与人类和谐共处。

6.5.3 工程师的环境伦理责任

工程活动对环境的影响，要求工程技术人员在工程的设计中，不仅要对工程本身（桥梁、建筑、汽车、大坝）、雇主利益、公众利益负责，还要对自然的环境负责，使工程技术活动向有利于环境保护的方面发展。对工程师而言，环境伦理尤为重要，因为他们的工作对环境影响很大。“建造一座大坝需要很多专业人员的技能，如会计师、律师和地质学家，但正是工程师实际建造了大坝。正因为如此，工程师对环境负有特殊的责任。”随着工程对自然的干预和破坏能力越来越巨大、后果越来越危险，工程师需要发展一种新的责任意识，即环境伦理责任。

工程师在工程活动中的角色多样而复杂，其身份既可以与投资者、管理者重叠，又可以是纯粹的技术工程人员，即人们通常意义上的工程师。一方面，作为一种特殊的职业，工程师通过专门知识和技能为社会服务；但另一方面，工程师又是改善环境或损害环境的直接责任人，在那些对环境产生正面的或负面的效果影响的项目或活动中，他们是决定性的因素。如建设的化工厂污染环境，建设的水坝改造了河流或淹没了农田，建设的煤矿破坏了自然生态等，在这种意义上，工程师仅有职业道德是不够的，还应该承担环境问题的道德和法律责任。

传统的工程师伦理认为，工程师的职业性质决定了忠诚雇主是工程师的首要义务，做好本职工作是评价他是否合格的基本条件。这种评价机制侧重于工程领域内部事务，而忽视了工程师与公众、工程与环境的关系。环境伦理责任作为崭新的责任形式，要求工程师突破传统伦理的局限，对环境有一个全面而长远的认识，并承担环境伦理责任，维护生态健康发展，保护好环境。因此今天对工程师的评价标准，不是工程师是否把工作做好了，而是是否做了一个好的工作，即既通过工程促进了经济的发展，又避免了环境遭到破坏。

因此，工程师的环境伦理责任包含了维护人类健康，使人免受环境污染和生态破坏带来的痛苦和不便；维护自然生态环境不遭破坏，避免其他物种承受其破坏带来的影响。鉴于这种责任，如果认识到他们的工作正可能对环境产生不良影响，工程师有权拒绝参与这一工作，或中止他们正在进行的工作。因为从伦理的角度来看，工程师担负的责任与其所拥有的权利和义务是相等的。工程师的环境伦理责任不只是赋予工程师责任和义务，还同时赋予他相应的权利，使得他能在必要时及时中止他的责任和义务。

然而，工程师如何才能中止他的责任？何时中止他的责任？如何在工程的目标与环境损坏之间求得平衡？在面临潜在的环境问题时，在何种情况下工程师应当替客户保密？所有这些都是摆在工程师面前的现实问题。尽管每个工程项目都有自己的特定的目标和实施环境，在面对类似的上述问题时的情境各不相同，工程师在处理这类棘手问题时仅凭直觉和“良心”是不够的，需要学会运用环境伦理的原则和规范来处理问题，在无明确规范的情况下，可以运用相关法律法规来解决。

6.5.4 工程师的环境伦理规范

尽管环境伦理学从哲学层面为工程师负有环境伦理责任提供了理论基础，但这并不能保证他们在工程实践过程中采取相应的行为保护环境。因为工程师在工程实践活动中的多重角色，使其对任何一个角色都负有伦理责任，如对职业的责任、对雇主的责任、对顾客的责任、对同事的责任、对环境和社会的责任等。当这些责任彼此冲突时，工程师常常会陷入伦理困境之中。因而需要相应的制度和规范来解决此困境。

工程师的环境伦理规范就是针对工程师在面临环境责任时可以使用的行动指南。因此，工程师环境伦理规范对于现代工程活动意义重大，它不仅能为工程在解决工程与环境的利益冲突方面提供帮助和支持，而且还可以帮助工程师处理好对雇主的责任以及对整个社会的责任之间的冲突。当一个工程师面临着潜在的环境风险时，或者工程的技术指标已达到相关标准，而实际面临尚不完全清楚的环境风险时，工程师可以主动明示风险。

目前，工程师的环境伦理规范已受到广泛的重视。世界工程组织联合会（World Federation of Engineering Organizations，WFEO）就明确提出了“工程师的环境伦理规范”，工程师的环境责任表现为：

（1）尽你最大的能力、勇气、热情和奉献精神，取得出众的技术成就，从而有助于增进人类健康和提供舒适的环境（不论在户外还是户内）。

（2）努力使用尽可能少的原材料与能源，并只产生最少的废物和任何其他污染，来达到你的工作目标。

（3）特别要讨论你的方案和行动所产生的后果，不论是直接的或间接的、短期的或长期的，对人们健康、社会公平和当地价值系统产生的影响。

（4）充分研究可能受到影响的环境，评价所有的生态系统（包括都市和自然的）可能受到的静态的、动态的和审美上的影响以及对相关的社会经济系统的影响，并选出有利于环境和可持续发展的最佳方案。

（5）增进对需要恢复环境的行动的透彻理解，如有可能，改善可能遭到干扰的环境，并将它们写入你的方案中。

（6）拒绝任何牵涉不公平地破坏居住环境和自然的委托，并通过协商取得最佳的社会与政治解决办法。

（7）意识到生态系统的相互依赖性、物种多样性的保持、资源的恢复及其彼此间的和谐协调形成了我们持续生存的基础，这一基础的各个部分都有可持续性的阈值，那是不容许超越的。

《美国土木工程师协会伦理规范》也强调：“工程师应当把公众的安全、健康和福祉置于首位，并且在履行他们职业责任的过程中努力遵守可持续发展原则。”它用四项条款进一步规定了工程师对于环境的责任：

（1）工程师一旦通过职业判断发现危及公众的安全、健康和福祉的情况，或者不符合持续发展的原则，应告知他们的客户或雇主可能出现的后果。

（2）工程师一旦有根据和理由认为，另一个人或公司违反了准则（1）的内容，应以书面形式向有关机构报告这样的信息，并应配合这些机构，提供更多的信息或根据。

（3）工程师应当寻求各种机会积极地服务于城市事务，努力提高社区的安全、健康和福祉，并通过可持续发展的实践保护环境。

（4）工程师应当坚持可持续发展的原则，保护环境，从而提高公众的生活质量。

为了更好地履行环境保护的责任，工程师应该持有恰当的环境伦理观念，以此规范自身的工程实践行为，以达到保护环境的目的。

这些规范不只是某些工程行业的规范，而应该成为所有工程的环境伦理观念，工程师依据它来指导和规范具体的工程实践活动，结果必然会使工程活动中的环境损害大大降低。

尽管我国目前尚未出台工程师的环境伦理规范，但欧美等工业化国家的行业环境伦理规范可以为我们提供相关工作指南。在工程国际化的情况下，我们迫切需要一部较完善的环境伦理规范，这一规范不是划定工程师行动的边界，而是强调了工程师环境保护的责任意识，同时在一定程度上也为工程师的合理行动提供保护。

总体上看，即使是欧美等国，这些规范距离人与自然协同发展的理念也还有一定距离，但它毕竟要求工程技术活动充分考虑环境问题，随着工程环境责任意识的增强，最终会促使人们在工程活动中把符合自然的规律性与人的目的性目标结合起来，从而带来更多环境友好的工程。

思考与讨论

1. 青藏铁路工程反映出来的生态智慧给我们哪些启示？
2. 为什么 DDT 在技术上是成功的，而在生态上是失败的？
3. 如何理解工程师的环境伦理原则，它限制了工程师的行为还是对工程师行动提供制度性的保护？
4. 人类与环境有哪几个基本关系？我们应该如何与环境相处？
5. 可持续发展和环境影响评价是如何实践环境伦理思想的？

第7章
工程师的职业伦理规范

7.1　工程师的权利与责任

在具体的工程实践活动中，工程师需要履行职业伦理规范所要求的各种责任，同时工程师的权利也必须得到尊重。

7.1.1　工程师的职业权利

工程师的权利指的是工程师的个人权利。作为人，工程师有生活和自由追求自己正当利益的基本权利，例如在被雇用时不受到基于性别、种族或年龄等因素的不公正歧视的权利。作为雇员，工程师享有作为履行其职责回报的接受工资的权利，从事自己选择的非工作的政治活动的权利，不受雇主的报复或胁迫的权利。作为职业人员，工程师有由他们的职业角色及其相关义务产生的特殊权利。

一般来说，作为职业人员，工程师享有下列八项权利：① 使用注册职业名称；② 在规定范围内从事执业活动；③ 在本人执业活动中形成的文件上签字并加盖执业印章；④ 保管和使用本人的注册证书、执业印章；⑤ 对本人执业活动进行解释和辩护；⑥ 接受继续教育；⑦ 获得相应的劳动报酬；⑧ 对侵犯本人权利的行为进行申诉。上述八项权利中，最重要的是第二条和第五条权利。工程师应该了解自身专业能力和职业范围，拒绝接受个人能力不及或非专业领域的业务，如《美国土木工程协会伦理规范》的基本准则第二条规定“工程师应当仅在其能胜任的领域内从事工作”，第七条也有同样的规定。

7.1.2　工程师的职业责任

“责任”一词常常用于伦理学、法学伦理以及法律实践中，其核心是要求对自己的行为负责。北京科技大学李晓光教授认为，伦理责任与法律责任不同，法律责任通常是一种事后责任，是行为发生以后所要追究的责任，而伦理责任则针对事前责任而言，具有前瞻性。在传统的道德规范中，仅仅要求公民恪守本分，遵守乡约民俗，自己的所作所为要与自己的社会地位相适应，很明显，这之中并没有充分体现出责任的作用。

随着政治学领域对于市民社会的研究越来越深入，随着政治生活在社会生活中的无孔不入，人们越来越强调社会生活中公民的责任问题，责任已经成为当今社会最普遍的具有主导性的规范概念。这种重要性正如卡尔·米切姆所指出的那样：在西方，责任已经成为对政治、经济、艺术、商业、宗教、伦理、科学和技术的道德问题讨论的试金石。

人类的行为会给自然界带来影响，所有的行为都要受行为者的控制（自由意志），如果一切行为都出于被迫，就谈不上责任；由于人有自由意志、有控制能力、有预测能力，人能有效地影响外部世界，因此人要对自己的行为负责任。另外值得注意的是，有一些人由于掌握着一般人所不具有的专业技术知识或者特殊的权利，他们的活动所带来的影响相应地就比一般人要大得多，他们也就理所应当要承担更多的责任，例如医生、官员等需要有特殊的规范来约束他们的行为。在汉语的语言习惯中，责任通常与特定的社会角色相联系，倾向于职务责任，一般指某个特定的职位在职责范围内应该履行的情况或由于没有尽到职责而应承担的过失。而汉斯·约纳斯对人类的生存进行了深入的思考，在伦理学中引入了新的维度——责任伦理。责任伦理是对传统伦理学的一个突破。

20 世纪七八十年代以来，国际伦理学界，特别是在应用伦理学或职业伦理学中，责任问题引起哲学家或伦理学家们的关注，成为研讨的主题或主线。责任伦理是对传统的德行论和近代的权利论（自然法）、三道义论、目的论伦理学的反思和延伸。工程师的伦理责任直到 20 世纪初才形成和确立，究其原因，要从工程师的职业特点说起。工程师由于其独特的知识结构，往往是偏重理论技能，而其语言和社交能力则相对比较薄弱，这在一定程度上影响了工程师参与政治活动并且对工程师与其他社会部门的交流造成了障碍；同时，工程师在人们眼中的形象往往都比较刻板、保守，只知按数字办事，对其他社会事务却缺乏敏感度。但为了实现产品交换的目的，工程师的活动必须以社会需求为导向，要紧跟时代潮流，时刻关注市场变化，随着社会价值观念改变而调整工程技术活动，充分考虑技术产品的社会价值。同时，工程师作为掌握专业技能的技术发明者要对社会公众负责，因为在技术发达的社会中，工程师作为专业人士，凭借他的技能，对指出特定的技术可能产生的消极影响负有特殊的责任；并且作为社会成员，要从长期的整体的角度考虑技术的影响，保证自己的作品造福于人类。在与自然环境进行物质、能量重新交换分配的过程中，工程活动不可避免地对自然环境造成一定的负面影响。对工程项目评价的标准，在过去工程师们都是从功利主义的角度出发，经济效益是其唯一的评判标准，经济效益大于成本核算，则该工程项目就是一个合格的项目，没有将环境的破坏、生态的污染列入成本核算中。加之科学技术对工程活动的不可预测性，工程师对于自然界出现的生态危机负有不可推卸的责任（事后责任）。同时，工程师还肩负着保护自然环境、恢复和维护生态平衡以及维持可持续发展的责任（事前责任）。

1. 工程师对职业的伦理责任

虽然 19 世纪末之前，在社会、企业和工程师队伍中，伦理责任的观念与工程师职业很少挂钩，但是工程师伦理责任广泛地存在于工程实践过程之中，这却是不争的事实。工程师在工程实践中涉及许多伦理责任问题。比如，工程产品设计时，考虑产品的有用性是不是非法的？从事工程技术研究时，仿造产品是否侵犯他人的知识产权？在对实验数据的处理过程中，是否修改真实的实验数据？在论文的撰写过程中，是否抄袭他人的科研成果？在对科研成果进行验收时，是否对研究成果的缺陷以及对后期的用户可能产生的不利影响进行隐瞒？为了自身的利益，是否夸大产品的使用性能？产品的规格符合已经颁布的标准和准则了吗？有回收产品的承诺吗？美国学者马丁等人通过研究发现，在个别产品的生命周期循环中，从产品设计、生产、制造、成品、使用，一直到产品的报废，整个过程都蕴含着道德问题和伦理问题，工程师的伦理责任贯穿于一个产品生命周期的各个环节。

2. 工程师对人的伦理责任

（1）工程师对现场执行人的伦理责任。工程师设计的方案无法达到天衣无缝、面面俱到的效果。在进行生产制作的过程中，现场执行人常常会发现设计方案存在的缺陷，并且根据实际的经验以及产品制作的实际情况对设计方案进行优化改进。这时，工程师是拒绝接受现场执行人的优化方案，还是谦虚地接受现场执行人的提议？

（2）工程师对经理的伦理责任。一般而言，工程师的直接领导者——经理是由公司股东聘请来对企业进行管理经营的，以最小的投入获取最大的利润是其职责所在。为了获利，伦理道德问题常常无法得到经理的重视。根据调查统计，总体来说，企业领导对伦理的标准是消极的。尽管从伦理角度出发，遵循共同规范是首要的，但是经理为了自己的利己主义偏好常常将其置于次要地位。经理往往从企业的利益出发，忽视工程产品的安全性和危险性，这对社会福利和公众安全、健康造成巨大风险和威胁。在这种情况下，工程师是否会为了自己所承担的伦理责任对企业领导进行直接的检举？

（3）工程师对同行的伦理责任。在同行之间，合作伙伴与竞争对手共同存在。为了经济利益、业绩评比、职位晋升，是运用卑劣的手段贬损和打击对方，还是公平、公正、客观、平等地对待同行？在争取工程项目时，是否丧失了工程师应有的伦理责任，存在对同行进行贿赂的不道德行为？现代工程基本上是一些大型工程，需要许多不同专业的工程师共同协作才能完成，工程师能不能与同行和睦相处、互相帮助，形成一个团结合作的共同体？

（4）工程师对用户的伦理责任。工程师设计、制造的产品最终要由用户使用。产品是否存在安全隐患？是否对用户造成危害？用户使用产品是否方便、舒适？操作是不是简单、容易？产品是否人性化？

3. 工程师对社会的伦理责任

20 世纪中期之后，随着一批高新技术的出现，产生了许多依托高新技术的工程。由于这些高新技术的复杂性和不确定性，一项工程的设计者和完善者无法完全预测或控制这项工程的最终用途，总是存在意外的后果和出乎预料的可能性。技术过程的不可预见性，即使是对那些控制着相关领域核心的专家来说也是一样。仅有建设工程的良好初衷，并不是工程项目能达到预期效果的根本保证。20 世纪 70 年代以来，许多大型工程不断发生事故，如摩天大楼的倒塌事故，挑战者号航天飞机爆炸、毒气的泄漏事故、核电站的爆炸事故等工程灾难，给人们的生命财产和周围环境造成了严重的影响，这些工程灾难引发了工程师的自省和理性反思，最终导致了他们伦理责任的转向。这就要求工程师在每从事一个项目时都要将公众的安全、社会福祉置于首位。正如德国技术哲学家拉普所说：“在技术发达的社会中，工程师作为专家，凭他的能力，对指出特定技术产生的消极影响负有特殊的责任。”为此，世界各专业工程师协会提倡工程师要从伦理角度对社会公众利益予以重视。比如，1963 年美国土木工程师协会修改的伦理规范的第一条基本原则是这样陈述的:“工程师应当将公众的安全、健康和福祉置于首位，并且在履行他们职业责任的过程中努力遵守可持续发展原则。”这一关键性话语成为一个基点，以提升工程师贡献于公众福祉的意识，而不是仅仅服从于公司管理者的利益和指令。在 2002 年德国工程师协会制定的工程伦理的基本原则中就特别强调工程师对社会及公众的责任：工程师应对工程团体、政治和社会组织雇主、客户负责，人类的权利高于技术的利用；公众的福祉高于个人的利益安全性和保险性、高于技术方法的功能性和利润性。

工程师作为工程活动的主持者，必须担负起社会赋予他们的神圣职责，在工程实践活动中必须尊重自然规律，维护人与自然的和谐，尽量减少人类工程活动对自然环境的冲击，尽可能地把危机和冲突压制在最低限度内。

7.1.3　工程师的权责平衡

工程师在职业活动中要达到权利与责任之间的平衡，是需要实践智慧的，这是一种寻求、标识工程活动中工程师主动践履“应当”责任要求的本质行为或“能力”。

首先，工程师要在胜任工作和可能引发的工程风险之间寻求平衡——与“适当的人、以适当的程度、在适当的时间、出于适当的理由、以适当的方式”进行工程活动。若要如此，工程师就必须养成诸如节制、自律、勤奋、真诚、节俭等美德，才有可能实现其在工程生活中的卓越成就。其次，在工程生活中，尽管“我—它”关系缺乏亲密，但是工程师也必须对“它”承担超出切近的责任，付诸“我”对“它”的善意。正如在“阻止一份危险的合同”案例中，由于萨姆担心公司生产的新型地雷会对更广泛的公众产生更大的危险，所以他宁愿舍弃巨额利润并且支付 1.5 万美元的赔偿金，也要与北约解除合约。在阻止合同的工程行为中，萨姆克服了对物质利益的欲望与追求，自觉避免了他“以一种自然缺陷（体现出的）恶”，主动展现了他善良的美德，践履了职业责任。最后，工程师在繁复的工程活动中要能始终保持个人完整性，在工程实践与个人生活中都是一个“完整的人”。“如果完整性确实是一种美德，那么它也是一种特殊的美……（完整性）承诺了某人（将道德卓越的要求）与行为相结合的确定方式。”在《斯坦福哲学百科全书》中，“完整性”被看作一个“集束概念”——“完整性本身不是一种美德，它更是一种合成的美德，（它将勇气、忠诚、诚实、守诺等美德组合成为）一个连贯协调的（美德）整体，也就是我们所说的，（形成了一个人）真正意义上的性格”。在工程实践情境中，完整性意指工程师在工程活动中能始终保持自身人格与德行的完整无缺、不受侵蚀；亦即在道德的意义上，要求工程师能忠诚地坚守其价值观并拒绝妥协，在工程实践和个人生活中真实地做自己，能够自愿选择并“正确行动”，主动承担起各种职业责任。

在传统的大众认知里，工程师是从事某项工程技术活动的“专家”，而“专家”一词源本是“profess”，意为“向上帝发誓，以此为职业”。因此，在传统的工程师“职业”的概念中先天地包含了两方面的内容：一是专业技术知识，二是职业伦理。而现代赋予工程师“职业”以更多的内涵，“诸如组织、准入标准，还包括品德和所受的训练以及除纯技术外的行为标准。”

7.2 工 程 职 业

7.2.1 职业的地位、性质与作用

广义上讲，职业是提供社会服务并获得谋生手段的任何工作。但是，本书中所表达的“职业”，尤其是在工程领域中的意义，是指“那些涉及高深的专业知识、自我管理和对公共善协调服务的工作形式”。

与职业相关的概念有行业和产业。“行业”“产业”和“职业”都是从经济与社会的维度关注“物”的生产与消费，所不同的是，“行业”和“产业”的视角较少关注“人”的作用，而“职业”则是以“人”为核心来看待“物”。职业把社会中的人们以“集团”或“群体”的形式联系起来，而这个职业“群体”从一开始就是有一定目标或一定意图并担任一定社会职能的。从这个意义上说，职业是社会组织的一种形式。

涂尔干（Emile Durkheim）认为，社会分工直接产生职业，职业共同体产生于人们共同参与的活动、交往、关系和委身的事业中。职业共同体对外代表整个职业，向社会宣传本职业的重要价值，维护职业的地位和荣誉；对内，职业共同体制定执业标准，通过研究和开发促进职业发展，通过出版专业杂志、举办学术会议和进行教育培训，增进从业人员的知识和技能，提高专业服务水平，并且协调从业人员之间的利益关系（例如，历史上美国工程师协会曾经规定不允许工程师参与竞争性招标，不得批评工程师同行的工作表现等）。

职业共同体的形成为职业自治（professional autonomy，也可译为“职业自主”）提供了现实条件。在戴维斯（Michael Davis）看来，职业自治即是建立职业的行为规范和技术规范。这里的行为规范强调的是“社会机制”，相应地，技术规范则强调职业共同体的“自我机制”。特定行业的职业共同体强调本行业的特质以区别于其他行业，强调行业内部成员的特质以区别于非本行业成员。在具体行业的特质方面，它意味本行业涉及一个专门的知识领域，本行业的职业共同体坚持职业的理想而非追逐私利，有自身的伦理规范和准入门槛，并为社会提供服务。

职业自治的实质映射了治理的理念。在职业自治过程中，职业的高度专业性话语产生了恰当的工作身份、行为和实践，其中也隐含控制性和受控性这种双向逻辑：一方面，对外宣布本职业在专业领域的自主权威，包括职业内部制定的职业规范以及非书面形式的“良心机制”；另一方面，职业共同体所实施的行为受职业以外的社会规范的影响和约束，这些社会规范包括政府或非政府规章、法律制度、社会习俗。这两个向度的管理构成了职业治理的内容。

在工业革命初期，工程师要么作为工匠的角色出现，要么受政府的军事机构和经济单位的业主雇用，这在美国早期的公共工程事务中很常见。19 世纪，学徒制盛行于机械制造、矿业以及土木工程领域，这使雇用工程师的企业发现将他们的技术员工按首席工程师、驻地工程师和助理工程师等编入科层制结构会很便捷。在这种科层制的背景下，工程师开始作为一个领薪水的职业而存在。

在 20 世纪早期的美国，机械工程师的数目连同采矿工程师和新领域的电力、无线电以及

汽车工程师的数量同步增长，他们处于从属的职业地位，都在科层制的企业组织中工作。“工程师的角色代表了职业理想与商业要求之间的妥协”中，工程职业的起源伴随着内置于雇主所要求的层级忠诚和隐含在职业主义中的独立性之间的紧张关系。于是，在职业理想与商业要求之间，工程师开始寻求建立统一的职业社团来维护职业独立和自主，以抵制商业力量对工程职业的影响。工程职业社团的形成、职业标准的设立以及强调职业道德使命、“侍奉道德理想”的伦理规范的建立，标志着工程职业的正式兴起和工程职业伦理的确立。

7.2.2　工程社团是工程职业的组织形态

工程社团是工程职业的组织形态，也是工程职业的组织管理方式。在西方国家，“职业社团是一处探讨工程职业所面临的有争议的伦理问题的恰当的场所。通过颁布职业伦理规范并随着情况的变化定期地更新，以及对拥护职业标准的成员的认可与支持，工程社团能够在其成员中做许多促进职业道德的工作。为职业工程社团伦理委员会服务的任务落在了资深志愿者的肩上。为了满足日益变化的工程实践的需要，伦理委员会应定期地评价社团的伦理规范，以确保其得到及时的更新。社团的资深志愿者也有责任为荣誉委员会服务，并推荐合适的受奖者，以及确保用于表彰杰出的伦理行为的恰当的奖励到位。”

“当一个行业把自身组织成为一种职业的时候，伦理规范一般就会出现。”工程社团的职业伦理规范以规范和准则的形式，为工程师从事职业活动、开展职业行为设立了“确保服务公共善”的职业标准。对作为职业的工程而言，“公共善”由工程社团的职业伦理规范所表达。因此，工程职业包含了知识的高度专业化与关乎公众的福祉两个层面。这样，工程师与社会之间就存在一种信托关系。政府和公众相信，只有加强职业的自我管理以及完善职业的行为标准，才能更有效地保护公众的健康、安全与福祉。要满足这一要求，就必须加强工程的职业化进程。工程社团以职业共同体为组织形式，为工程职业化提供了自我管理和科学治理的现实路径；工程共同体的职业治理以工程社团为现实载体，通过制定职业的技术规范与从业者的行为规范方式，实现对工程职业及其从业者的内部治理和社会治理。

技术规范一定程度上保证了职业团体的权威性和自我管理权力。工程社团制定的技术规范，通常是一种行业技术规范，但对涉及安全的行业技术规范，又通过以立法或行政规章的形式而得以实施。比如在 1914 年，美国机械工程师协会的锅炉和压力容器法案被美国国会采纳而成为法律，在美国（以及在其他许多国家），任何一家违背美国机械工程师协会的法规而制造或使用锅炉的公司，都将受到处罚、罚款或刑事指控。2010 年 3 月 26 日，我国卫生部正式颁布生乳等 66 个食品质量国家安全标准，它们由行业的技术规范上升为国家规章制度，具有统一性和权威性。行为规范主要通过职业社团的内部规章制度和宗旨体现出来，比如 IEEE 以“促进人类和职业技术的进步”为社团使命。这些职业的规章制度在某种程度上相当于职业伦理规范，它是“专业人员在将自己视作专业人员在从业时所采纳的一套标准”，此外，它还以“规范清楚地表述了职业伦理的共同标准……伦理规范为职业行为提供一种普遍的和协商一致的标准……”伦理规范表达了对职业共同体内从业者职业行为的期待。

职业伦理规范的主要关注点是促进负责任的职业行为。职业伦理规范的订立、实施、评估、修订的目的，是确保职业共同体内的每一个成员“履行了自己的责任（义务）”。具体来说，包含以下四层含义：其一，工程师的责任就是他（她）在工程生活中必须履行的角色责任。比如，一个安全工程师具有定期巡视建筑工地的责任，一个运行工程师具有识别某一系统与其他系统相比的潜在利益和风险的责任。其二，工程师不仅“具有作为道德代理人的一般能力，包括理解道德理由和按照道德理由行动的能力”，还可对履行特定义务做出回应。其三，工程师接受自己的工作职责和社会责任，并且自觉地为实现这些义务努力。其四，在具体的工程活动中，工程师能明确区分何为正当的（道德的）行为、何为错误的（不道德的）行为，进而明白自己的责任是双向的：他（她）既可以对自己行为的功绩要求荣誉，同样也须对行为的危害承担责任。

工程社团通过职业伦理规范呼吁并要求工程师“对自己进行自愿的责任限制，不允许我们已经变得如此巨大的力量最终摧毁我们自己（或者我们的后代）”，其最根本的并不在于“实践一种最高的善（这或许根本就是一件狂傲无边的事情），而在于阻止一种最大的恶”，促进工程师负责任的职业行为。

7.2.3 工程职业制度

一般来说，工程职业制度包括职业准入制度、职业资格制度和执业资格制度。其中，工程职业资格又分为两种类型：一种属于从业资格范围，这种资格是单纯技能型的资格认定，不具有强制性，一般通过学历认定取得；另一种则属于执业资格范围，主要是针对某些关系人民生命财产安全的工程职业而建立的准入资格认定制度，有严格的法律规定和完善的管理措施，如统一考试、注册和颁发执照管理等，不允许没有资格的人从事规定的职业，具有强制性，是专业技术人员依法独立开业或独立从事某种专业技术工作学识、技术和能力的必备标准。

工程师职业准入制度的具体内容包括高校教育及专业评估认证、职业实践、资格考试、注册执业管理和继续教育五个环节。其中，高校工程专业教育是注册工程师执业资格制度的首要环节，是对资格申请者的教育背景进行的限定。在一些国家，未通过评估认证的专业毕业生不能申请执业资格，或者要再经过附加的、特别的考核才能获得申请资格。职业实践，要求工程专业毕业生具备相应的工程实践经验后方可参加执业资格考试；资格考试，分为基础和专业考试两个阶段，通过基础考试后，才可允许参加专业考试。通过资格考试获得资格证书，再进行申请注册，取得执业资格证书，才具备在工程某一领域执业的资格和权利。

职业资格制度是一种证明从事某种职业的人具有一定的专门能力、知识和技能，并被社会承认和采纳的制度。它是以职业资格为核心，围绕职业资格考核、鉴定、证书颁发等而建立起来的一系列规章制度和组织机构的统称。执业资格制度是职业资格制度的重要组成部分，它是指政府对某些责任较大、社会通用性较强、关系公共利益的专业或工种实行准入控制，是专业技术人员依法独立开业或独立从事某种专业技术工作学识、技术和能力的必备标准。参照国际上的成熟做法，我国执业资格制度主要由考试制度、注册制度、继续教育制度、教育评估制度及社会信用制度五项基本制度组成。

注册工程师执业制度是英美等发达国家和地区通行的一种对工程专业人员进行管理的制度，它是指在国家范围内，对多个工程专业领域内的工程师建立统一标准，对符合标准的人员给予认证和注册，并颁发证书，使其具有执业资格，准许其在从事本领域工程师工作时拥有规定的权限，同时也承担相应的责任。

7.3　工程职业伦理

工程师职业伦理是工程伦理学的基本组成部分。所谓职业伦理，是指职业人员从业的范围内所采纳的一套行为标准。职业伦理不同于个人伦理和公共道德。对于工程师来说，职业伦理表明了职业行为方式上人们对他们的期待。对于公众来说，具体化到伦理规范中的职业标准，使得潜在的客户和消费者对职业行为可以做出确定的假设，即使他们并没有关于职业人员个人道德的知识。

职业伦理规范实际上表达了职业人员之间以及职业人员与公众之间的一种内在的一致，或职业人员向公众的承诺——确保他们在专业领域内的能力，在职业活动范围内促进全体公众的福利。因而，工程师的职业伦理规定了工程师职业活动的方向。它还着重培养工程师在面临义务冲突、利益冲突时做出判断和解决问题的能力，前瞻性地思考问题、预测自己行为的可能后果并做出判断的能力。一些工业发达国家把认同、接受、执行工程专业的伦理规范作为职业工程师的必要条件。

7.3.1　工程师职业伦理的责任问题

职业伦理在工程师之间及在工程师和公众之间表达了一种内在的一致，即工程师向公众承诺他们将坚守章程的规范要求：① 当涉及专家意见的职业领域时，促进公众的安全、健康与福祉；② 确保工程师在他们专业领域中的能力（和持续的能力）。作为明确的“工程师”职业，从出现至今已有 300 余年的发展。工程师群体受到社会进步及科技进步的影响，其职业责任观发生了多次改变，归纳起来经历了从服从雇主命令到“工程师的反叛”、承担社会责任、对自然和生态负责四种不同的伦理责任观念的演变。工程师职业责任观的演变直接导致了工程师职业伦理规范的发展。在当今欧美国家，几乎所有的工程社团都把“公众的安全、健康与福祉”放在职业伦理规范第一条款的位置。确保工程师个人遵守职业标准并尽职尽责，成为现代工程师职业伦理规范的核心。

无论是西方国家的工程师职业伦理规范，还是中国的工程师职业伦理规范，无一不突出强调工程师职业的责任。“责任的存在意味着某个工程师被指定了一项特别的工作，或者有责任去明确事物的特定情形带来什么后果或阻止什么不好的事情发生。”因此，在工程师职业伦理规范中，责任常常归因于一种功利主义的观点，以及对工程造成风险的伤害赔偿问题。1997 年，《美国土木工程师协会伦理规范》的基本原则从“应当”修改为“必须”——“工程师在履行职业责任时必须将公众的安全、健康和福祉置于首位，并且在履行他们职业责任的过程中努力遵守可持续发展原则”。“工程师应当这样理解责任，即责任是有伦理层次的，它分布在不同的工程活动和不同的时期中。”即责任的最低层次要求工程师必须遵循职业的操作程序标准和工程伦理规范，其最低限度的目标是避免指责，“这是世界范围内的大多数公司的工程实践哲学。”责任的第二层次是“合理关照”，“工程师应认识到，一般公众的生命、安全、健康和福祉取决于融入建筑、机器产品、工艺及设备中的工程判断、决策和实践。”即工程师必须评估与一项技术或行为相关的风险，在工程活动中要考虑到那些可能会给其他人带来伤害的风险，并为公众提供保护。责任的第三层次是要求工程师实践“超出义务的要求”，鼓励“工程师应寻求机会在民事事务及增进社区安全、健康和福祉的工作中发挥建设性作用”，“在反思社会的未来中担负更多的责任，因为他们处在技术革新的前线”。

具体来说，工程师责任包含三个层面的内容，即个人、职业和社会；相应地，责任区分为微观层面（个人）和宏观层面（职业和社会）。责任的微观层面由工程师和工程职业内部的伦理关系所决定，责任的宏观层面一般指的是社会责任，它与技术的社会决策相关。对责任在宏观层面的关注，体现在西方国家各职业社团的工程伦理规范的基本准则中，《美国国家专业工程师协会伦理规范》《美国电气和电子工程师协会伦理规范》《美国土木工程师协会伦理规范》等的基本准则中，都把“公众的安全、健康和福祉”作为进行工程活动优先考虑的方面。

在微观层面，其一，各工程社团的职业伦理规范都鼓励工程师思考自己的职业责任，比如“提高对技术、其适当应用以及潜在后果的了解”，“提高能力，以合理的价格在合理的时间内创造出安全可靠和有用的高质量的软件”。芬伯格（Andrew Feenberg）认为工程师通过积极地参与到技术革新进程中，就能引导技术和工程朝向更为有利的方面发展，尽可能规避风险。这就期望工程师认真思考自己在当前技术和工程发展中的职业角色并为此承担责任，必须要能够在较大的技术和工程发展背景中考虑到自己行为的后果。其二，微观层面的责任要求作为职业伦理规范的一部分，体现为促进工程师的诚实责任，即“在处理所有关系时工程师应当以诚实和正直的最高标准为指导”，引导工程师在实践中养成诚实正直的美德。

7.3.2 工程职业伦理的伦理问题

概括地说，伦理规范是由职业社团编制的一份公开的行为准则，它为职业人员如何从事职业活动提供伦理指导。伦理规范首先是一种伦理要旨，它使职业人员了解他们的伦理要旨是什么，比如，工程师的伦理要旨就是为公众提供常规并重要的服务。伦理规范能提高工程师的伦理意识，进而保证了其行为符合社会公众的利益。其次，作为一种指导方针，伦理规范能够帮助工程师理解其职业工作的伦理内涵。为了保证伦理规范的有效性，伦理规范通常只涉及一些普遍性的原则，涵盖了工程师主要的责任与义务。再次，伦理规范是作为一种职业成员的共同承诺而存在的，它“可以看作是对个体从业者责任的一种集体认识”。这里有两层含义：其一，伦理规范是（个体）工程师个人责任的承诺，伦理规范规定的行为标准适用于个体工程师，即成为他们的责任与义务，是他们必须遵守的；其二，更重要的是，职业伦理规范是工程师作为工程社团（整体）对社会公众做出的承诺，它保证以促进公众利益的方式，更有效地进行职业的自我管理。

公众的安全、健康、福祉被认为是工程带给人类利益最大的慈善，这使得工程伦理规范在订立之初便确认“将公众的安全、健康和福祉放在首位”为基本价值准则。沿着这个基本思路，西方国家各工程社团制定并实施的职业伦理规范，以外在的、成文的形式强调了工程师在“服务和保护公众、提供指导、给以激励、确立共同的标准、支持负责任的专业人员、促进教育、防止不道德行为以及加强职业形象”这八个方面的具体责任，这是“由职业看来以及由职业社团表现出来的工程师的道德责任”，以他律的形式表达了“职业对伦理的集体承诺”。进而，在现实的工程活动中，由于“工程既关涉产品，也关涉人，而人包括工程师——他们与顾客、同事、雇主和一般公众处于道德（以及经济）关系之中”，所有的工程师都被要求遵行工程伦理规范中载明的责任。

1. 作为职业伦理的工程伦理是一种预防性伦理

正如许多职业工程师的经历所证实的，伦理教训通常仅仅是在某事被忽略或出错的时候才获得的。ABET 采纳了一种预防性伦理的思想，它试图对行为的可能后果进行预测，以此来避免将来可能发生的更严重的问题。预防性伦理包含两个维度：第一，“工程伦理的一个重要部分是首先防止不道德行为。”作为职业人员，为了预测其行为的可能后果，特别可能具有重要伦理维度的后果，工程师必须能够前瞻性地思考问题。负责任的工程师需要熟悉不同的工程实践情况，清楚地认识自己职业行为的责任，努力把握职业伦理规范中至关重要的概念和原则，实施预防性的伦理：做出合理的伦理决定，以避免可能产生的更多的严重问题。第二，工程师必须能够有效地分析这些后果，并判定在伦理上什么是正当的。这有两层含义：其一，职业伦理规范为工程师避免伦理困境提供了一个非常重要的准则——把公众的安全、健康和福祉放在首位。例如，美国化学工程师协会要求工程师“正式向雇主或客户（若有理由，考虑进一步披露）提出建议——如果他们觉得他们职责行动的结果将负面影响公众当前或未来的健康或安全”。这个声明结合最高责任的表述，清楚地表明做雇主的忠实代理人的责任，不能超越在事关公众安全的重要事情上的职业判断。其二，如何让技术成为好的技术，让工程成为好的工程？人的选择至关重要，职业伦理规范为工程师指出了选择的方向，因为，“人类创造性成就的任何方面，都没有工程师的聪明才智更受公众瞩目”。

2. 作为职业伦理的工程伦理是一种规范伦理

责任是工程职业伦理的中心问题。1974年，美国职业发展工程理事会（Engineering Council on Professional Development，ECPD）确立了工程师的最高义务是公众的安全、健康与福祉。现在几乎所有的工程职业伦理规范都把这一观点视为工程师的首要义务，而不是工程师对客户和雇主所承担的义务。特别在西方国家，尤其是美国的各职业社团的工程伦理规范，对工程师的责任都进行了比较详细务实的界定，包括对安全的义务、揭发、保密与利益冲突。

3. 作为职业伦理的工程伦理是一种实践伦理，它倡导了工程师的职业精神

这可以从三个维度来理解。其一，它涵育工程师良好的工程伦理意识和职业道德素养，有助于工程师在工作中主动地将道德价值嵌入工程，而不是作为外在负担被“添加”进去。比如，工程师会自觉关注“安全与效率的标准、技术公司作为从事合作性活动的人们的共同体的结构、引领技术发展的工程师的特性，以及工程作为一门结合先进的技能和对公众友善的承诺的职业的观念”。工程伦理所倡导的“将工程做好”“做好的工程”的道德要求与工程职业精神形影相随，主动思考工程诸多环节中的道德价值，践行对公众负责的职业承诺，将会激励工程师在工程活动中尽职尽责，追求卓越。其二，它帮助工程师树立起职业良心，并敦促工程师主动履行工程职业伦理规范。工程职业伦理规范用规范条款明确了工程师多种多样的职业责任，履行工程职业伦理规范就是对雇主与公众的忠诚尽责，也就对得起自己作为工程师的职业良心。在工程师的职业生涯中，职业良心将不断激励着个体工程师自愿向善并

主动在工程活动中进行道德实践，内化个体工程师职业责任与高尚的道德情操，并塑造个体工程师强烈的道德感。其三，它外显为工程师的职业责任感——确保公众的安全、健康与福祉，并以他律的形式表达了“职业对伦理的集体承诺”，即工程师应主动践履“服务和保护公众、提供指导、给以激励、确立共同的标准、支持负责任的专业人员、促进教育、防止不道德行为以及加强职业形象”这八个方面具体的职业责任。

伦理规范代表了工程职业对整个社会做出的共同承诺——保护公众的安全、健康与福祉，这常在伦理规范中被表述为“首要条款”。作为一项指导方针，伦理规范以一种清晰准确的表达方式，在职业中营造一种伦理行为标准的氛围，帮助工程师理解其职业的伦理含义。但是，伦理规范为工程师提供的仅仅是一个进行伦理判断的框架，并不能代替最终的伦理判断。伦理规范只是向工程师提供从事伦理判断时需要考虑的因素。

伦理规范可以给工程师职业行为以积极的鼓励，即在道德上给予支持。例如，当雇主或客户要求工程师从事非伦理行为时，面对这样的压力，工程师可以提出，“作为一名职业工程师，我受到伦理规范的约束，规范中明确规定不能……”工程师可以如此来保护自身的职业行为符合伦理规范。当工程师因为坚持其职业伦理标准而遭到报复时，伦理规范还可以提供法律上的援助。事实上，IEEE 就曾为处于不利地位的工程师提供了支持。伦理规范所提供的道德或法律支持可以使职业的自我管理更为有效。伦理规范向公众展现了职业的良好形象，承诺从事高标准的职业活动并保护公众的利益。同时，还可以获得更大的职业自我管理的权利，而减少政府的管制。

7.3.3 工程职业伦理的实践指向

工程职业必须处理好个体工程师、雇主或客户以及社会公众之间的关系。随着工程师职业自身的不断发展和成熟，工程社团给予工程师的实践指导以及对其职业责任与义务的规定也越来越完善。伦理规范就是被职业社团用于表述其成员的权利、责任和义务的正式文件，它以规范条款的叙述方式表达了工程职业伦理的内容与价值指向。

工程伦理规范从制度或规范的角度规约了工程师“应当如何行动”，并明确了工程师在工程行为的各环节所应承担的各种道德义务。面对当今世界在技术推陈出新和社会快速发展问题上的物质主义和消费主义倾向，伦理规范从职业伦理的角度表达了对工程师“把工程做好”的实践要求，更寄予工程师“做好的工程”的伦理期望，着力培养并塑造工程师的职业精神。伦理规范不仅为“将公众的安全健康和福祉放在首位，并且保护环境”提供合法性与合理性论证，而且还要求工程师防范潜在风险。践履职业责任的伦理意识以良心的形式内化为自身行动的道德情感，以正义检讨当下工程活动的伦理价值，鼓励工程师主动思考工作的最终目标和探索工程与人、自然、社会良序共存共在的理念，从而形成工程实践中个体工程师自觉的伦理行为模式，主动履行职业承诺并承担相应的责任。

首先，伦理规范要求工程师以一种强烈的内心信念与执着精神主动承担起职业角色带给自己的不可推卸的使命——“运用自己的知识和技能促进人类的福祉”，并在履行职业责任时“将公众的安全、健康和福祉放在首位”，并把这种自愿向善的道德努力升华为良心，勉励工程师在工作中“对良心负责、率性而为”。良心作为个体工程师自愿向善的道德努力，使工程师在履行职业角色所赋予的责任时不再是为了责任而履责，而是成为他（她）的本质存在形式，即良心是工程师对工程共同体必然义务的自觉意识。这表现在：① 工程师视伦理规范为工作中的行为准则，为自己的工程行为立法。② 伦理规范时刻在检视工程师的行为动机是否合乎道德要求，是否在冠冕堂皇之下为了一己私利掩盖某些不为人知的东西，若有，则会出现良心上的不安、谴责与恐惧。“良心是在我自身中的他我”，通过对自己职业行为可能造成的后果的评估，与他人换位，将心比心，设身处地为可能受到工程活动后果不良影响的他人考虑，对自己行为做进一步权衡与慎重选择，也即“己所不欲，勿施于人”。③ 伦理规范敦促工程师在工作中明确自身职业角色和社会义务，及时清除杂念，纠正某些不恰当手段或行为方式，不断向善。④ 伦理规范以其明确的规范帮助工程师摆脱由于无限的自我确信所造成的任意性，以维护公众的安全健康和福祉为宗旨，引导工程师在平常甚至琐碎的工作中自觉地遵从向善的召唤，主动地为“公众的安全、健康和福祉”担负责任。

其次，伦理规范表征了一种工程社会秩序以及“应当”的工程实践制度状况，以规范的话语形式力促工程—人—自然—社会整体存在的和谐与完整；它作为“应当”的工程社会秩序和“应当”的工程实践的制度正义，表达出工程共同体共同的社会意识。不仅如此，伦理规范更重要的是将此种工程——社会正义意识孕育升华为当今技术—工程—社会多维时代的社会责任精神。“工程环境中的责任内涵容易受到缺乏控制、不确定性、角色分歧、社会依赖性和悲剧性选择的影响”，当风险责任的分配不平衡时，伦理规范会激励工程师产生一种克服不平衡、完善职责义务的内在要求，寻求责任目标的一致，“对责任在工程实践中的分配做出前瞻性判断”，尽可能在责任分配上达到公平和完整。

最后，从职业伦理的角度，主动防范工程风险、自觉践履职业责任，增进工程与人、自然、社会的和谐关系，都是工程师认同和诉求的工程伦理意识，是人给自己立法。基于这种共识，伦理规范要求工程师在具体的工作中，把施行负责任的工程实践这一道德要求变为自己内在的、自觉的伦理行为模式，主动履行职业承诺并承担相应的责任。在工程职业伦理规范建立的逻辑链环中，工程师的自律一方面凸显出人的存在总是无法摆脱经验的领域；另一方面，又表现出人对工程实践中风险的主动认识，以及对行业的职业责任、具体工作中的角色责任和防御风险、造福公众的社会责任的主动担当。伦理规范将自律建立在工程师自觉认识、理解、把握工程—人—自然—社会整体存在的客观必然性的前提和基础之上，督促工程师对公众的安全、健康和福祉主动维护，它是对自身存在的“应当”的反思性把握；作为工程职业精神的伦理倡导，自律是工程师对工程—人—自然—社会整体必然存在的一种道德自觉，而这种自觉的过程引领工程师从朦胧未显的工程伦理意识走向明确自主的对责任的担负。可以说，伦理规范所倡导的工程师自律使被动的“我”成长为自由的“我”，从而表现为一种从向善到行善的自觉、自愿与自然的职业精神。

7.4　工程师的职业伦理规范

工程师应该对什么负责？对谁负责？谁负责任？各工程社团的职业伦理规范对工程师的职业伦理规范进行了比较详细的解释，包括首要责任原则、工程师的职业美德、职业行为中的伦理冲突。

7.4.1 首要责任原则

“将公众的安全、健康和福祉放在首位”构成工程职业伦理规范的首要原则，这基于两个方面的因素推动：一是时刻在工程风险之凌厉威胁之下，在工程—人—自然—社会中人的存在困境；二是面向文明的发展与未来的生活、人的生存需要。风险与工程相伴相生，这使得人始终被动地处于存在困境中，“公众的安全，健康和福祉”成为工程—人—自然—社会存在中人的最大现实利益。在任何情况下，个人总是“从自己出发的”，出于对安全的关注和对可能由工程及其活动引发的灾难进行防护的考虑，在最大限度上避免潜在的、未来的、可能的工程风险给人带来生命及财产的伤害，因而工程职业伦理规范的制定基本上是以工程师承担相应于职业角色的道德义务与责任，在工程活动中做出或多或少的自我牺牲为特质的。

1. 对安全风险的义务

风险与安全的关系十分密切，根据工程学和统计学的规律，一个工程项目面临越大的风险，它也就越不安全。所以，工程职业伦理规范中关于安全的条款是与减少风险相关的。在美国国家专业工程师协会的相关伦理规范中，都要求工程师进行安全设计，其定义安全设计的术语为“公认的工程标准”。例如，要求工程师“对不符合工程应用标准的计划书或说明书，工程师不应加以完善、签字或盖章”。要求工程师“在公众的安全、健康财产或幸福面临风险的情况下”，如果他们的职业判断遭到了否决，那么他们有责任“向他们的雇主、客户或其他适当的权力机构通报这一情况”。尽管“其他适当的权力机构”还有待于澄清，但它应该包含地方建筑规范的执行者和管理机构。在工程实践中，减少风险最普遍的观念之一就是“安全要素”的概念。例如，如果一条人行道的最大负载是 1 000 牛，那么一位谨慎的工程师将按 3 000 牛的承载力来设计图纸，即以 3 倍的安全要素对日常用途的人行道进行设计。

工程职业伦理规范对风险的控制，不仅要求工程师通过自我反思而达到一种自我认识，更需要现实的行动。例如，“工程师应当公开所有可能影响或者看上去影响他们的判断或服务质量的已知的或潜在的利益冲突”“工程师应努力增进公众对工程成就的了解，防止对工程成就的误解”“工程师在履行其职业责任时，应当把公众的安全、健康和福祉放在首位，并且遵守可持续发展的原则”。

2. 可持续发展

《美国土木工程师协会伦理规范》是这样定义“可持续发展”的：“可持续发展是一个变化的过程，在这个过程中，投资的方向、技术的导向、资源的分配、制度的改革和作用应（直接）满足人们当前的需求和渴望，同时不危及自然界承载人类活动的能力，也不危及子孙后代满足他们自我需求和渴望的能力。”“可持续发展着眼于人类发展的整体利益和长远利益，将自然纳入伦理的调整范围，并通过人为自己立法的积极行动，对工程实施有约束的发展模式，不仅实现国内发展的可持续性，还要确保国际发展的可持续性。”在现代欧美国家，“可持续发展”已经成为全社会和各工程主体的首要责任，并在工程的具体运作中，“考虑总的、直接的和最终的所有（工程）产品和进程的环境影响……充分、平衡地考虑社会、后代人和（自然界）其他物种的利益……与把原材料转化为最终产品相联系。施加控制于产品和进程的所有即时和最终的影响。”

职业伦理规范中的可持续发展观正是基于善之前提下人类享有自然的全面发展权利，但同时也要求工程师对“生而入乎内，死而出乎外”的自然世界主动承担起节约资源、保护环境的责任；它强调工程不能仅仅着眼于当前的物质和经济的需要，更应站在人类的安全、健康和福祉的基础上，着眼于全面发展、生态良好、生活富裕、社会和谐的未来。

3. 忠诚与举报

工程师背负着多种价值诉求，而这些不同的价值诉求常常将工程师拉向对立的方向，举报正是这些冲突的一种结果。举报涉及诸多伦理问题，其中比较突出的一个问题便是：举报是不是工程师对雇主忠诚的一种背叛？马丁和辛津格认为，举报“不是医治组织的最好的方法，它仅仅是一种最后的诉求”。在采取揭发行动之前，应当注意几个实际建议和常识性规则：① 除了特别少见的紧急情况，首先应当努力通过正常的组织渠道反映情况和意见；② 发现问题迅速表达反对意见；③ 以通达、体贴的方式反映情况；④ 既可以通过正式的备忘录，也可以通过非正式的讨论，尽可能使上级知道自己的行动；⑤ 观察和陈述要准确，保存好记录相关事件的正式文件；⑥ 向同事征询建议以避免孤立；⑦ 在把事情捅到机构外部之前，征求所在职业学会伦理委员会的意见；⑧ 就潜在的法律责任问题咨询律师的意见。

一个举报者之所以甘冒事业风险，毅然选择举报，正是由于他意识到了自己所肩负的社会责任。例如，在著名的“挑战者号”灾难中，当著名的举报者罗杰·博伊斯乔利被问到是否对自己的举报行为感到后悔时，他说，他为他的工程师身份感到自豪，作为一名工程师，他认为他有义务提出最好的技术判断，去保护包括宇航员在内的公众的安全。因此，站在公众的立场，举报体现了工程师对社会的忠诚。其实，选择举报是举报者的一种无奈之举，组织应该对举报负主要责任。在许多工程伦理案例中，可以发现，举报者在举报之前，其实已经竭尽所能，穷尽了各种组织所认可的途径，但组织对他的警告完全漠视，以致最后他不得不选择举报。正如戴维斯所说的：“这世界可能是残酷的，一个人可能已经倾其全力，但是他最后依然要在举报自己的组织与保持沉默并使自己遭受良心的谴责之间做出某种选择。”

7.4.2　工程师的职业美德

工程师最综合的美德是负责任的职业精神。在塞缪尔·佛洛曼看来，很好地完成自己工作的工程师是道德上善良的工程师，而做好工作是以胜任、可靠、发明才智、对雇主忠诚以及尊重法律和民主程序等更具体的美德来理解的。

1. 诚实可靠

工程师的职业生活常常要求强调某些道德价值的重要性，比如诚实可靠。因为工程师的职业活动事关公众的安全、健康和福祉，人们要求和期望工程师自觉地寻求和坚持真理，避免有所欺骗的行为。

《美国国家专业工程师协会伦理规范》的 6 条基本准则中，有 2 条涉及诚实可靠。第三条准则要求工程师“只以客观和诚实的方式发布公共声明”，而第五条守则要求工程师“避免欺骗行为”。这些要求统称为诚实责任，也是工程职业伦理所要求的职业美德。工程师必须是客观的和诚实的，不能欺骗。诚实可靠禁止工程师撒谎，还禁止工程师有意歪曲和夸大，禁止压制相关信息（保密的信息除外），禁止要求不应有的荣誉以及其他旨在欺骗的误传。而且，诚实可靠还包括没能做到客观的过失，例如因疏忽而没能调查相关信息和允许个人的判断被破坏。

几乎所有的工程社团职业伦理规范都提出了对工程师诚实可靠的要求。《美国电气和电子工程师协会伦理规范》的准则 3 鼓励所有成员“在基于已有的数据做出声明或估计时，要诚实或真实”；准则 7 要求工程师“寻求、接受和提供对技术工作的诚实批判”。《美国机械工程师协会伦理规范》的基本原则 2 规定，工程师须“诚实、公正、忠实地为公众、雇主和客户服务”。

2. 尽职尽责

从职业伦理的角度来看，工程师的“尽职尽责”体现了“工程伦理的核心”，西方国家各工程社团职业伦理规范均明确工程师最综合的美德是负责任的职业精神，很好地完成自己工作的工程师是道德上善良的工程师，而做好工作是以胜任、可靠、发明才智、对雇主忠诚以及尊重法律和民主程序等更具体的美德来理解的。在职业伦理规范中，对工程师的责任要求具体表现在公众福利、职业胜任、合作实践及保持人格的完整等方面。例如，“工程师只在自己能力范围内提供服务”“在处理所有关系时，工程师应当以诚实和正直的最高标准为指导”“对于系统存在的任何危险的迹象，必须向那些有机会或有责任解决它们的人报告。”作为工程行为要求、评价的准则，胜任、诚实、忠诚、勇敢等个人品格无疑具有规范的意义；“将公众的安全、健康和福祉放在首位；只在自己能力胜任的领域从事业务；仅以客观的和诚实的方式发布公开声明；作为忠实的代理人或受托人为每一位雇主或客户服务；避免欺骗性行为；体面地、负责任地、合乎道德地以及合法地行事，以提高本职业的荣誉、声誉和作用。”这意味着在工程实践中工程师诸多的职业责任在当代工程职业伦理规范体系中，“为……负责”不仅是各工程社团职业伦理规范所要求的工程师之“应当”的责任，亦同时被理解为个体工程师内在的德行和品格。因此，工程职业伦理规范在工程活动的道德实践中促使工程师逐渐形成内在的诸如胜任、诚实、勇敢、公正、忠诚、谦虚等美德。

3. 忠实服务

服务是工程师开展职业活动的一项基本内容和基本方式，“诚实、公平、忠实地为公众、雇主和客户服务”已然是当代工程师职业伦理规范的基本准则。

在当前充满商业气息的人类生活中，服务是工程师为公众提供工程产品、集聚社会福利、满足社会发展和实现公众行善需要的行为或活动，从而呈现出工程师与社会、公众之间基于正义谋利的帮助关系。因为工程实践的过程充满了风险和挑战，工程活动的目标和结果存在不可准确预估的差距，工程产品也极有可能因为人类认识的有限性而对社会发展和公众生活存有难以预测的危害，所以西方各工程社团的职业伦理规范都开宗明义地指出：工程师所提供的服务需要诚实、公平、公正和平等，必须致力于保护公众的健康、安全和福祉。工程活动及其产品通过商业化的服务行为满足社会和公众的需要，并通过“引进创新的、更有效率的、性价比更高的产品来满足需求，使生产者和消费者的关系达到最优化状态”，促进社会物质繁荣与人际和谐。由此看来，服务作为现代社会中人类工程活动的一个伦理主题，是经济社会运行的商业要求（正义谋利、市场竞争），服务意识赋予现代工程职业伦理价值观以卓越的内涵。

作为一种精神状态，忠实服务是工程师对自身从事的工程实践伦理本性的内在认可；作为一种现实行为，忠实服务表现为工程师对践行“致力于保护公众的健康、安全和福祉”职责的能动创造。

7.4.3　职业行为中的伦理冲突

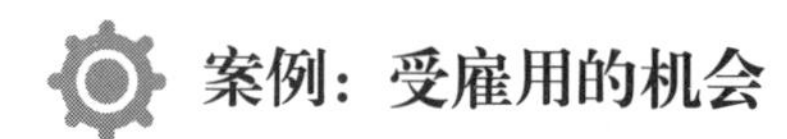

案例：受雇用的机会

杰拉尔德原本计划在完成学业后，回到家乡接手家族农场，但在他即将毕业的时刻，父亲突然重病住院，家庭的经济状况因此变得紧张，使杰拉尔德不得不放弃原有的计划，转而寻找一份工作，以减轻家庭的经济负担。面对生活的压力，杰拉尔德的求职之路并不顺利，唯一向他敞开的大门是一家从事杀虫剂研发的公司。然而，杀虫剂的研发和使用与环境保护和公众健康存在潜在的冲突，这让他陷入了深深的矛盾之中。

案例：“铲车手”

工程学学生布赖恩·斯普林格（Bryan Springer）有一份薪水很高的暑期工作，他的工作是当铲车司机。这份工作使得他不用贷款就可以继续大学学业。现在他正盯着一只装满 50 加仑用过的机器冷冻剂的桶，不知该怎么办。就在不久前，布赖恩的上司马克斯·莫里森（Max Morrison）叫他把半桶废冷冻剂倒入下水道中，布赖恩知道冷冻剂是有毒的，并且向马克斯说明了这一情况，但马克斯并没有动摇。

马克斯：毒素沉淀在桶的底部。如果倒掉半桶，并且一边倒，一边用水稀释它，那么就不会有什么问题。

布赖恩：我认为这不管用。还有，这么做是否违反了法律？

马克斯：瞧，小家伙。我可没有时间来闲聊那些愚蠢的法律。如果我把时间都花在担忧冒出来的每一件小事情上，那么我将寸步难行——你也一样。按常规办事是我的原则。我刚才已经告诉过你了——毒素沉在底部，而且其中的大部分仍然会留在那里。多年来我们都是这么做的，从未发生过什么事。

布赖恩：你的意思是说，并没有人对此说些什么吗？但这并不意味着环境没有受到损害。

马克斯：你不会是环保人士吧？你们这些大学生整天钻在象牙塔里。现在是回到现实的时候了——继续工作。小家伙，你知道，你能得到这么高薪水的工作，完全是运气。3 个月以后，你就可以回到你那舒适的大学生活中去了。你知道，有多少大学生正在担心他们没钱付学费——这些家伙对你现在的工作羡慕呢。

马克斯随后离开了，他充满希望地期待布赖恩倒掉废冷冻剂。布赖恩一边盯着桶，一边在沉思。

工程师职业伦理规范为工程师提供了被公认的价值观和职业责任选择。但是，在实际的工程实践情境中，工程师面临的问题不仅仅局限于伦理规范，还面临着具体实践情境下的角色冲突、利益冲突和责任冲突。

1. 回归工程实践以应对角色冲突

工程师在社会生活中不可避免地扮演着多重角色，不同的角色有不同的责任、追求以及他人的期待。当工程师作为职业人员的时候，他是一个职业人；工程师受雇于企业，他还是雇员；另外工程师可能在企业当中担任管理者的角色；此外他作为社会人，也是社会公众的一员；他还是家庭中的一员，甚至某些社会组织中的成员。角色冲突导致了工程师处于道德行为选择困境。首先，作为职业人，工程师一方面受雇于企业；另一方面，工程师有自己的职业理想，把社会公众的健康、福祉放在首位。当企业的决策明显会危害到社会公众的健康、福祉，或者工程师能预测到这种危害时，工程师就面临着角色冲突，这就是戴维斯所说的工作追求和更高的善的追求之间的冲突。工程师同时作为职业人员和企业的雇员，二者产生冲突的时候则面临着忠于职业还是忠于企业的选择。其次，工程师作为社会公众的一员，要遵守一般道德。通常情况下，工程师把公共向善的实现放在首位，与一般道德的价值方向一致，不会产生冲突。但是工程活动是一项复杂的社会实践，涉及企业工程师群体以及社会公众甚至政府。工程师在促进工程成功实施的过程中，协调各方目的，当工程师实践过程中的行为与一般道德要求相冲突的时候，他就陷入了角色冲突的困境中。最后，工程师还可能是企业的管理者。工程师与管理者的职业利益不同，这使得他们成为同一组织中的两个范式不同的共同体。当企业的决策违反工程规范标准或者可能对公众安全、健康和福祉造成威胁的时候，处于企业决策者位置的工程师就面临着角色道德冲突。

为什么工程师会遭遇到角色冲突呢？这是因为，首先，工程师很难兼顾自己的职业角色和个人生活中的其他多种角色。在《受雇用的机会》案例中，杰拉尔德的运气实在不好，父亲在他毕业前夕重病住院，使得他不能按原来的计划回家经营农场，必须要找到一份工作减轻家庭经济负担。可是他的运气实在是“糟糕”，唯一的工作机会是让他去从事杀虫剂研发。若他坚守“将公众的安全、健康和福祉放在首位，并且保护环境”这一伦理信念，他可能就无法帮助家庭为父亲支付昂贵的医疗费；若是为了赚钱进公司上班，却不卖力地工作，虽然在良心上稍得安慰，可是作为一名工程师，又违背了“作为忠实的代理人或受托人”的职责。无论杰拉尔德做出何种选择和行动，他都会感觉到遗憾，职业伦理规范并未充分考虑生活的复杂性，只是将“工程师应当……”单纯地诉清个人的工程实践要求，这就必然“在道德上表现得卓越和生活得好之间产生一个断裂”。作为儿子，杰拉尔德有责任为患重病的父亲赚取医疗费；作为员工，他有责任为他履职的杀虫剂公司忠诚工作；作为一个理性的社会人和有良知的工程师，他负有“遵守可持续发展”的义务。于是在杰拉尔德身上，产生了角色冲突。

其次，职业伦理规范中对职业责任和雇员责任不偏不倚的强调，也常会导致角色冲突的发生。在“铲车手”案例中，布莱恩作为职业工程师，必须要“将公众的安全、健康和福祉放在首位”，他必须拒绝上司的命令，甚至向上级有关部门举报公司的行为。可是，作为雇员的“做每位雇主或客户的忠实代理人或受托人，避免利益冲突，并且绝不泄露秘密”职责又要求他遵从上司命令。职业伦理规范中职业责任和雇员责任在具体工程实践情境下的矛盾，会导致工程师的职业角色和雇员角色发生冲突。

工程师角色冲突的解决有赖于在宏观与微观方面建立一套机制。宏观层面的工程职业建设，为问题的解决提供制度保证和理论基础；微观层面对工程师个体的道德心理进行关怀，培育工程师的道德自主性，为制度建立内在的道德基础。首先，职业建设为解决冲突提供宏观制度背景。工程职业需要不断完善自己的职业建设。工程职业的技术标准和伦理标准是工程职业建设的两个最主要的方面，技术标准是职业在工程质量方面的承诺，而伦理标准是对职业人员职业行为的承诺。其次，增强工程师个体道德自主性的实践。工程师并不是只会遵守规范的机器，而是有自己的独立意志、会思考和有情感的个体。道德规范没有给出必须遵守的理由，因此当制度规范缺乏道德心理根基时，就在实践中难以保证工程师道德选择的合理性。只有当工程师把规范条文内化为自己的道德原则，从内心认同接受的时候，才能自觉地产生道德行为，做出合理的道德选择。再次，回归工程实践。工程师角色冲突伴随着工程实践的整个过程，工程实践本身就是解决角色冲突的唯一途径，角色冲突产生于实践，于实践中得以解决。角色冲突的出现和解决构成了工程实践的一部分，伴随着工程实践的始终，而工程实践也就是角色冲突的不断产生和不断解决。

2. 保持多方信任以应对利益冲突

工程中的利益冲突问题是工程伦理和工程职业化中的一个重要话题。“当工程师对于雇主、客户或社会公众的忠诚和正当的职业服务受到某些其他利益的威胁，并有可能导致带有偏见的判断或蓄意违背原本正确的行为时，就会产生利益冲突”。工程中利益冲突的种类既包括个体利益（工程师）与群体利益（公司）之间的冲突，也包括个体利益（工程师）与整体利益（社会公众）之间的冲突，同时也包括群体利益（公司）与整体利益（社会公众）之间的冲突。

（1）公司与社会公众之间的利益冲突。作为营利性的组织，公司所做出的决策都遵循利益最大化的原则；而当公司的这种实现自身利益的活动影响到社会公众的利益（即安全健康与福祉）的时候，公司与社会公众之间的利益冲突就发生了。

（2）工程师与公司之间的利益冲突。工程师受雇于公司，有责任以自己的职业技能做出准确和可靠的职业判断，并代表雇主的利益。但工程师与公司之间也时常会发生利益冲突，其中有两种情形：① 当雇主或客户所提出的要求违背工程师的职业伦理，或者可能危害到社会公众的安全、健康和福祉时，工程师是坚持己见与雇主或客户进行抗争，还是屈服于雇主或客户的要求，而不顾及社会公众的利益；② 当外部私人利益影响工程师的职业判断，使其产生偏见，而做出不利于公司利益的判断。

（3）个体工程师与社会公众之间的利益冲突。不同于其他一般职业，工程中利益冲突的对象并不只局限于工程师个体和公司群体这两方面，还常常会涉及“公众”这一重要的利益主体。因此，公众利益是工程利益冲突中的一个重要组成部分，也是其特征之一。工程师既是公司的一员，也是社会的一员，工程师既要考虑公司的利益，也同样要为社会公众的安全、健康与福祉负责。这里也有两种冲突的情形：① 当工程师面对公众利益与私人利益的选择时，就会有利益冲突的发生；② 公司利益与公众利益发生冲突，雇主或客户所提出的要求影响到工程师的职业判断，进而使社会公众的安全、健康与福祉受到损害，这也是发生在工程师与公众之间的利益冲突。

在工程师的日常工作中经常会发生利益的情形，工程师该如何应对可能发生的利益冲突？保持雇主客户与公众的信任，做“忠诚的代理人或托管人”；保持工程师职业判断的客观性。这就要求工程师尽可能地回避利益冲突。具体到工程实践情境，它包含以下五种“回避”利益冲突的方式：① 拒绝，比如拒收卖主的礼物；② 放弃，比如出售在供应商那里所持有的股份；③ 离职，比如辞去公共委员会中的职务，因为公司的合同是由这个委员会加以鉴定的；④ 不参与其中，比如不参加对与自己有潜在关系的承包商的评估；⑤ 披露，即向所有当事方披露可能存在的利益冲突的情形。前四种方式都归于“回避”的方法。回避利益冲突的方法就是放弃产生冲突的利益。通过回避的方法来处理利益冲突总是有代价的，即有个人损失的发生。其中不同的是，“拒绝”是被动地失去可获得的利益，而“放弃”是主动放弃个人的已有利益。而“披露”能够避免欺骗，给那些依赖于工程师的当事方知情同意的机会，让其有机会重新选择是找其他工程师来代替，还是选择调整其他利益关系。

3. 权益与变通以应对责任冲突

责任冲突是指工程师在工程行为及活动中进行职责选择或伦理抉择的矛盾状态，即工程师在特定情况下表现出的左右为难而又必须做出某种非此即彼选择的境况。在具体的工程实践场景中，相互冲突的责任往往表现在个人利益的正当性、群体利益的正当性、原则的正当性方面。因此，工程师需要作四类提问：

第一，该行动对“我”有益吗？健康的利己是一件好事。如果工程师都不关心自己的利益，又有谁会关心呢？在有些情况下，如果我们认为某一行动是有益行动，只要我们能显示这种行动对我们有益，我们就能证明自己的这种认识是正确的。

第二，该行动对社会有益还是有害？工程师在进行伦理思考时，不能仅考虑这一行动对自己是否有益，而是应该进一步考虑该行动对受其影响的所有人是否有益。

第三，该行动公平或正义吗？我们所有人都承认的公平原则是，同样的人（同等的人）应该受到同样的（同等的）待遇。关于什么人是平等的和什么是平等的问题，人们常常存在意见分歧，但除非存在相关差别，所有人都应该受到同等待遇。进而，这引出了下一个问题，该行动侵犯别人的权利吗？

第四，“我”有没有承诺？这个问题询问的是，是否就以某种方式实施行动向某种现存关系做过含蓄或明确的承诺。假如有过承诺，那么应该信守承诺。因此，对于问题“我答应过做这事吗”，如果答案是肯定的，那么做这件事就又有了一个正当理由。

通过上述反思，工程师至少可以寻找到一个满意的方案。工程社团职业伦理规范常常提供解决困境的直截了当的答案，但也有矛盾的地方。公认的准则是把公众的安全健康和福祉放在首要位置，但是当公众利益与雇主、客户利益冲突，如何做到诚实和公平？这就需要在具体的伦理困境中权宜与变通。

案例：固体废物处理

戴维德是一位专业的固体废物处理工程师，他的工作地点是麦迪森县。在这个县里，固体废物规划委员会计划在一个人烟稀少的地方建立公共废物填埋场。然而，一些富人希望购买紧邻即将建立的填埋场的土地，因为他们计划在那里建造一座环绕着豪华住宅的私人高尔夫球场。这些富人认为，这个地区是麦迪森县最美丽的之一，建立垃圾填埋场会损害他们的居住和休闲权益。因此，他们建议将垃圾填埋场改建到县内贫民居住集中的地区，以便于垃圾的运输和及时的填埋；或者将填埋场迁移到麦迪森县最贫瘠的土地上，那里只有 8 000 人（麦迪森县共有 10 万居民）居住。

戴维德该如何化解公众利益与雇主利益的冲突？如何诚实公平地履行自己的职业责任和雇员责任？

第一，戴维德必须耐心地倾听富人、城中贫民和郊区居民的权益要求，而且也不能轻视乃至忽视任何选择下环境可能遭受的最坏影响。富人们有休闲娱乐、提高生活质量的权利，城中贫民和郊区居民也有健康生活和安居不受侵扰的权利；而且，为了子孙后代也能安乐生活在这个地方，戴维德还要考虑在任一区域建设垃圾填埋场可能对环境和生态产生的负面影响。

第二，戴维德要设身处地地思考他们提出的各种权益要求，深度权衡利益之间的矛盾与冲突，仔细比较各利益的受众面和影响程度；同时，梳理规范、准则对戴维德提出的责任要求，针对以上利益诉求考察并初步筛选已给出的行动方案。

第三，尊重生活传统给予自己的道德信念与良知，忠实于工程实践与个人真实生活的统一，戴维德将再度甄选已给出的三个行动方案（一个政府提出的，两个富人们提出的），寻找出利益诉求的矛盾焦点：何种利益是根本利益？何种利益更贴近于“好的生活”的实现？

第四，戴维德要慎思自己工程行为的伦理优先顺序：富人们休闲娱乐、提升生活品质的权益需要尊重，城中贫民和郊区居民生命健康和安乐生活的权益需要维护，环境的可持续发展有利于子孙后代的幸福生活。在这些利益中，最基本的权利是人的生存和健康，这是任何其他权利实现的必要前提，也是当代人追求“好的生活”的必需条件。因此，保护城中贫民和郊区居民的生命健康和生活成为戴维德行动的首要考虑因素；其次是尽可能降低污染影响，保护生态环境；最后才是考虑富人们的娱乐休闲权利。

第五，用道德敏感性“过滤”规范对自己的责任要求，身临其境地“想象”已给出的三个方案可能导致的后果，更新对规范的认识，将温暖关怀“你”“它”的道德情感现实转化为改进富人们提出的第二方案的意志冲动。即在原方案的基础上，增加居住于郊区的 8 000 人足够的经济补偿，政府也要在城内或城郊其他地方给予他们不差于此前生活标准和居住条件的妥善安置；同时，在填埋场附近建造污染监测站，招标生物清洁公司及时处理已发生的或潜藏的污染风险，维持该地区的生态平衡。良好工程目标的实现固然离不开工程师“遵行责任”开展工程活动，但其最终的真正实现还是依赖于工程师在整个工程生活中践履各层次责任并始终彰显卓越的力量。因此，工程师要按照伦理规范的规范要求遵循职责义务，根据当下的工程实际反思、认识、实践规范提出的道德要求，变通、调整践履责任的行为方式，不断探索和总结“正确行动”的手段、途径。

思考与讨论

1. 结合本章对职业的论述，谈谈对职业的理解。
2. 结合本章内容，谈谈对工程职业精神的理解。
3. 通过本章的学习，思考并讨论当前中国“一带一路”发展趋势下职业工程师的标准。

第8章 科学研究中的伦理问题

20世纪以来，科研活动已经从以个人兴趣为中心、强调自由探索和学界自治的业余活动，发展为高度专业化的一种社会建制。随着科研从业人员的不断增多，科研资源相对稀缺，对学术荣誉及与之密切相关的各种利益的追求也日益激烈，引发了科研从业人员的价值冲突，产生了导致科研不端行为的职业和社会诱因。20世纪80年代以后，科学道德与科研伦理作为一个社会问题开始受到国际社会的普遍重视。

如何理解科学、如何科学规范地进行科学研究，这些都建立在对科学技术的本质以及科学精神、科学方法的理解之上。如今，科学技术在不断揭示客观世界和人类自身规律的同时，极大地提高了社会生产力，改变了人类的生产和生活方式，同时也发掘了人类的理性力量，带来了认识论和方法论的变革，形成了科学世界观，创造了科学精神、科学道德与科学伦理等丰富的先进文化，不断升华人类的精神境界。一般而言，人们往往从科学的物质成就上去理解科学，而忽视了科学的文化内涵及社会价值。科技界也不同程度地存在着科学精神淡漠、行为失范和社会责任感缺失等令人遗憾的现象。因此，对科研伦理、科学精神等进行总结分析就显得很有必要。

8.1 科研伦理与科学道德

科学研究活动本身涉及伦理道德，身处象牙塔的科研人员也会成为道德主体，科研活动也会成为道德研究的对象。科研人员应遵循科学共同体公认的行为准则或规范，及时调整自身与合作者（包括其他科研人员、资助者、受试者、社会公众、消费者）、科研人员与物（包括试验动物、生态环境等）之间的关系，合乎伦理地开展研究工作。这就引出了“科研伦理”和“科研道德”两个概念。鉴于“伦理”与“道德”的细微区别，“科研伦理”和“科研道德”的含义也各有侧重。

科学研究是一种涉及科研人员、科技辅助人员、课题资助方、社会公众、消费者、政策制定者等诸多活动主体的社会活动。身处于一个开放的、动态的复杂社会人际网络中的科研人员，在科研活动中要获取受试者的知情同意，尊重隐私、公正地分配负担和收益，研究方案要有可接受的“风险—受益比”，规避潜在的经济利益冲突，合乎伦理地开展科学研究活动。科研伦理是指科研人员与合作者、受试者和生态环境之间的伦理规范和行为准则，而科研道德考察的是科研人员自身的道德修养、品行，以及杜撰、抄袭、剽窃及学术不当行为产生的根源、表现、危害和对策。在科学研究活动中，科研伦理和科研道德可能会同时进入人们的视野，黄禹锡丑闻事件就是明证。韩国科学家黄禹锡在干细胞研究中进行“数据造假”，这是一个科研道德问题，但他在女性研究人员不情愿的情况下，胁迫其捐卵子用于科学研究的行为又违背了知情同意原则，这是一个科研伦理问题。大多数情况下，科研伦理和科研道德都是纠缠在一起的，因此，本章将两个问题合并处理，一方面界定什么是科学精神、科学道德准则与科学家的社会责任，另一方面对学术不端的根源、表现、危害和对策等进行梳理，从正反两方面为科研活动保驾护航。

8.1.1 科学精神

在国外关于“科学精神”的研究中，美国科学社会学家罗伯特·默顿（Robert Merton）的论述最为系统。1942 年，默顿在《科学的规范结构》一文中提出，科学的精神气质是指约束科学家的价值和规范的综合体，科学共同体理想化的行为规范可概括为普遍性、公有性、无私利性和有条理的怀疑性，被科学家内化形成科学良知。尽管科学的精神特质并没有被明文规定，但可以从体现科学家的偏好、从无数讨论科学精神的著述和对违反精神特质的义愤的道德共识中找到。关于科学精神的论述有很多，国内外学者较为认同的观点是，科学精神是在长期的科学实践活动中形成的，贯穿于科研活动全过程的共同信念、价值、态度和行为规范的总称。科学精神的内涵可以概括为求真精神、实证精神、进取精神、协作精神、包容精神、民主精神、献身精神、理性的怀疑精神、开放精神，等等。2007 年，中国科学院向社会发布的《关于科学理念的宣言》涉及“科学的精神”“科学的价值”“科学的道德准则”和“科学的社会责任”四个方面，由此大致界定了“科学精神”的外延。一般说来，科学精神具有如下规定性：

（1）科学精神是对真理的追求。不懈追求真理和捍卫真理是科学的本质。科学精神体现为继承与怀疑批判的态度，科学尊重已有认识，同时崇尚理性质疑，要求随时准备否定那些看似天经地义实则囿于认识局限的断言，接受那些看似离经叛道实则蕴含科学内涵的观点，不承认有任何亘古不变的教条，认为科学有永无止境的前沿。

（2）科学精神是对创新的尊重。创新是科学的灵魂。科学尊重首创和优先权，鼓励发现和创造新的知识，鼓励知识的创造性应用。创新需要学术自由，需要宽容失败，需要坚持在真理面前人人平等，需要有创新的勇气和自信心。

（3）科学精神体现为严谨缜密的方法。每一个论断都必须经过严密的逻辑论证和客观验证才能被科学共同体最终承认。任何人的研究工作都应无一例外地接受严密的审查，直至对它所有的异议和抗辩得以澄清，并继续经受检验。

（4）科学精神体现为一种普遍性原则。科学作为一个知识体系具有普遍性。科学的大门应对任何人开放，而不分种族、性别、国籍和信仰。科学研究遵循普遍适用的检验标准，要求对任何人所做出的研究、陈述、见解进行实证和逻辑的衡量。

（5）科学精神还体现在从事科学研究的科学家身上。在传统时代，科学研究是科学家个人的事情，作为个体，科学家是追求真理的化身，他们肩负着民族的希望，自身有更高的道德水准。在当前时代，科学研究更多是由不同国家和地区科学家共同合作开展的。

当前，在新的时代背景下，我们提倡的科学精神还应当是充满高度人文关怀的科学精神，也即科学精神同人文精神的相互渗透、融合和统一。人文精神是一种普遍的人类自我关怀，表现为对人的尊严、价值、命运的维护、追求和关切，对人类遗留下来的各种精神文化现象的高度珍视，对全面发展的理想人格的肯定和塑造。人文精神的基本含义就是：尊重人的价值，尊重精神的价值。科学精神和人文精神是人类在认识与改造自然、认识与改造自我的活动中形成的一系列观念、方法和价值体系，它们是贯穿在科学探索和人文研究过程中的精神实质，是展现科学和人文活动内在意义的东西。相对于科学精神而言，人文精神较注重非理性的因素，主要表现为：以人为尺度，追求善和美；在肯定理性作用的前提下，重视人的精神在社会实践活动过程中的作用。总体上讲，人文精神尊重人的价值，注重人的精神生活，追求人生的真谛，强调社会的精神支柱和文化繁荣的重要性，重视生产的人文效益、产品的文化含量等。在现实生活中，人文精神引导着人类文明的走向。如果说科学精神注重解决“是什么”的问题，那么人文精神的侧重点则在于研究“应该怎样”的问题。在科学精神的指引下，科学技术取得了巨大的成就；而只有在人文精神的指导下，科学技术才能向着最有利于人类美好发展的方向前进。在某种意义上，人文精神与科学精神可以说是承载和导引人类社会前进的两条轨道，缺失了其中的任何一条，社会就无法顺利前进。

8.1.2　科学道德

科学道德可以从多个方面表现出来，除了科学家的道德维度，还有科学研究本身的道德性。从根本上来说，科学研究是最为典型的、高级的、创造性的人类活动。如研究宇宙、有机物、无机物等自然物的奥秘，研究人的意识等，这种活动能够给人类带来好处，同时也会带来风险。所以，这种活动必须用严格的道德标准加以制约和规范，否则就会产生极其不利的后果。正如爱因斯坦发现 $E=mc^2$ 的公式后，写信给时任美国总统罗斯福，告诉他这一公式的威力所在，指出需要很好地加以规范和利用。所以，科学研究只有在一个和谐的环境中才能健康开展。基于此，科学道德准则的内容主要包括：

（1）诚实守信。诚实守信是保障知识可靠性的前提条件和基础，从事科学职业的人不能容忍任何不诚实的行为。科研工作者在项目设计、数据资料采集分析、科研成果公布以及求职、评审等方面，必须实事求是；对研究成果中的错误和失误，应及时以适当的方式予以公开和承认；在评议评价他人贡献时，必须坚持客观标准，避免主观随意。

（2）信任与质疑。信任与质疑源于科学的积累性和进步性。信任原则以他人用恰当手段谋求真实知识为假定，把科学研究中的错误归之于寻找真理过程的困难和曲折。质疑原则要求科学家始终保持对科研中可能出现错误的警惕，不排除科研不端行为的可能性。

（3）相互尊重。相互尊重是科学共同体和谐发展的基础。相互尊重强调尊重他人的著作权，通过引证承认和尊重他人的研究成果和优先权；尊重他人对自己科研假说的证实和辩驳，对他人的质疑采取开诚布公和不偏不倚的态度；要求合作者之间承担彼此尊重的义务，尊重合作者的能力、贡献和价值取向。

（4）公开性。公开性一直为科学共同体所强调与践行。传统上公开性强调只有公开的发现在科学上才被承认和具有效力。在强调知识产权保护的今天，科学界强调维护公开性，旨在推动和促进全人类共享公共知识产品。

8.1.3 科学家的社会责任

当代科学技术渗透并影响人类社会生活的方方面面，当人们对科学寄予更大期望时，也就意味着科学家承担着更大的社会责任。那么科学家，尤其是中国的科技工作者，应该担负什么样的社会责任呢？

（1）鉴于当代科学技术的试验场所和应用对象牵涉到整个自然与社会系统，新发现和新技术的社会化结果又往往存在着不确定性，而且可能正在把人类和自然带入一个不可逆的发展过程，直接影响人类自身以及社会和生态伦理，因此要求科研工作者必须更加自觉地遵守人类社会和生态的基本伦理，珍惜与尊重自然和生命，尊重人的价值和尊严，同时为构建和发展适应时代特征的科学伦理做出贡献。

（2）鉴于现代科学技术存在正负两方面的影响，并且具有高度专业化和职业化的特点，科研工作者更加自觉地规避科学技术的负面影响，承担起对科学技术后果评估的责任，包括对自己工作的一切可能后果进行检验和评估；一旦发现弊端或危险，应改变甚至中断自己的工作；如果不能独自做出抉择，应暂缓或中止相关研究，及时向社会报警。

（3）鉴于现代科学的发展引领着经济社会发展的未来，科研工作者必须具有强烈的历史使命感和社会责任感，珍惜自己的职业荣誉，避免把科学知识凌驾于其他知识之上，避免科学知识的不恰当运用，避免科技资源的浪费和滥用。因此科研工作者应当从社会、伦理和法律的层面规范科学行为，并努力为公众全面、正确地理解科学做出贡献。

（4）在变革、创新与发展的时代，在中华民族实现伟大复兴的历史进程中，必须充分发挥科学的力量。这种力量，既来自科学和技术作为第一生产力的物质力量，也来自科学理念作为先进文化的精神力量。科技工作者必须践行正确的科学理念，承担起科学的社会责任，为建设创新型国家、构建社会主义和谐社会做出无愧于历史的贡献。

以上主要说明了科学精神和科学的道德规范等问题，从分析中可以看出，科学道德与科学家及其研究行为是紧密联系在一起的。但是，科学说到底还是人类活动，会受到一些客观环境和人性弱点的影响，因此，也会有很多违反科学道德规范或者学术不端等行为发生，需要我们理性地认识到这些现象产生的根源，并且进行预防和惩治。

8.1.4 恪守科研道德和学术规范

目前，国内有关科研规范或学术规范有多种定义。比如，教育部《高等学校科学技术学术规范指南》中提出，学术规范是学术共同体成员必须遵循的准则，是保障学术共同体科学、高效、公正运行的条件。学术规范是指从事科研活动的行为规范，是以科研道德为基础，以科学共同体为主体，对科研及其相关行为做出的规制性安排，学术规范作为科学共同体共识的沉淀，具有其内在的逻辑。科研工作者如果忽略了遵循学术规范，未能养成良好的科研习惯和严格的科研纪律，不仅会影响科研工作开展的效率和科研工作目标的实现，导致个人的科研工作多走弯路，还有可能滑入学术不端行为的深渊。

1. 当代科技工作者应该坚持的规范

近年来，教育部、中国科学院、中国科协等部门和团体先后出台了加强科研规范的措施和意见，构成了科研人员遵守科研规范的规制性安排，主要有以下几个方面：

（1）诚实原则。在项目设计、数据资料采集分析、公布科研成果以及确认同事、合作者和其他人员对科研工作的直接或间接贡献等方面，必须实事求是。研究人员有责任保证所搜集和发表数据的有效性和准确性。

（2）公开原则。在保守国家秘密和保护知识产权的前提下，公开科研过程和结果的相关信息，追求科研活动社会效益最大化。在合作研究和讨论科研问题中要共享信息，提供相关数据与资料。在向公众介绍科研成果时，要实事求是。

（3）公正原则。对竞争者和合作者做出的贡献，应给予恰当认同和评价。进行讨论和学术争论时，应坦诚直率，科学公正。对研究成果中的错误和失误，应以适当的方式予以承认，不得以各种不道德和非法手段阻碍竞争对手的科研工作，包括毁坏竞争对手的研究设备或实验结果，故意延误考察和评审时间，利用职权将未公开的科研成果和信息转告他人等。

（4）尊重知识产权。研究成果发表时，做出创造性贡献且能对有关部分负责的人员享有署名权，未经上述人员书面同意，不得将其排除在作者名单之外。对参与一般数据搜集的研究助手、对研究团组进行过支持与帮助的人员和提供设施的单位，可在出版物中表示感谢，不得剽窃、抄袭他人成果，不得在未参与工作的研究成果中署名，反对以任何不正当手段谋取利益的行为。

（5）声明与回避原则。在研究、调查、出版、向媒体发布、提供材料与设施、资助申请、聘用和提职等活动中可能发生利益冲突时，所有有关人员有义务声明与其有直接、间接和潜在利益关系的组织和个人，包括在这些利益冲突中可能对其他人的利益造成的影响，必要时应当回避。在参与各种推荐、评审、鉴定、答辩和评奖等活动时，要坚持客观公正的评价标准，坚持按章办事，不徇私情，自觉抵制不良社会风气的影响和干扰。

2. 论文写作规范

学术规范涉及的场景很多，比如项目申请、论文写作和发表、职称评审等。加强对科研论文的写作规范教育能够在很大程度上避免学术不端问题的发生。同时，对学生特别是研究生进行学术规范、学术道德教育，防患于未然，是遏制学术腐败、保证我国学术研究能够健康发展的一个重要举措。

科研论文通常分为三类：在期刊杂志上发表的论文，在会议上发表的论文和学位论文。从论文的形式来说，有一些基本规范需要遵循。从论文的结构来看，大部分论文主要由七部分组成：标题、署名、摘要、关键词、引言（毕业论文还要有文献综述）、正文与参考文献。对于理工类的实验性论文来说，还需要将实验数据和方法进行说明。为了细化论文的写作环节，以下从几个方面分别进行说明。

（1）标题。标题就相当于论文的文眼，它必须言简意赅，用有限的字符最大限度地概括文章的主要内容。好的标题通常具有两个作用：其一，直接点明文章的主题与方向；其二，快速引起读者关注。目前一般学术论文标题不宜超过 20 个字。通常来说，论文的标题应该能表达一个完整的意思。

（2）署名。国家有关部门出台了多个文件，如《关于进一步加强科研诚信建设的若干意见》（2018），《哲学社会科学科研诚信建设实施办法》（2019）等对包括署名在内的科研诚信问题做出了明确的规定。总体原则是不做虚假署名、名要符实、文责自负。在人文科学研究中，唯一作者被看作是创新的标志，一般很少出现合作者的情况；但是在自然科学领域，随着时代的变化，大科学、科学合作变得非常普遍，经常会出现多个作者的情况。以人工智能领域内的论文为例，一篇名为《人工智能行动者中利用类网格表征的基于适量的空间导航》（*Vector-based navigation using grid-like representations in artificial agents*），这篇论文的作者有22人。从署名单位来看，论文是DeepMind和英国伦敦大学的生物、数学与物理、生命科学、神经科学等学科的成员共同合作的成果。

（3）摘要。摘要又称文摘或内容简介、提要，是论文的重要组成部分。摘要是论文的缩影，它要求文字精练，观点明确，结论具体，内容高度浓缩，篇幅简短。在摘要的写作中，要避免空洞、不着边际的语言，避免使用“作者”“我”之类的文字，应使用第三人称。

（4）关键词。关键词是学术论文独有的构成要件。按照国标GB 7713—87规定，每篇报告，论文应选取3～4个词作为关键词。通过关键词，可以粗略判断文献的性质，便于读者了解文献的主要内容，并判定是否值得花时间细读全文。

在信息爆炸的年代，通过摘要和关键词，可以最大限度上保证读者在最短时间内获得所需的信息。文章的长度都有一定的要求，这些都要求在有限的空间内把创新思想准确、清晰、简明地表达出来，这是学术研究的基本功。

（5）引言。引言又称前言、导论或者绪论等，是文章的开场白。引言的基本内容包括：简要叙述研究工作的背景、目的和意义（问题的由来），与本论题有关的论文和著作的观点评述，本研究的重要性、主要内容或者创新之处。对于一般的学术论文来说，引言的作用是便于厘清学术源流，明确问题意识，找到论文的切入口。对于毕业论文来说，还要进行详细的文献述评，要全面占有前人的研究成果，把握最新的研究动态，并在总结消化的基础上进行概括和总结，通过观点引领材料，分析当前研究的贡献和不足，并在此基础上推进和创新。

（6）主要内容。这是论文的论证部分，也是论文的核心组成部分，是展现研究成果和反映学术水平的主体。它的篇幅最长，除了要有论点、有材料、有概念、有判断、有推理，还要求合乎逻辑、顺理成章、通顺易读。人文社会科学的论文一般都是通过小标题来阐明观点，能够让读者对论证的逻辑一目了然，但是对于自然科学论文来说，结构较为复杂。主要内容部分包括材料与方法、结果、讨论和结论等。材料与方法是论文论据的主要内容，是阐述论点、引出结论的重要步骤。这一部分是论文的基础，是判断论文的科学性、先进性的主要依据。实验结果是论文的价值所在，也是作者漫长研究过程的结晶与创新性的体现。关于实验结果有如下几个问题需要特别关注：其一，应如实、具体、准确地写出经统计学处理过的实验观察数据资料，将处理过的数据根据需要制作图表，对实验结果进行定性与定量分析。其二，实验结果的写作要求包括合理安排实验所得到的数据以及以数据为基础阐述结论。讨论在论文写作的链条上处于后续阶段，也是非常重要的部分。在这一部分，作者将研究、实验、观察中得到的材料进行归纳概括和探讨，做出理论分析，并探讨本实验结果是否与有关假设相符。结论是文章的总结，有时候，结论部分还可以对有待进一步开展的工作进行展望。

（7）注释和参考文献。科学研究充分体现了科学的继承性，如同站在巨人的肩膀上一样，我们需要对前人的工作有充分的了解与借鉴。我们需要标注最必要和最新的文献、直接阅读和引用的文献，但是要避免为了堆积材料做假注释。

注释和参考文献略有不同。对于一般的科技论文，注释和参考文献的标注可能是一致的，但对于毕业论文，注释和参考文献则相差比较大。

通常而言，“注”为注解，包括脚注和尾注等内容；“释”为解释，目的是在不影响论文的整体行文前提下对一些必要的问题做出解释。注释通常是针对文中的一些引文或者术语进行有具体出处的解释，而参考文献通常是文末注，可能多个注释都是出自一条文献，那么最后的参考文献就只出现一次。

不管是注释还是参考文献的写法，都有一定的规范；对此，不同的刊物和学校可能有不同的要求。但是，有些基本信息是必要的，比如著者、文章名/书名/杂志名、出版社、年代、期刊的卷期号/图书的版本以及页数，等等。这些信息的标注必须格式规范、准确、严谨，这也是学术训练中不可缺少的一环。

据美国国家科学基金会发布的《2018 年科学与工程指标》报告显示，2016 年开始，中国发表学术论文 42.6 万份，首次超过美国成为全球第一大论文发表国。中国拥有世界上最大规模的科技人才队伍，加强科研伦理建设、惩戒学术不端、力戒浮躁有很强的理论和现实意义。

综上所述，预防学术不端行为需要科研单位、科研人员和科研主管部门等共同努力，多方合作与联动，多管齐下，构建完善的学术不端预防惩治体系。应加强教育引导，推进科研诚信制度规范化，监督惩治学术不端，以保障学术健康发展。预防学术不端有利于弘扬科学精神，倡导创新文化，营造风清气正的科研学术环境，早日实现创新型国家建设目标。

8.2　学术不端的表现及其危害

在实际的科研活动中，有两类行为存在：一类是符合学术道德的研究行为，如严谨地收集数据、科学地分析数据以及在研究成果上规范署名等；另一类是学术不端行为。关于学术不端的理解，在不同国家和地区有不同的规定，需要我们进行区分。从表现形式看，世界主要国家的学术界都比较倾向于严格界定三类科研不端行为，即杜撰、篡改、剽窃。在我国科技界，有学者称这三类行为为科学研究中的“三大主罪”。

8.2.1　国外对学术不端行为的不同理解

对于学术不端行为，不同国家有不同界定。大多数国家都从“行为”角度去理解，我国偏重于“违背社会道德”“违背科学共同体公认道德”的规定。

1. 美国

1989 年，美国公共卫生服务局（USPHS）将学术不端定义为“在计划、完成或报告科研项目时有伪造、弄虚作假、剽窃或其他严重背离科学界常规的做法”。1995 年，美国科研道德建设办公室（ORI）组建的科研道德建设委员会给出的界定是："科研不端行为是盗取他人的知识产权或成果、故意阻碍科研进展或者不顾有损科研记录或危及科研诚信的风险等严重的不轨行为，这种行为在计划、完成或报告科研项目，或评审他人的科研计划和报告时，是不道德的和不能容忍的。"2000 年年底，白宫科技政策办公室给出了一个"标准定义"，它保留了美国公共卫生服务局 1989 年定义中的"伪造""弄虚作假"和"剽窃"这三个要素。

2. 德国

德国马普学会于 1997 年通过、2000 年修订的《关于处理涉嫌学术不端行为的规定》中列出了"被视为学术不端行为方式的目录"，指出："如果在重大的科研领域内有意或因大意做出了错误的陈述、损害了他人的著作权或者以其他某种方式妨碍他人研究活动，即可认定为学术不端。"

防范与惩治科研不端行为大致分为五个步骤：① 预防：颁布良好科学行为规范，在大学里也有相关的专门课程。② 恢复秩序：一旦发现违规事件即着手处理，以恢复良好的学习和科研秩序。③ 通知第三方参与：如果不端行为涉及第三方，如资助方时，要令其知晓。④ 惩治：对于大学生按相应规定（如考试纪律等）或法律执行；对于大学聘用的职员或年轻科学家，则可能会解雇或开除；对于学位论文作假的按规范的程序执行；对于教授则不会随意解雇，因为在德国，教授属于国家雇员，因此必须有严重的违规行为才可能受到惩罚。⑤ 程序结果；一所大学一般有一个申诉专员，并承担有关的调解工作；若发现有科研不端行为，则交给一个由三人组成的专家组进行调查，并在得出调查结论后，为大学领导提供对有问题的教授进行非官方制裁的建议（学校不能随意取消其继续任教的权利）。

3. 其他国家对学术不端的界定

英国维康（Wellcome）基金会对学术不端行为的界定与马普学会大致相同。瑞典对学术不端的定义是："有意捏造数据来修改研究进程的行为；剽窃其他研究者的原稿、申请书、出版物、数据、正文、猜想假说、方法等行为；用以上方法之外的方法修改研究进程的行为。"丹麦对学术不端的定义是："修改、捏造科学数据的行为；纵容不端行为的行为。"挪威对学术不端的定义是："在进行科学研究的申请、实行、报告时，明显违反现行伦理规范的行为。"芬兰则认为学术不端是"有违科学研究良心，发表捏造、篡改或不正确处理研究结果的论文"。澳大利亚国家健康与药品研究所和校长委员会 1997 年 5 月联合发表的《关于科研行为的联合声明和规范》对不正当的科研行为也进行了定义："指虚构、伪造、剽窃或其他有关的行为。这些行为从根本上偏离了科学界一致公认的科研项目的申请、实施和发表的准则。"

8.2.2 中国对学术不端行为的认定

在中国，比较公认的学术不端行为是指研究和学术领域内的各种编造、作假、剽窃和其他违背科学共同体公认道德的行为，滥用和骗取科研资源等科研活动过程中违背社会道德的行为。有好多文件对学术不端行为进行了界定。

1. 中国科协《科技工作者科学道德规范（试行）》（2007 年）

相关内容如下：

第十八条　学术不端行为是指，在科学研究和学术活动中的各种造假、抄袭、剽窃和其他违背科学共同体惯例的行为。

第十九条　故意做出错误的陈述，捏造数据或结果，破坏原始数据的完整性，篡改实验记录和图片，在项目申请、成果申报、求职和提职申请中做虚假的陈述，提供虚假获奖证书、论文发表证明、文献引用证明等。

第二十条　侵犯或损害他人著作权，故意省略参考他人出版物，抄袭他人作品，篡改他人作品的内容；未经授权，利用被自己审阅的手稿或资助申请中的信息，将他人未公开的作品或研究计划发表或透露给他人或为己所用；把成就归功于对研究没有贡献的人，将对研究工作作出实质性贡献的人排除在作者名单之外，僭越或无理要求著者或合著者身份。

第二十一条　成果发表时一稿多投。

第二十二条　采用不正当手段干扰和妨碍他人研究活动，包括故意毁坏或扣压他人研究活动中必需的仪器设备、文献资料，以及其他与科研有关的财物；故意拖延对他人项目或成果的审查、评价时间，或提出无法证明的论断；对竞争项目或结果的审查设置障碍。

第二十三条　参与或与他人合谋隐匿学术劣迹，包括参与他人的学术造假，与他人合谋隐藏其不端行为，监察失职，以及对投诉人打击报复。

第二十四条　参加与自己专业无关的评审及审稿工作；在各类项目评审、机构评估、出版物或研究报告审阅、奖项评定时，出于直接、间接或潜在的利益冲突而作出违背客观、准确、公正的评价；绕过评审组织机构与评议对象直接接触，收取评审对象的馈赠。

第二十五条　以学术团体、专家的名义参与商业广告宣传。

2. 七部委关于印发《发表学术论文“五不准”》的通知（2015 年）

针对近年来发生的多起国内部分科技工作者在国际学术期刊发表论文被撤稿、给我国科技界国际声誉带来极其恶劣影响的问题，中国科协、教育部、科技部、卫生计生委、中国科学院、中国工程院、国家自然科学基金会等七部委于 2015 年 12 月联合印发《发表学术论文“五不准”》的通知。此次发布的“五不准”，显示出我国科技界严厉打击学术不端行为的决心和力度，内容如下：

不准由“第三方”代写论文。科技工作者应自己完成论文撰写，坚决抵制“第三方”提供论文代写服务。

不准由“第三方”代投论文。科技工作者应学习、掌握学术期刊投稿程序，亲自完成提交论文、回应评审意见的全过程，坚决抵制“第三方”提供论文代投服务。

不准由“第三方”对论文内容进行修改。论文作者委托“第三方”进行论文语言润色，应基于作者完成的论文原稿，且仅限于对语言表达方式的完善，坚决抵制以语言润色的名由修改论文的实质内容。

不准提供虚假同行评审人信息。科技工作者在学术期刊发表论文如需推荐同行评审人，应确保所提供的评审人姓名、联系方式等信息真实可靠。坚决抵制同行评审环节的任何弄虚作假行为。

不准违反论文署名规范。所有论文署名作者应事先审阅并同意署名发表论文，并对论文内容负有知情同意的责任；论文起草人必须事先征求署名作者对论文全文的意见并征得其署名同意。论文署名的每一位作者都必须对论文有实质性学术贡献，坚决抵制无实质性学术贡献者在论文上署名。

3. 中国教育部《高等学校预防与处理学术不端行为办法》(2016 年)

其中第二十七条对学术不端进行了界定：“经调查，确认被举报人在科学研究及相关活动中有下列行为之一的，应当认定为构成学术不端行为：(一) 剽窃、抄袭、侵占他人学术成果；(二) 篡改他人研究成果；(三) 伪造科研数据、资料、文献、注释，或者捏造事实、编造虚假研究成果；(四) 未参加研究或创作而在研究成果、学术论文上署名，未经他人许可而不当使用他人署名，虚构合作者共同署名，或者多人共同完成研究而在成果中未注明他人工作、贡献；(五) 在申报课题、成果、奖励和职务评审评定、申请学位等过程中提供虚假学术信息；(六) 买卖论文、由他人代写或者为他人代写论文；(七) 其他根据高等学校或者有关学术组织、相关科研管理机构制定的规则，属于学术不端的行为。”

4. 中共中央办公厅、国务院办公厅印发《关于进一步加强科研诚信建设的若干意见》(2018 年)

通知指出：“从事科研活动和参与科技管理服务的各类人员要坚守底线、严格自律。科研人员要恪守科学道德准则，遵守科研活动规范，践行科研诚信要求，不得抄袭、剽窃他人科研成果或者伪造、篡改研究数据、研究结论；不得购买、代写、代投论文，虚构同行评议专家及评议意见；不得违反论文署名规范，擅自标注或虚假标注获得科技计划（专项、基金等）等资助；不得弄虚作假，骗取科技计划（专项、基金等）项目、科研经费以及奖励、荣誉等；不得有其他违背科研诚信要求的行为。”

5. 科技部、教育部等二十部委印发《科研诚信案件调查处理规则（试行）》(2019 年)

文件对“科研失信行为”进行了明确界定，包括：“(一) 抄袭、剽窃、侵占他人研究或果或项目申请书；(二) 编造研究过程，伪造、篡改研究数据、图表、结论、检测报告或用户使用报告；(三) 买卖，代写论文或项目申请书，虚构同行评议专家及评议意见；(四) 以故意提供虚假信息等弄虚作假的方式或采取贿赂，利益交换等不正当手段获得科研活动审批，获取科技计划项目（专项、基金等)、科研经费、奖励、荣誉、职务职称等；(五) 违反科研伦理规范；(六) 违反奖励、专利等研究成果署名及论文发表规范；(七) 其他科研失信行为。同时，要求：任何单位和个人不得阻挠、干扰科研诚信案件的调查处理，不得推诿包庇；科研诚信案件被调查人和证人等应积极配合调查，如实说明问题，提供相关证据，不得隐匿，销毁证据材料。”

文件还对被调查人、所涉单位、上级主管部门等各方人员的职责分工做出明确规定，规范了科研诚信案件的举报、受理、调查、处理和申诉复查以及监督机制等流程。这是一份涵盖科研活动全流程、统一的调查处理规则，使科学技术活动违规行为、科研诚信案件有了更细化、更具操作性的调查处理指南。

以上所列只是几份比较重要的文件对学术不端的认定，这些规范旨在倡导实事求是、坚持真理、严谨治学的优良风气，保障学术自由，促进学术交流、学术积累与学术创新，保护知识产权，反对在科学研究中急功近利、损人利己、沽名钓誉和弄虚作假。

8.2.3　学术不端行为的分类

1. 根据动机分类：学术不端行为主要分为主观故意型和无意识型

主观故意型，是指存有主观的违反学术规范意图的行为。如在 20 世纪 90 年代，美国物理学家索卡尔故意编造了一篇论文并发表，这一事件被称为“索卡尔事件”。他的目的很明确，是想验证人文学者对科学的理解。这一事件引发了广泛的争议。而在 2003 年，某高校的一位名叫陈某的教授也参与了一起造假事件，他声称自己研发了一款芯片，并骗取了大量科研资金。这一事件被称为“汉芯一号”事件。调查发现，陈进购买了国外的芯片，将原始标识打磨掉，然后贴上了自己公司的标识。这明显显示出陈某存在不良的主观意图，企图通过欺骗来获得不正当利益。

无意识型，是指没有故意违反学术规范的意图，而是没有意识到自己行为产生的危害。这一点容易理解，就是在不知情的情况下做出的违反学术不端的行为。

2. 根据专业分类：学术不端行为可以分为专业类和非专业类

专业类学术不端主要涉及专业实验数据的伪造、篡改等。如井冈山大学化学化工学院讲师钟某和工学院讲师刘某从 2006 年到 2008 年在《晶体学报》（E 卷）发表的 70 篇论文存在造假现象，并被一次性撤销。这些文章存在两类问题：一类是伪造、篡改实验数据，另一类是学术不严谨、记录不准确造成的错误。

非专业类学术不端主要指涉及伦理规范和法律规范的行为。如韩国的黄禹锡在研究过程中非法买卖卵子，违反了伦理规范；上文提到的“汉芯一号”事件的当事人陈某的主要目的是通过造假骗取大量经费，这就涉及法律问题。这类情况还是比较多见的，如日本的松本和子在科研过程中挪用经费、韩国的黄禹锡利用首席科学家的身份侵吞政府研究经费等。

案例：韩国“克隆之父”造假风波

2004 年和 2005 年，时任首尔大学教授的黄禹锡领导的研究团队相继在《科学》杂志上发表了关于成功克隆人类胚胎干细胞和患者匹配型干细胞的论文。黄禹锡的科研生涯在此之前可以说是一帆风顺，他被誉为“克隆先锋”。他的主要科研成果包括：1995 年研制出超级乳牛，1999 年培育全球首头克隆牛，2004 年成功培育出首只克隆狗“斯纳皮”。

然而，在 2005 年年底，黄禹锡的干细胞研究造假丑闻逐渐浮出水面。有人指出，《科学》杂志上发表的论文中所展示的胚胎干细胞照片存在相似之处，这在学术界引起了巨大震动。12 月 16 日，黄禹锡请求《科学》杂志撤销论文，并辞去首尔大学教授职务，并公开就造假事件向外界致歉。然而，这一事件的影响仍在继续扩大。

韩国文化广播公司的新闻节目《PD 手册》报道了黄禹锡在研究过程中“使用研究员的卵子”的丑闻。面对这些指控，首尔大学成立了调查委员会，进行了长达 3 年多的调查。2009 年，调查委员会做出了基本结论。

首尔国立大学调查委员会的卢贞惠处长在记者会上宣布了调查结果：这不是一起简单的失误，而是一起蓄意造假的严重事件。经过调查核实，黄禹锡在论文中指出的 11 个克隆胚胎干细胞系中，有9个是伪造的。

2009年10月26日，韩国法院做出裁决，认定黄禹锡侵吞政府研究经费、非法买卖卵子罪成立，判处有期徒刑2年，缓刑3年。

3. 根据科研过程的分类

科研过程可分为立项、实施、成果发表和成果评议等几个阶段，每个阶段都有可能出现学术不端行为，如表8－1所示。

表8－1　科研过程不同阶段的学术不端行为

环节	主体	表现形式
科研立项	科研人员	申请课题时夸大科研能力
	科研管理组织	课题审批、科研经费分配掺杂政治、人情因素
科研实施	科研人员	① 篡改、编造、剽窃数据，伪造辅证； ② 引用他人成果不注明出处、继续别人的思想研究不作任何交代； ③ 滥用科研资源
成果发表	科研人员	① 一稿多投； ② 将一篇文章化整为零为多篇发表
	科研名流	① 导师或科研项目负责人占有学生或其他科研人员成果； ② 在没有参与的研究成果上署名
	学术刊物编辑	① 对名人轻信，放松对其论文的审查； ② 发“人情稿”
成果申报、评议	科研人员	成果申报时做虚假陈述
	评审专家	碍于各种人情，对科研成果做不公正的评价

案例：科研申请中的杜撰

20世纪90年代，发生了李某某事件，这是我国首次大规模引起社会关注的科研不端行为问题。事件发生于1993年，当时淮北煤矿师范学院的一位原讲师李某某在基金项目申请书中列举了25篇“本人在国外杂志上发表的科研成果”，然而调查发现，至少有23篇是虚构的。其中，21篇文章要么经查询无果，要么根本不存在该作者，还有2篇文章是逐字逐句抄袭自外籍作者的作品。

对于这一行为，基金委采取了严厉的措施，撤销了李某某承担的国家自然科学基金项目，并无限期取消了其申请国家自然科学基金的资格。这一事件引发了社会的广泛关注，也使得科研界对于科研诚信和学术道德的重要性有了更为深刻的认识。

其实，李某某为达到基金申请的目的，不惜编造自己的科研经历，这已经不仅仅是技术上的科研不端行为，也涉及其为人的诚信问题。

4. 根据学术不端行为本身的分类

根据学术不端行为本身分类，可分为伪造类、剽窃类、僭越类不端行为，如表 8－2 所示。

表 8－2 各类学术不端行为

性质	内容	表现形式
伪造类学术不端	编造数据	根本未进行任何观察与实验，捏造不存在的数据
	篡改数据	以一些实验结果为基础推测实验结果，对另一些与推测结果不同的实验结果进行修改
	拼凑数据	按期望值任意组合实验结果，或者把与期望值不符的实验结果删除，只保留与期望值一致的实验结果
剽窃类学术不端	完全剽窃	除署名外全部照抄
	部分剽窃	段落抄袭而不注明出处
	改写式剽窃	翻译外文、重新组合段落与结构
僭越类不端行为	荣誉署名	给没有任何直接的、实质性的贡献的人以论文署名
	僭越署名	在论文署名时贬低贡献大的人或拔高贡献小的人

案例：舍恩事件

1998 年，德国科学家舍恩加入了美国新泽西的贝尔实验室。在他短短两年多的工作期间，他与 20 多位研究人员合作，在全球著名的学术刊物如《科学》《自然》和《应用物理通讯》上发表了近 90 篇论文。然而，2002 年，他通过伪造数据，欺骗了许多人，包括权威期刊的编辑，通过所谓的“分子晶体管”来发布论文。更加嚣张的是，他甚至在不同的学术论文中使用了相同的数据。

然而，当其他科学家尝试复制他的实验结果时，却发现根本无法得到相同的结果，这引起了一些同行的质疑。贝尔实验室成立了专门的调查委员会，对他的实验进行了独立调查。在为期 3 个月的调查中，委员会发现，舍恩至少有 9 篇论文存在数据问题，他在被指控的 24 处地方至少有 16 处涉及学术不端行为。

舍恩的学术造假事件震惊了整个科学界，成为物理学史上最大的丑闻。贝尔实验室最终解雇了舍恩，他带着耻辱回到了德国。他在德国的工作单位——马普研究所也撤销了对他的聘书，康斯坦茨大学收回了他的博士学位，各大期刊也将他的论文整批撤销。

8.2.4 学术不端行为的影响

学术不端行为，绝不仅仅是单纯的个人道德问题，而是一个关系学风和社会可持续发展的大问题，对此，我们必须对其危害性有清醒透彻的认识。

第一，学术不端行为造成了学术资源和学术生命的极大浪费。学术不端意味着社会资源配置的扭曲和低效，为了争夺国家有限的学术资源，一些人受利益驱动，弄虚作假，骗取国家科研经费。有的学者利用自己的身份和地位，优先为自己安排科研经费和科研项目。有些早有定论并已有成果的科研问题，却还在反复立项研究、发表论文、申报成果；或是改头换面，向不同的部门申请立项，由于低水平重复，缺乏原创性研究，造成学术资源的极大浪费，致使学术研究的产出率低下。学术不端产生的结果必定是学术垃圾和学术泡沫，中国作为一个发展中国家，在知识进步方面的投入还远远不足，但学术不端行为却使这宝贵的社会资源白白浪费了。学术不端不仅是对社会有限资源的浪费，也是对学者学术生命的浪费，更何况有些人根本不去追求学术创新，而一味弄虚作假、剽窃抄袭，心甘情愿地浪费学术生命和学术资源，对国家、社会及其个人贻害无穷。

第二，学术不端行为破坏正常的学术秩序，扼杀创新活力。创新是学术的生命，没有创新就没有真正的学术，学术不端则直接伤害学术自身的创新和发展。那些视学术为牟取科研经费和晋升职称的手段，通过粗制滥造、假冒伪劣、抄袭剽窃等方式来制造学术“成果”，从而使学术异化和腐化的行为，必定对科技创新能力产生毁灭性的影响，由于学术泡沫的“制造”成本远远低于学术精品的“生产”成本，使得学术不端的低风险、高收益严重腐蚀和瓦解学术队伍，消磨学术创新的动力。创新是社会发展和变革的先导，是一个国家、民族兴旺发达的不竭动力。真理和价值问题是任何知识和学问的内在要求，学者不论在纯粹经验的注释诠解层面，还是在创造性的理论创新层面，都不能回避自己的价值判断、责任立场和道德关怀问题。中国古代学者所追求的“为天地立心，为生民立命，为往圣继绝学，为万世开太平”则是判断知识分子责任和良知的行为标准。如果学者们热衷于学术不端行为而放弃学术创新，那将扼杀一个民族的创造性，摧残一个民族的自主创新能力，消解社会发展的动力。

第三，学术不端行为违背科学精神，贻误人才培养。在建设创新型国家的过程中，青少年的诚信意识、诚信行为、诚信品格关系到和谐社会风气的形成，关系着中华民族的复兴和未来。对高等学校来讲，培养高素质人才是其根本任务，能否受到良好的学术训练将影响学生的成长及成才。“学高为师，身正为范”是对所有教师的要求，教师学术道德素质高低、学术行为是否规范，是影响学生学术道德素质高低的一个重要因素。教师如果自身学术道德素质不高、学术行为不轨，其“身教”将对学生造成严重的误导甚至摧残。学术共同体在具体履行教育职能的过程中出现不公正和不诚信现象，将潜移默化地对学生诚信品格的养成产生严重的负面影响。

案例：翟某事件

翟某，北京电影学院2014级电影学博士研究生，2018年毕业。2019年1月3日，他在微博上晒出了北京大学博士后录取通知书，引起了公众的广泛关注。然而，他在一次直播中对粉丝提问“知网是什么东西”的回答却引发了人们对其博士学位资格的质疑。

事情的发酵始于一位微博账号的质疑：为什么翟某博士毕业了，但是却没有公开发表的论文？这个问题激起了 2019 年学术打假的第一波浪潮。北京电影学院和北京大学光华管理学院相继回应表示高度重视，并立即启动了核查程序。教育部也第一时间要求有关方面迅速展开调查。

北京大学成立调查小组对翟某进行了深入调查，结果确认其存在学术不端行为。学校同意光华管理学院对翟某做出退站决定，并对其合作导师做出停止招募博士后的处理。调查还发现，在翟某进站材料审核、面试和录用过程中，合作导师、面试小组和光华管理学院存在学术把关不严、审核不足的问题。

随后，北京电影学院发布了有关翟某涉嫌学术不端的调查进展情况说明。学校认定翟某在读博期间发表的相关论文存在学术不端情况。经过学术委员会的建议、学位评定委员会的投票决定以及校长办公会的研究，决定撤销翟某的博士学位，并取消其导师陈某的博士研究生导师资格。

这一事件引起了社会广泛讨论和深思，也促使教育部加大对博士硕士论文抽检力度，要求对学术不端和论文造假行为“零容忍”，坚决实现“一查到底、有责必究”的原则。

第四，学术不端行为损毁学术界和知识分子的社会公信力。学术是系统的、专门的学问，学术研究则是在已有的理论、知识和经验的基础上，对未知科学问题的某种程度的揭示和发展，是衡量一个社会文明水准的重要尺度。在社会分工体系中，学术界的基本职能是创造、生产和传播新知识，正是基于此，学术界才被认为集中体现着整个社会的理性水平，代表着一个民族的理性精神。在现实生活中，如果社会和公众对学术界和学者产生信任危机，那就意味着整个社会和民族将无法从学术界分享理性工作的成果，社会就会丧失理性公信力，人们便不再能获得对自身的理性理解，而变得盲目和无所适从。

案例：“汉芯”事件

2003 年 2 月，由某高校教师陈某作为总设计师的“汉芯一号”问世，然而三年后，许多细节被披露出来。陈某的“近十年在美国高校和工业界从事集成电路开发设计、生产和管理的直接经验，在各类国际会议和期刊发表集成电路方面的专项论文 14 篇”和“担任摩托罗拉半导体分部高级主任工程师、芯片设计经理，曾主持多项系统集成芯片（SOC）的新产品开发和重要项目管理”的履历全部是伪造。调查发现，2002 年 8 月，陈某通过他人在美国购买了 10 片摩托罗拉 DSP56858 芯片，随后请工人用砂纸磨掉上面的“MOTOROLA”字样，再打上“汉芯”标识。陈某又通过种种关系，搞到了“由国内设计、国内生产、国内封装、国内测试”等种种假证明材料。从本案例的后果可以看出，除了对陈某个人科研职业生涯的影响，科研不端/不当行为的社会影响是相当深重的，“汉芯一号”问世后，陈某先后向国家多部门申报了 40 多个项目，累计骗取科研经费超过 1 亿元；他还用假的“汉芯”芯片申请了 12 项国家专利。不仅如此，这宗事件还登上了《纽约时报》《科学》《商业周刊》等世界知名报刊，影响极其恶劣，在世界范围内给中国科学界抹黑，大大折损了中国科学界在世界舞台上的声望。

第五，学术不端行为加剧社会腐败的蔓延。学术不端亵渎学术，败坏学风，其消极影响并不只限于学术范围之内。学术不端的病毒具有极强的渗透性、扩散性与放大效应，会通过学术界向社会生活的其他领域迅速传播和蔓延，污染社会风气，助长社会的不道德行为。在人们的心目中，学术界是社会的净土、社会的良知，背负着捍卫正义、输出先进理念、引领社会风尚、改善社会风气的重任，因此，人们往往将净化社会风气的希望寄托于神圣的学术殿堂，“铁肩担道义，妙手著文章”应该是学者们的座右铭。然而，学术不端的泛滥会成为败坏社会风气的污染源。

案例：沙范博士论文抄袭事件

2011 年，当德国国防部部长古腾贝格因其博士论文抄袭而无奈辞职时，当时作为教育部部长的安妮特·沙范（Annette Schavan）在接受《南德意志报》采访时曾说过这样的话：“作为 31 年前博士学位的获得者、指导数名博士生的导师，我本人在小圈子内为他（指古腾贝格）感到羞耻。”但不幸的是，不久后她自己也成为一个让人感到羞耻的人。

2012 年 5 月，VroniPlag 的一个匿名博客作者指责沙范在其 1980 年撰写的博士论文《个人与良知——当今良知教育的前提、必要性和需求》中，多处直接使用了别人论文中的内容却未注明出处。当时沙范听说后对此予以全盘否认，且为表明自己清白，她主动要求杜塞尔多夫大学成立调查小组，对自己提交的博士论文进行重新评估。杜塞尔多夫大学组织的特别调查小组经多方取证和认真比对，发现沙范的博士论文中确有数十页未注明引文出处，存在蓄意抄袭、隐瞒事实和欺骗的企图。2013 年 2 月 5 日，德国杜塞尔多夫大学正式宣布，因沙范 1980 年提交的博士论文中存在“系统地、故意地抄袭了他人的思想”，因而决定取消其博士学位。该决定公布后，引起了德国社会的强烈反响。当时正在南非访问的沙范立即表示：“我不接受杜塞尔多夫大学的决定，并将对此提出起诉。”

沙范博士论文抄袭事件的披露，使反对党取得了要求沙范辞职的种种理由，当时 59 岁的沙范任德国教育部部长已有 8 年（2005 年至 2013 年）之久。沙范虽然有权对杜塞尔多夫大学提出起诉，但德国大学的科研是独立的，法庭很难裁定一个专业科研机构的决定是否违法。提出起诉可能为沙范赢得一些时间，但诉讼的过程旷日持久。因此，卷入博士论文抄袭丑闻数月后，沙范于 2013 年 5 月 9 日最终决定辞职。

8.2.5 学术不端行为产生的根源

科研活动作为特殊的社会活动，本身具有独特的价值追求和精神气质，从事科研活动的群体比其他社会群体更需要一个追求真理、严谨求实、诚信负责、真诚协作的文化氛围。学术不端问题的出现，有着诸多主客观层面的复杂因素，既有社会不良风气的影响，也有科研体制中存在的弊端和漏洞，但从根本上说，科学文化起着至为关键的作用。

总体而言，学术不端屡禁不止的重要原因有以下几个方面：一是对科研活动的客观规律尊重不够，过分看重短期目标，急功近利，缺乏“十年磨一剑”的长远打算和执着精神；二是求真务实的科学精神严重缺失，缺乏批评质疑的精神，团队协作意识不强；三是在涉及人的科研活动中，缺乏对人的基本尊重，科研伦理底线受到挑战；四是公民科学素质不高，对科研活动的监督能力和作用不强。这些问题都助长了学风浮躁和学术不端行为的发生。

通过比较发现，国内学术不端行为多是由表 8－3 中的途径暴露。

表 8－3　学术不端行为的暴露途径

举报途径		事例
间接举报	因为某件事情连带	肖传国事件是因为肖传国雇人殴打方舟子而造成广泛影响
		周祖德事件是因为参加会议提交的论文被发现抄袭
		日本的松本和子因挪用经费问题牵连出论文造假
		韩国黄禹锡因为胚胎伦理问题爆出后牵连到论文造假
直接举报	研究团队举报	汉芯事件是被团队技术人员与负责研发的同事揭发
		美国的伊丽莎白·古德雯是被其研究生举报
		韩国的黄禹锡是被其研究团队人员举报
		法国贝尔纳·比安是被其研究团队人员举报
	同行举报	美国新泽西州留学的钟山虎揭露北京大学英语系副教授黄宗英的抄袭行为
		美国的豪泽事件
		英国的西里尔事件
	非专业人员举报	肖传国被方舟子指出肖氏反射弧没有得到国际公认
	机构举报	全国灭鼠科技咨询和协调部门举报邱氏鼠药危害很大
		贝兹沃达事件中南非金山大学接到美国伦理机构的举报
	期刊举报	《国际心脏病学》杂志副主编向博士生导师戴德投诉其学生贺海波抄袭
直接举报	期刊举报	国际学术期刊《晶体学报》官方网站发表社论，指出井冈山大学化学化工学院讲师钟华和工学院讲师刘涛存在造假现象
	协会举报	全欧中医药协会联合会副理事长祝国光向浙江大学发出公开信，指出院士李连达 3 篇论文造假，4 篇论文一稿多投
	自首	美国索卡尔承认自己发表了故意制造常识性科学错误的论文

对不同学术不端行为的发生进行归类和分析，会发现有不同的原因，主要表现为主观原因和客观原因，如表 8-4 所示。

表 8-4　学术不端行为产生的原因

原因类别		原因表现
主观因素	心理层面	人格品质败坏
		名利等欲望驱动
		偷懒心理作怪
	观念层面	道德自律意识淡漠
		科学求真精神丧失
客观因素	社会共同体	科研环境使然
		共同体规范缺乏
	体制制度	管理体制较严
		评价体制缺失
		违规体制缺失

思考与讨论

1. 科学研究中为何涉及伦理问题？
2. 科学精神和科学道德有何联系和区别？
3. 科技工作者应该坚持的规范有哪些？

参 考 文 献

[1] 李正风，丛航青，王前，等.工程伦理［M］. 2 版. 北京：清华大学出版社，2019.

[2] 倪家明，罗秀，肖秀婵，等. 工程伦理［M］. 杭州：浙江大学出版社，2020.

[3] 周丽昀. 科技与伦理的世纪博弈［M］. 上海：上海大学出版社，2019.

[4] 徐海涛，王辉，何世权，等. 工程伦理［M］. 北京：电子工业出版社，2020.

[5] 马丁，辛津格. 工程伦理学［M］. 李世新，译. 北京：首都师范大学出版社，2010.

[6] 陈金华. 应用伦理学引论［M］. 上海：复旦大学出版社，2015.

[7] 康德. 实践理性批判［M］. 韩水法，译. 北京：商务印书馆，1999.

[8] 杜澄，李伯聪. 跨学科视野中的工程［M］. 北京：北京理工大学出版社，2004.

[9] 李伯聪. 工程哲学引论：我造物故我在［M］. 郑州：大象出版社，2002.

[10] 尧新瑜. “伦理”与“道德”概念的三重比较义［J］. 伦理学研究，2006（4）：21－25.

[11] 卢风. 应用伦理学概论［M］. 北京：中国人民大学出版社，2015.

[12] 卢梭. 社会契约论［M］. 何兆武，译. 北京：商务印书馆，2003.

[13] 宋希仁，陈劳志，赵仁光. 伦理学大辞典［M］. 长春：吉林人民出版社，1989.

[14] 唐凯麟. 西方伦理学名著提要［M］. 南昌：江西人民出版社，2008.

[15] 万俊人. 美国当代社会伦理学的新发展［M］. 中国社会科学，1995（3）：144－160.

[16] 肖平. 工程伦理学［M］. 北京：中国铁道出版社，1999.

[17] 殷瑞钰，汪应洛，李伯聪. 工程哲学［M］. 北京：高等教育出版社，2007.

[18] 张永强，姚立根，杨纪伟. 工程伦理学［M］. 北京：北京理工大学出版社，2011.

[19] 顾剑，顾祥林. 工程伦理学［M］. 上海：同济大学出版社，2015.

[20] 哈里斯. 工程伦理：概念与案例［M］. 丛杭青，等译. 北京：北京理工大学出版社，2016.

[21] 杨兴坤. 工程事故治理与工程危机管理［M］. 北京：机械工业出版社，2013.

[22] 米切姆. 工程与哲学历史的、哲学的和批判的视角［M］. 王前，译. 北京：人民出版社，2013.

[23] 李伯聪. 工程的社会嵌入与社会排斥兼论工程社会学和工程社会评估的相互关系［J］. 自然辩证法通讯，2015（3）：88－95.

[24] 李伯聪. 工程哲学和工程研究之路［M］. 北京：科学出版社，2013.

[25] 王前，杨慧民. 科技伦理案例解析［M］. 北京：高等教育出版社，2009.

[26] 王前. 技术伦理通论［M］. 北京：中国人民大学出版社，2011.

[27] 欧阳杉. 多元环境伦理视域下的环境立法目的体系构建［M］. 北京：法律出版社，2017.

[28] 哈里斯，普里查德，雷宾斯. 工程伦理概念与案例［M］. 丛杭青，沈琪，魏丽娜，等译. 杭州：浙江大学出版社，2018.

[29] 翁端，冉锐，王蕾. 环境材料学［M］. 北京：清华大学出版社，2011.

［30］塔贝克. 环境伦理与可持续发展：给环境专业人士的案例集锦［M］. 北京：机械工业出版社，2017.
［31］王子彦. 环境伦理的理论与实践［M］. 北京：人民出版社，2007.
［32］杨通进. 当代西方环境伦理学［M］. 北京：科学出版社，2019.
［33］段刚. 绿色责任：企业可持续发展与环境伦理思考［M］. 上海：上海社会科学院出版社，2015.
［34］卡森，寂静的春天［M］. 王晋华，译. 南京：江苏凤凰文艺出版社，2018.
［35］马克思，恩格斯. 马克思恩格斯全集：第 3 卷［M］. 中共中央马克思恩格斯列宁斯大林著编译局，译. 北京：人民出版社，1960.
［36］哈里斯，普里查德，雷宾斯. 工程伦理概念和案例［M］. 丛杭青，沈琪，译. 北京：北京理工大学出版社，2006.
［37］所罗门. 伦理与卓越：商业中的合作与诚信［M］. 罗汉，黄悦，谭旼旼，等译. 上海：上海译文出版社，2006.
［38］戴维斯. 像工程师那样思考［M］. 丛杭青，沈琪，译. 杭州：浙江大学出版社，2012.
［39］马丁，辛津格. 工程伦理学［M］. 李世新，译. 北京：首都师范大学出版社，2010.
［40］威廉斯. 道德运气［M］. 徐向东，译. 上海：上海世纪出版股份有限公司，2007.
［41］甘绍平. 应用伦理学前沿问题研究［M］. 南昌：江西人民出版社，2002.
［42］高兆明. 存在与自由：伦理学引论［M］. 南京：南京师范大学出版社，2004.
［43］徐向东. 自我、他人与道德：道德哲学导论：下册［M］. 北京：商务印书馆，2009.
［44］戴维斯. 中国工程职业何以可能［J］. 工程研究：跨学科视野中的工程，2007，3（1）：132－141.
［45］美国国家专业工程师协会（NSPE）工程师伦理规范［EB/OL］.［2016－02－20］. http:/www.nspe.org/resources/ethics/code-ethics.
［46］陆小华，李广信，杨光华，等. 土木工程事故案例［M］. 武汉：武汉大学出版社，2009.
［47］欧阳杉. 多元环境理论视城下的环境立法目的体系构建［M］. 北京：法律出版社，2017.
［48］徐生雄. 大工程观视域下工程伦理原则和规范思考［D］. 昆明：昆明理工大学，2017.
［49］肖平. 工程伦理导论［M］. 北京：北京大学出版社，2009.
［50］马丁. 工程伦理学［M］. 李世新，译. 北京：首都师范大学出版社，2010.
［51］曹南燕. 科学家和工程师的伦理责任［J］. 哲学研究，2000（1）：12－13.
［52］韩跃红. 初议工程伦理学的建设方向：来自生命伦理学的启示［J］. 自然辩证法研究，2007（9）：52－53.
［53］于波，樊勇. 国内工程伦理研究综述［J］. 昆明理工大学学报（社会科学版），2014（3）：16－17.
［54］杨少龙，徐生雄，樊勇. 近 15 年来国内工程伦理教育研究综述［J］. 昆明理工大学学报（社会科学版），2017（1）：46－47.
［55］拜纳姆，罗杰森. 计算机伦理与专业责任［M］. 李伦，金红，曾建平，等译. 北京：北京大学出版社，2010.

［56］ 张永强，姚立根，杨纪伟. 工程伦理学［M］. 北京：北京理工大学出版社，2011.
［57］ 邱仁宗，黄雯，翟晓梅. 大数据技术的伦理问题［J］. 科学与社会，2014，4（1）：36－48.
［58］ 张秀兰. 网络隐私权保护研究［M］北京：北京图书馆出版社，2006.
［59］ 迈尔－舍恩伯格. 删除：大数据取舍之道［M］. 袁杰，译，杭州：浙江人民出版社，2013.
［60］ 穆勒. 网络与国家：互联网治理的全球政治学［M］. 周程，译，上海：上海交通大学出版社，2015.
［61］ 梁吉艳，崔丽，王新. 环境工程学［M］. 北京：中国建材工业出版社，2014.
［62］ 朱蓓丽，程秀莲，黄修长. 环境工程概论［M］. 4 版. 北京：科学出版社，2018.
［63］ 马克苏拉克. 环境工程：设计可持续的未来［M］. 北京：科学出版社，2011.
［64］ 塔贝克. 环境伦理与可持续发展：给环境专业人士的案例集锦［M］. 北京：机械工业出版社，2017.
［65］ 李妮，何德文，李亮. 环境工程概论［M］. 北京：中国建筑工业出版社，2008.
［66］ 周集体，张爱丽，金若菲. 环境工程概论［M］. 大连：大连理工大学出版社，2007.
［67］ 邱仁宗，黄雯，翟晓梅. 大数据技术的伦理问题［J］. 科学与社会，2014，4（1）：36－48.

附录

工程师的职业伦理规范

中国工程师信条

（一）1933 年《中国工程师学会信守规条》

（1）不得放弃责任或不忠于职务。

（2）不得收受非分之报酬。

（3）不得有倾轧排挤同行之行为。

（4）不得直接或间接损害同行之名誉及其业务。

（5）不得以卑劣之手段，竞争业务或位置。

（6）不得有虚伪宣传或其他有损职业尊严之举动。

（二）1941 年《中国工程师信条》

（1）遵从国家之国防经济建设政策，实现国父实业计划。

（2）认识国家民族之利益高于一切，愿牺牲自由贡献能力。

（3）促进国家工业化，力谋主要物质之自给。

（4）推行工业标准化，配合国防民生之需求。

（5）不慕虚名，不为物诱，维持职业尊严，遵守服务道德。

（6）实事求是，精益求精，努力独立创造，注重集体成就。

（7）勇于任事，忠于职守，更须有互助亲爱精诚之合作精神。

（8）严于律己，恕以待人，并养成整洁朴素迅速确实之生活习惯。

（三）1976 年《中国工程师信条》

（1）遵从国家之国防经济建设政策，实现国父实业计划。

（2）认识国家民族之利益高于一切，愿牺牲小我贡献能力。

（3）促进国家工业化，力谋主要物质之自给。

（4）推行工业标准化，配合国防民生之需求。

（5）不慕虚名，不为物诱，维持职业尊严，遵守服务道德。

（6）实事求是，精益求精，努力独立创造，注重集体成就。

（7）勇于任事，忠于职守，更须有互助亲爱精诚之合作精神。

（8）严于律己，恕以待人，并养成整洁朴素迅速确实之生活习惯。

（四）1996 年《中国工程师信条》

（1）工程师对社会的责任。守法奉献：恪守法令规章，保障公共安全，增进民众福祉；尊重自然：维护生态平衡，珍惜天然资源，保存文化资产。

（2）工程师对专业的责任。敬业守分：发挥专业知能，严守职业本分，做好工程实务；创新精进：吸收科技新知，致力求精求进，提升产品品质。

（3）工程师对业雇主的责任。真诚服务：竭尽才能智慧，提供最佳服务，达成工作目标；互信互利：建立相互信任，营造双赢共识，创造工程佳绩。

（4）工程师对同僚的责任。分工合作：贯彻专长分工，注重协调合作，增进作业效率；承先启后：矢志自励互勉，传承技术经验，培养后进人才。

（五）1996 年《中国工程师信条实行细则》

1. 工程师对社会的责任

（1）守法奉献——恪守法令规章、保障公共安全、增进民众福祉。

实行细则：

① 遵守法令规章，不图非法利益，以完善之工作成果，服务社会。

② 涉及契约权利及义务责任等问题时，应请法律专业人士提供协助。

③ 尊重智慧财产权，不抄袭，不窃用；谨守本分，不从事不当礼仪之业务。

④ 工程招标作业应公正、公开、透明化，采用公平契约，坚守业务立场，杜绝违法事情。

⑤ 规划、设计、执行生产计划，应以增进民众福祉及确保公共安全为首要责任。

⑥ 落实安全卫生检查，预防公共危害事件，保障社会大众安全。

（2）尊重自然——维护生态平衡、珍惜天然资源、保存文化资产。

实行细则：

① 保护自然环境，充实环保有关知识及实务经验，不从事危害生态平衡的产业。

② 规划产业时应做好环境影响评估，优先采用环保器材物资，减少废弃物对环境之污染。

③ 爱惜自然资源，审慎开发森林、矿产及海洋资源，维护地球自然生态与景观。

④ 运用科技智慧，提高能源使用效率，减少天然资源之浪费，落实资源回收与再生利用。

⑤ 重视水文循环规律，谨慎开发水资源，维护水源、水质、水量洁净充沛，永续使用。

⑥ 利用先进科技，保存文化资产，与工程需求有所冲突时，应尽可能降低对文化资产的冲击。

2. 工程师对专业的责任

（1）敬业守分——发挥专业知能、严守职业本分、做好工程实务。

实行细则：

① 相互尊重彼此的专业立场，结合不同的专业技术，共同追求工作佳绩。

② 承办专业范围内所能胜任的工作，不制造问题，不做虚假之事，不图不当利益。

③ 凡须亲自签署的工程图纸或文件应确实办理或督导、审核，以示负责。

④ 不断学习专业知识，研究改进生产技术与制程，以提高生产效率。

⑤ 谨守职责本分，勇于解决问题，不因个人情绪、得失，将问题复杂化。

⑥ 工程与产业之规则、设计、执行应确实遵循相关规定及职业规范，坚守专业立场负起成败责任。

（2）创新精进——吸收科技新知、致力求精求进、提升产品品质。

实行细则：

① 配合时代潮流，改进生产管理技术，提升产品品质，建立优良形象。

② 不断吸收新知，相互观摩学习，交换技术经验，做好工程管理，掌握生产期程。

③ 适时建议修订不合时宜之法令规章，以适应社会进步、产业发展及管理需要。

④ 重视研究发展，开发新产品，追求低成本高效率，维持技术领先，强化竞争力。

⑤ 运用现代管理策略，结合产业技术与创新理念，提升产品品质及生产效率。

⑥ 建立健全的品保制度，做好制程品管，保存检验记录，以利检讨改进。

3. 工程师对雇主的责任

（1）真诚服务——竭尽才能智慧、提供最佳服务、达成工作目标。

实行细则：

① 竭尽才能智慧，热诚服务，并以保证品质、提高业绩为己任。

② 遵守契约条款规定，提供专业技术服务，避免与雇主发生影响信誉及品质之纠纷。

③ 充分了解雇主之计划需求，明白说明法令规章之限制，以专业所长提供技术服务。

④ 彼此相互尊重，开诚布公，交换业务，改进意见，共同提升生产力，达成目标。

⑤ 不断检讨改进缺失，引进新式、高效率之生产技术及管理制度，以提高生产效率。

⑥ 不向材料、设备供应商、包商、代理商或相关利益团体，获取金钱等不当利益。

（2）互信互利——建立相互信任、营造双赢共识、创造工程佳绩。

实行细则：

① 服务契约明订工作范围及权利义务，并以专业技术及敬业精神履行契约责任。

② 与雇主诚信相待，公私分明、不投机、不懈怠，共同追求双赢的目标。

③ 定期向雇主提报工作执行情形，明确提出实际进度、面临之问题及建议解决方案。

④ 体认与雇主为事业共同体，以整体利益为优先，共创营运佳绩。

⑤ 应本专业技术及职业良心尽力工作，不接受有业务往来者之不当招待与馈赠。

⑥ 坚持正派经营，不出借牌照、执照，不转包，不做假账，不填不实表报。

4. 工程师对同僚的责任

（1）分工合作——贯彻专长分工、注重协调合作、增进作业效率。

实行细则：

① 力行企业化管理，明确权责划分及专长分工，不断追踪考核，以提升工作效率。

② 主动积极服务，密切协调合作，整合系统界面，相互交换经验，共同解决问题。

③ 虚心检讨工作得失，坦诚接受批评指教，改掉缺点，发挥所长，共创业务佳绩。

④ 不偏激独行，不坚持己见，不同流合污，吸收成功的经验，吸取失败的教训。

⑤ 相互协助提携，不争功过，不打击同僚，以业务绩效来赢得声誉与尊严。

⑥ 尊重同僚之经验与专业能力，分享其成就与荣耀，不妒忌他人，不诋毁别人来成就自己。

（2）承先启后——矢志自励互勉、传承技术经验、培养后进人才。

实行细则：

① 经常自我检讨改进，不分年龄、性别及职务高低，相互切磋学习。

② 洁身自爱，以身作则，尊重他人，提携后进，谨守职业道德与伦理。

③ 培养后进优秀人才，重视技术经验传承，尽心相授，共同提升工程师的素质。

④ 从工作中不断学习，记录执行过程与经验，撰写心得报告，留传后进研习。

⑤ 注重技术领导，理论与实务并重，主动发掘问题，共谋解决之道。

⑥ 确实履行工程师信条及实行细则，提升工程师形象，维护工程师团体的荣誉。

新一代人工智能伦理规范

第一章　总　　则

第一条　本规范旨在将伦理道德融入人工智能全生命周期，促进公平、公正、和谐、安全，避免偏见、歧视、隐私和信息泄露等问题。

第二条　本规范适用于从事人工智能管理、研发、供应、使用等相关活动的自然人、法人和其他相关机构等。

（一）管理活动主要指人工智能相关的战略规划、政策法规和技术标准制定实施，资源配置以及监督审查等。

（二）研发活动主要指人工智能相关的科学研究、技术开发、产品研制等。

（三）供应活动主要指人工智能产品与服务相关的生产、运营、销售等。

（四）使用活动主要指人工智能产品与服务相关的采购、消费、操作等。

第三条　人工智能各类活动应遵循以下基本伦理规范。

（一）增进人类福祉。坚持以人为本，遵循人类共同价值观，尊重人权和人类根本利益诉求，遵守国家或地区伦理道德。坚持公共利益优先，促进人机和谐友好，改善民生，增强获得感幸福感，推动经济、社会及生态可持续发展，共建人类命运共同体。

（二）促进公平公正。坚持普惠性和包容性，切实保护各相关主体合法权益，推动全社会公平共享人工智能带来的益处，促进社会公平正义和机会均等。在提供人工智能产品和服务时，应充分尊重和帮助弱势群体、特殊群体，并根据需要提供相应替代方案。

（三）保护隐私安全。充分尊重个人信息知情、同意等权利，依照合法、正当、必要和诚信原则处理个人信息，保障个人隐私与数据安全，不得损害个人合法数据权益，不得以窃取、篡改、泄露等方式非法收集利用个人信息，不得侵害个人隐私权。

（四）确保可控可信。保障人类拥有充分自主决策权，有权选择是否接受人工智能提供的服务，有权随时退出与人工智能的交互，有权随时中止人工智能系统的运行，确保人工智能始终处于人类控制之下。

（五）强化责任担当。坚持人类是最终责任主体，明确利益相关者的责任，全面增强责任意识，在人工智能全生命周期各环节自省自律，建立人工智能问责机制，不回避责任审查，不逃避应负责任。

（六）提升伦理素养。积极学习和普及人工智能伦理知识，客观认识伦理问题，不低估不夸大伦理风险。主动开展或参与人工智能伦理问题讨论，深入推动人工智能伦理治理实践，提升应对能力。

第四条　人工智能特定活动应遵守的伦理规范包括管理规范、研发规范、供应规范和使用规范。

第二章　管 理 规 范

第五条　推动敏捷治理。尊重人工智能发展规律，充分认识人工智能的潜力与局限，持续优化治理机制和方式，在战略决策、制度建设、资源配置过程中，不脱离实际、不急功近利，有序推动人工智能健康和可持续发展。

第六条　积极实践示范。遵守人工智能相关法规、政策和标准，主动将人工智能伦理道德融入管理全过程，率先成为人工智能伦理治理的实践者和推动者，及时总结推广人工智能治理经验，积极回应社会对人工智能的伦理关切。

第七条　正确行权用权。明确人工智能相关管理活动的职责和权力边界，规范权力运行条件和程序。充分尊重并保障相关主体的隐私、自由、尊严、安全等权利及其他合法权益，禁止权力不当行使对自然人、法人和其他组织合法权益造成侵害。

第八条　加强风险防范。增强底线思维和风险意识，加强人工智能发展的潜在风险研判，及时开展系统的风险监测和评估，建立有效的风险预警机制，提升人工智能伦理风险管控和处置能力。

第九条　促进包容开放。充分重视人工智能各利益相关主体的权益与诉求，鼓励应用多样化的人工智能技术解决经济社会发展实际问题，鼓励跨学科、跨领域、跨地区、跨国界的交流与合作，推动形成具有广泛共识的人工智能治理框架和标准规范。

第三章　研 发 规 范

第十条　强化自律意识。加强人工智能研发相关活动的自我约束，主动将人工智能伦理道德融入技术研发各环节，自觉开展自我审查，加强自我管理，不从事违背伦理道德的人工智能研发。

第十一条　提升数据质量。在数据收集、存储、使用、加工、传输、提供、公开等环节，严格遵守数据相关法律、标准与规范，提升数据的完整性、及时性、一致性、规范性和准确性等。

第十二条　增强安全透明。在算法设计、实现、应用等环节，提升透明性、可解释性、可理解性、可靠性、可控性，增强人工智能系统的韧性、自适应性和抗干扰能力，逐步实现可验证、可审核、可监督、可追溯、可预测、可信赖。

第十三条　避免偏见歧视。在数据采集和算法开发中，加强伦理审查，充分考虑差异化诉求，避免可能存在的数据与算法偏见，努力实现人工智能系统的普惠性、公平性和非歧视性。

第四章　供 应 规 范

第十四条　尊重市场规则。严格遵守市场准入、竞争、交易等活动的各种规章制度，积极维护市场秩序，营造有利于人工智能发展的市场环境，不得以数据垄断、平台垄断等破坏市场有序竞争，禁止以任何手段侵犯其他主体的知识产权。

第十五条　加强质量管控。强化人工智能产品与服务的质量监测和使用评估，避免因设计和产品缺陷等问题导致的人身安全、财产安全、用户隐私等侵害，不得经营、销售或提供不符合质量标准的产品与服务。

第十六条 保障用户权益。在产品与服务中使用人工智能技术应明确告知用户，应标识人工智能产品与服务的功能与局限，保障用户知情、同意等权利。为用户选择使用或退出人工智能模式提供简便易懂的解决方案，不得为用户平等使用人工智能设置障碍。

第十七条 强化应急保障。研究制定应急机制和损失补偿方案或措施，及时监测人工智能系统，及时响应和处理用户的反馈信息，及时防范系统性故障，随时准备协助相关主体依法依规对人工智能系统进行干预，减少损失，规避风险。

第五章 使 用 规 范

第十八条 提倡善意使用。加强人工智能产品与服务使用前的论证和评估，充分了解人工智能产品与服务带来的益处，充分考虑各利益相关主体的合法权益，更好促进经济繁荣、社会进步和可持续发展。

第十九条 避免误用滥用。充分了解人工智能产品与服务的适用范围和负面影响，切实尊重相关主体不使用人工智能产品或服务的权利，避免不当使用和滥用人工智能产品与服务，避免非故意造成对他人合法权益的损害。

第二十条 禁止违规恶用。禁止使用不符合法律法规、伦理道德和标准规范的人工智能产品与服务，禁止使用人工智能产品与服务从事不法活动，严禁危害国家安全、公共安全和生产安全，严禁损害社会公共利益等。

第二十一条 及时主动反馈。积极参与人工智能伦理治理实践，对使用人工智能产品与服务过程中发现的技术安全漏洞、政策法规真空、监管滞后等问题，应及时向相关主体反馈，并协助解决。

第二十二条 提高使用能力。积极学习人工智能相关知识，主动掌握人工智能产品与服务的运营、维护、应急处置等各使用环节所需技能，确保人工智能产品与服务安全使用和高效利用。

第六章 组 织 实 施

第二十三条 本规范由国家新一代人工智能治理专业委员会发布，并负责解释和指导实施。

第二十四条 各级管理部门、企业、高校、科研院所、协会学会和其他相关机构可依据本规范，结合实际需求，制订更为具体的伦理规范和相关措施。

第二十五条 本规范自公布之日起施行，并根据经济社会发展需求和人工智能发展情况适时修订。

美国电气和电子工程师协会伦理规范

作为美国电气和电子工程师协会的成员，我们认识到，我们的技术会影响到全世界人民的生活质量，我们接受我们每个人所承担的对自身职业、协会成员和我们所服务的社区的责任，因此，我们将致力于实现最高尚的伦理和职业行为，并同意：

（1）承担使自己的工程决策符合公众的安全、健康和福祉的责任，并及时公开可能会危及公众或环境的因素。

（2）无论何时，尽可能避免已有的或已经意识到的利益冲突，并且当它们确实存在时，向受其影响的相关方告知利益冲突。

（3）在陈述主张和基于现有数据进行评估时，要保持诚实和真实。

（4）拒绝任何形式的贿赂。

（5）提高对技术、其适当的应用及其潜在后果的理解。

（6）保持并提高我们的技术能力，并且只有在经过培训或实习具备资质后，或在相关的限制得到完全解除后，才承担他人的技术性任务。

（7）寻求、接受和提供对技术工作的诚实的批评，承认和纠正错误，并对其他人做出的贡献给予适当的认可。

（8）公平对待所有人，不考虑诸如种族、宗教信仰、性别、残障、年龄或民族的因素。

（9）避免错误地或恶意地损害他人、财产、声誉或职业的行为。

（10）对同事和合作者的职业发展给予帮助，并支持他们遵守本伦理规范。

美国电气工程师协会伦理规范

1. 总则（一般原则）

（1）在工程师的所有原则中应该由最高荣誉原则指导。

（2）尽自己最大的努力去服务工程师所在企业是工程师的责任。如果发现其所服务的企业存在可疑的地方，应该尽快切断与这个企业的联系。

2. 工程师与客户及雇主的关系

（1）工程师应该将保护客户或者雇主的利益视为其首要职业职责，因此应当避免每一个与这一职责相反的行为。如果有其他考虑，比如职业职责或限制，干扰了工程师满足一个客户或雇主的合理期望，工程师应当通知客户或雇主这一情况。

（2）工程师不能未经过缔约方同意从多个利益相关方接受报酬、金钱或其他形式的资金。无论在咨询、设计安装还是运行时，工程师都不能直接或间接地从其客户或雇主相关的缔约方那里接受佣金。

（3）工程师如果被要求决定如何使用发明、设备或其他涉及经济利益的其他方面的工作，需要在参与之前明确工程师在这项工作中的地位。

（4）一个拥有独立执业的工程师在不引起利益纠纷的情况下可以受雇于多个缔约方；并且应该明白的是，工程师不希望将其所有的时间投入其中一个，但是工程师可以自由执行其他缔约。如果一个咨询工程师永久受雇于其中一个缔约方，如果在他看来会产生利益纠纷的话，应该提前通知其他缔约方。

（5）工程师应当明确其职责，尽一切努力来弥补设备上、结构上或者危险操作中的缺陷，并且工程师应当把这些危险的缺陷告知他的客户或雇主。

3. 工程记录和数据的所有权

（1）工程师对其所承担的工作做出改进、发明、规划、设计或其他记录是令人满意的，同时工程师应当就其所有权达成协议。

（2）如果一名工程师使用的信息不属于常识或者公共财产，而是从其客户或雇主那里获得的，其使用的结果以规划、设计或者其他记录的形式呈现，这些规划、设计或者记录的所有权应该是其客户或者雇主，而不是工程师本人。

（3）如果工程师使用的是他自己的知识，或者来自先前出版物的信息，或其他方面的信息，或者是从客户或雇主那里获得非性能规格和日常信息的非工程的公共数据，在没有达成协议的情况下，以发明、规划、设计或其他记录形式所呈现的，其所有权应该是工程师所有，仅在工程师被雇用的情况下，客户或雇主才有权使用这些信息。

（4）所有由工程师完成的以发明、规划、设计或者由客户或雇主保留给工程师的工程领域之外的其他记录的工作和结果，其所有权应该属于工程师，除非有相反的协议。

（5）如果工程师或者制造商使用客户提供的设计建立的装置，其所有权仍然属于该客户，未经该客户许可工程师或者制造商不能复制给他人。当工程师或者制造商与客户共同制定设计和规划或者共同开发发明时，应该在这项工作开始前就各项发明、设计或者其他类似性质的事项的所有权达成协议。

（6）工程师从客户或者雇主那里获得的任何工程数据或者信息，或者工程师自己创造的信息都应该被视为机密的；尽管他有在自己的专业实践中使用这样的数据的正当理由，但是这些数据未经发布许可，使用它是不正确的。

（7）设计、数据、记录以及雇员做的笔记和专门为雇主所做的工作，其所有权应该是雇主。

（8）顾客购买的设备，其不获得任何设备设计的权利，而仅仅是设备的使用权。客户不获得由咨询工程师制定的规划的任何权利，除了制定特殊协议的情况。

4. 工程师与公众的关系

（1）工程师应当努力帮助公众对工程事项有一个公正和正确的理解，拓展他们的一般工程知识，阻止不真实、不公平或者夸大的关于工程学科的陈述出现在报刊上或者其他地方，尤其是应该阻止那些故意的言论，它们可能导致公众加入不良的企业。

（2）技术讨论和工程学科的批评不应该在公共新闻中进行，而应该在工程学会上，或者在学术期刊上。

（3）第一次出版的涉及发明或者其他工程进步的成果不应该在公共出版物上，而应该在工程学会上，或者在学术期刊上。

（4）对某一学科的所有事实以及学科信息被提出的目的没有完全熟悉就对其发表意见是不专业的。

5. 工程师与工程协会的关系

（1）工程师应该通过交流一般信息和经验的方式来关心和帮助同事，或者通过指导以及工程学会等方式来帮助同事。他应该努力阻止著名的工程师不受不实陈述的影响。

（2）工程师应当注意到工程工作的信誉归因于这些工作的真正工作者，信誉随着工程师工作事项知识的增长而增长。

（3）负责主管工作的工程师不能让非技术人员以纯粹的工程学理由推翻他的工程判断。

6. 修正

该准则的补充或修改由理事会在法定程序下执行。

美国机械工程师协会伦理规范

1. 基本原则

通过下述方式，工程师应坚持和促进工程职业的正直、荣誉和尊严：

（1）运用他们的知识和技能促进人类的福祉。

（2）诚实、公正、忠实地为公众、雇主和客户服务。

（3）努力增强工程职业的竞争力和荣誉。

2. 基本准则

（1）在履行其职责的过程中，工程师应将公众的安全、健康和福祉放在首位。

（2）工程师仅应在其有能力胜任的领域内从事职业服务。

（3）工程师应在其整个职业生涯中不断进取，并为在他们指导之下的工程师提供职业发展的机会。

（4）工程师应作为忠诚的代理人或受托人为每一位雇主或客户履行职业事务，并应避免利益冲突。

（5）工程师应依靠他们职业服务的价值建立自己的职业声誉，而不应采用不公平的方式与他人竞争。

（6）工程师仅应与有良好声誉的个人或组织进行合作。

（7）工程师仅应以客观、真实的方式发表公开声明。

（8）工程师在履行职业责任的同时必须考虑到对环境造成的影响。

美国土木工程师学会伦理规范

（一）序言

美国土木工程师学会（ASCE）的会员以诚信和专业精神行事，并且始终将保护和促进公众的健康、安全与福利作为首要任务，致力于土木工程实践的进步。

工程师的职业生涯应基于以下基本原则：

（1）创建安全、具有韧性和可持续的基础设施。

（2）以尊重、尊严和公平的方式对待所有人，促进不受个人身份影响的公平参与。

（3）考虑社会当前和未来的需求。

（4）运用自身知识和技能提升人类生活质量。

无论会员的级别或职位如何，所有 ASCE 会员都承诺遵守以下伦理责任。在伦理责任发生冲突的情况下，以下五类利益相关者的优先级按照所列顺序确定。同一利益相关者组内的责任没有优先级之分，除非第 1 条（1）项明确优先于其他责任。

（二）伦理规范

1. 对社会的责任

工程师：

（1）首先并且最重要的是保护公众的健康、安全与福利。

（2）提升人类生活质量。

（3）在基于充分知识和诚实信念的基础上，真实表达专业意见。

（4）对贿赂、欺诈和腐败采取零容忍态度，并向有关当局报告违规行为。

（5）致力于为社会事务服务。

（6）以尊重、尊严和公平对待所有人，拒绝任何形式的歧视和骚扰。

（7）认可社区多样的历史、社会和文化需求，并在工作中融入这些考虑。

（8）在工作中考虑当前及新兴技术的能力、限制及其影响。

（9）必要时向相关机构报告不当行为，以保护公众的健康、安全与福利。

2. 对自然与建造环境的责任

工程师：

（1）遵循可持续发展原则。

（2）在工作中考虑并平衡社会、环境和经济影响，同时寻找改进的机会。

（3）减轻对社会、环境和经济的不利影响。

（4）明智地使用资源，同时尽量减少资源的消耗。

3. 对职业的责任

工程师：

（1）维护职业的荣誉、诚信与尊严。

（2）遵守执业所在司法辖区的所有法律要求。

（3）如实代表自己的专业资质和经验。

（4）拒绝不公平竞争行为。

（5）平等地促进对当前和未来工程师的指导和知识共享。

（6）教育公众土木工程在社会中的角色。

（7）持续进行专业发展，提升技术和非技术能力。

4. 对客户与雇主的责任

工程师：

（1）以诚信和专业精神忠诚地为客户和雇主服务。

（2）清楚地向客户和雇主说明任何实际、潜在或可能的利益冲突。

（3）及时向客户和雇主传达与工作相关的风险和局限性。

（4）如果工程判断被推翻可能危及公众健康、安全与福利，需清楚且迅速向客户和雇主说明后果。

（5）对客户和雇主的保密信息予以保护。

（6）仅在其能力范围内提供服务。

（7）仅批准、签署或盖章经其准备或负责的工作成果。

5. 对同事的责任

工程师：

（1）仅对自己亲自完成的专业工作承担责任。

（2）对他人的工作给予适当的署名。

（3）在工作场所促进健康与安全。

（4）在与同事的所有互动中表现包容、公平和道德行为。

（5）在协作工作中以诚实和公平行事。

（6）鼓励并支持其他工程师及未来专业成员的教育和发展。

（7）公平且尊重地监督他人。

（8）仅以专业方式评价其他工程师的工作、专业声誉和个人品格。

（9）将违反伦理规范的行为报告给 ASCE。

美国化学工程师协会伦理规范

通过下列方式，美国化学工程师协会成员应当坚持和促进工程职业的政治、荣誉和尊严：诚实、公平、忠实地服务于他们的公众、雇主和客户，努力增强工程职业的竞争力和荣誉，运用他们的知识和技能增进人类的福祉。为了实现这些目标，成员应：

（1）在履行职业责任的过程中，将公众的安全、健康和福祉放在首要位置，并且要保护环境。

（2）在履行其职业责任的过程中，如果意识到其行为后果会危及同事或公众当前的或未来的健康或安全，那么他们就应该向雇主或客户正式地提出建议（并且，如果有正当理由，那么可以考虑进一步的披露）。

（3）对他们的行为负责，寻求和关注对他们工作的批评性评价，并对其他人的工作提出客观的、批评性的评价。

（4）仅以客观和诚实的方式发表声明或陈述信息。

（5）在职业事务中，作为忠诚的代理人或受托人，为每一位雇主或客户服务，避免利益冲突，并且永不违反保密性原则。

（6）公平、谦恭地对待所有同事和合作者，承认他们独特的贡献和能力。

（7）仅在他们能胜任的领域内从事职业工作。

（8）将他们的职业声誉建立在他们职业服务的价值之上。

（9）在整个职业生涯中不断进取，并为他们指导之下的工程师提供职业发展的机会。

（10）绝对不能容忍骚扰。

（11）以公平、诚实和谦恭的方式行事。